河南省科技厅重点研发与推广专项计划（202102310308）
河南省科学技术协会科技智库调研课题（HNKJZK-2021-60C）
河南省土壤重金属污染控制与修复工程研究中心支持项目
河南大学环境与规划国家级实验教学示范中心支持项目
黄河中下游数字地理技术教育部重点实验室支持项目
河南大学地理学科"教学类"重点支持项目
2020年度河南省生态环境政策研究课题
黄河文明省部协同创新中心支持项目

污染者付费原则
在我国水环境管理中的应用

Study on the Application of Polluter Pays Principle in
Water Environment Management in China

李涛　王洋洋◎著

中国经济出版社
CHINA ECONOMIC PUBLISHING HOUSE

·北京·

图书在版编目（CIP）数据

污染者付费原则在我国水环境管理中的应用 / 李涛，
王洋洋著 . --北京：中国经济出版社，2021.11
ISBN 978-7-5136-6715-9

Ⅰ . ①污… Ⅱ . ①李… ②王… Ⅲ . ①水环境-环境
管理-研究-中国 Ⅳ . ①X143

中国版本图书馆 CIP 数据核字（2021）第 220243 号

责任编辑 丁　楠
责任印制 马小宾
封面设计 任燕飞

出版发行 中国经济出版社
印 刷 者 北京力信诚印刷有限公司
经 销 者 各地新华书店
开　　本 710mm×1000mm　1/16
印　　张 16.75
字　　数 283 千字
版　　次 2021 年 11 月第 1 版
印　　次 2021 年 11 月第 1 次
定　　价 88.00 元
广告经营许可证　京西工商广字第 8179 号

中国经济出版社 网址 www.economyph.com 社址 北京市东城区安定门外大街 58 号 邮编 100011
本版图书如存在印装质量问题，请与本社销售中心联系调换（联系电话：010-57512564）

序

PREFACE

改革开放40多年来，我国经济建设取得了举世瞩目的成就，不仅促进了国民生产总值和人民生活水平的显著提高，同时还推进了我国社会经济制度的改革变迁。在经济快速发展的背景下，我国水环境保护工作也取得了巨大成就，建立了比较完备的水环境保护政策体系。随着水环境保护法律法规与标准体系的逐步建立和完善，法律手段、经济手段、信息手段等在我国水环境管理中得到了不同程度的应用，实施了水污染物排放标准、排污收费、总量控制、排污许可证、污水处理费、环境税、排污权交易等环境政策。但我国水环境保护形势依然严峻。

污染者付费原则是市场经济体制下污染者治理污染的费用负担原则，旨在实现环境外部成本的内部化，即污染者应当自己负担其造成污染的全部成本，政府不应当对此给予补贴，这也是从污染控制角度制定的企业行为原则。关于实施污染者付费原则的政策手段，经济合作和发展组织（OECD）指出，无论是通过命令控制型手段还是通过经济刺激型手段，只要令污染者付出确保环境处于可接受水平的成本都是可行的。可见，污染者付费原则并不仅仅局限于形式上的"付费"，只要污染者承担其所造成污染的全部成本。该原则符合环境无退化的要求和环境风险最小化原则，已经成为世界各国普遍认可的污染治理和环境保护的基本原则，在我国相关环保立法和政策中也得到了相应体现。但我国环境政策在实际设计和执行过程中，仍存在很多违背污染者付费原则的情况，缺乏从污染者付费原则角度对我国环境政策进行分析、评估与设计的研究。对于污染者付费原则真正内涵的认识不足甚至错位是现有许多环境政策相关研究的问题所在。

水污染和其他环境问题一样，是典型的外部不经济性问题。水污染的外部不经济性决定了由市场配置水环境资源必然会导致低效甚至无效的结果，因此政府有必要对水污染问题进行干预，通过环境规制手段解决水污染问题。水污染问题的环境规制主要建立在如何解决外部不经济性并确定外部性内部化程度的问题上。前者关系到环境政策的手段选择，后者关系到环境政策的目标确定。在"改善水环境质量"这一最终目标的指导下，政府通过采取适宜的环境政策直接或间接地提高排污者的排污成本，使排污者在决策过程中产生控制污染的动机并采取实际的减排行动，最终实现改善水环境质量的政策目标。环境政策的制定和实施就是实现外部成本内部化的过程，污染者付费原则是环境政策的基本原则和政策基石，且符合环境无退化的要求和环境风险最小化原则。本书作者遵循这一逻辑思路来展开研究工作，基于市场经济体制下的水环境管理目标，建立相关的理论框架，在美国 NPDES 之排污许可证制度分析的基础上，探讨污染者付费原则在我国水环境管理中的具体应用，以水污染物排放标准、环境税（费）、污水处理费等环境政策为研究对象，分析和评估以上环境政策在制定、设计和实施过程中存在的主要问题，并结合我国实际提出政策设计与改革的具体思路。

本书所有分析均建立在社会主义市场经济体制这一大背景下，探讨了社会主义市场经济体制对环境政策和环境管理的要求、市场经济体制下环境政策设计和实施的理论依据及应当遵循的基本原则。作者的研究具有较强的理论意义和应用价值，可以为我国水环境管理提供有益的支持和帮助。书中提出的一些观点、分析和判断，也希望能够促进我国水环境管理工作的进一步开展和深入。

我很高兴看到本书的出版，希望该研究能够对我国水环境管理与决策的科学化做出贡献，也希望能够给从事水环境管理与政策研究的人员和大专院校的师生提供参考，是为序。

马　中[*]

2021 年 10 月于中国人民大学

---

　*　马中：中国人民大学环境学院教授，国家重点学科人口、资源与环境经济学学科特聘教授，兼任国家生态环境专家委员会委员、中国环境科学学会常务理事、中国农业生态环境保护协会常务理事。曾任中国人民大学环境学院院长，获得国家科学技术进步奖三等奖，北京市教学成果奖一等奖，北京市教学名师。2009 年被授予"绿色中国年度人物"奖。

目 录

CONTENTS

第 **1** 章

绪 论

1.1 研究背景

1.1.1 我国水环境保护形势依然严峻

1978 年，我国向全世界宣布实施改革开放。40 多年来，改革开放战略的实施不仅促进了我国经济的快速和持续发展、国民生产总值和人民生活水平的显著提高，同时还加速了我国社会经济制度的变迁，促进了法律法规与政策体系的逐步建立和完善，使得行政管理体制改革全面展开，社会主义法制和民主建设取得了巨大成就。

与经济发展相对应，我国水环境保护也取得了巨大成就。1984 年，我国第一部有关水污染防治的法律《中华人民共和国水污染防治法》正式颁布，拉开了我国水环境保护制度建设的序幕。随后全国人大常委会又分别于 1996 年、2008 年、2017 年先后三次对这部法律进行了修正，这标志着我国对水环境保护的不断重视。随着水环境保护法律法规与标准体系逐步建立和完善，法律手段、经济手段、信息手段等在水环境管理中也得到不同程度的应用，实施了工业水污染物排放标准、排污收费、总量控制、排污许可证、污水处理费、环境税、排污权交易等环境政策。自 20 世纪 70 年代开始水环境保护规划理论和技术方法的研究，并且自"九五"以来，相继制定和出台的 5 个"五年计划（规划）"中都包括指导我国水环境保护工作，实施工业水污染物达标排放、关停并转、建设城市污水处理厂、推行企业清洁生产和发展循环经济等内容（葛察忠，2015）。

40 多年来，我国在水环境保护和水污染防治领域做出了大量努力。虽然污染物排放在一定程度上得到了遏制，水环境质量有所改善，但是水污染形势依然十分严峻。《2019 中国生态环境状况公报》显示，全国十大水系中仍有 20.9% 的水系被污染，国控的重点湖泊中近 30.9% 的水系被污染；9 个重要海湾中，辽东湾、渤海湾和闽江口 3 个海湾水质差，黄河口、长江口、杭州湾、珠江口 4 个海湾水质极差。相关研究指出，我国目前污水排放总量远远超过环境容量。以化学需氧量（COD）排放为例，2015 年我国化学需氧量实际排放量大约为 2 223.5 万吨，而其承载力为 740.9 万吨，仅为实际排放量的 33% 左右（李涛，2015）。严重的水污染问题必然影响改革发展的成果、降低公众对政府的信任、影响人民生活质量的提升。

1.1.2 市场经济体制下环境规制的基本要求

自 2001 年加入世界贸易组织（WTO）以来，我国的经济体制就迅速从计划经济向市场经济转轨。2017 年，党的十九大报告着重强调了"完善社会主义市场经济体制"的方向和路径。由此可见，我国的社会主义市场经济体制已经确定并处在不断完善的过程中。市场经济更多地强调效率与公平、强调"看不见的手"的作用、强调"经济人"的理性、强调市场规则。但在某些领域，尤其是公共物品服务领域存在着明显的"市场失灵"。

水污染的外部不经济性和水环境质量作为公共物品在消费上具有的非排他性，决定了由市场配置水环境资源必然会导致低效甚至无效的结果。因此，政府有必要对水污染问题进行干预，通过环境规制手段解决因水污染问题的负外部性而导致的市场无效甚至失灵、降低社会总成本。作为水环境保护的公共政策，环境规制手段是政府对水环境污染问题进行干预、使水污染负外部性内部化的具体措施。

市场经济体制下环境政策制定和实施的目标是在保证政策效果的前提下尽量体现效率和公平。效率表现为将环境外部性内部化的成本，公平则体现在环境政策制定、执行和评估过程中，公众的广泛参与和信息的充分公开。在市场经济大背景下，政府的主要职能是识别环境问题的外部性特征，建立合理的管理体制和机制，综合运用各类环境政策手段，对具有环境外部性的行为加以规制，实现外部性的内部化。企业是环境政策的主要作用对象，其职责主要表现为遵守法律法规的要求，如实提供自身各种排放信息并遵循"污染者付费原则"实现自身污染行为外部性的内部化。公众是环境治理过程中一支重要的制衡力量，能够在一定程度上监督政府的执法行为和企业的守法行为，同时也是环境决策中不可或缺的参与者（钱文涛，2014）。

1.1.3 污染者付费原则是环境政策的基本原则和政策基石

水污染和其他环境问题一样，是典型的外部不经济性问题。因此，水污染问题的环境规制主要建立在如何解决外部不经济性并确定外部性内部化程度的问题上。前者关系到环境政策的手段选择，后者关系到环境政策的目标确定。在"改善水环境质量"这一最终目标的指导下，政府通过采取适宜的环境政策直接或间接地提高排污者的排污成本，使排污者在决策过程中产生控制污染的动机并采取实际的减排行动，最终实现改善水环境质量的政策目标。

传统上将环境政策分为命令控制型（如排污许可证、排放标准、总量控制等）、经济刺激型（如排污收费、环境税、污水处理费、生态补偿等）和劝说鼓励型（如信息公开、公众参与等）。环境政策的选择是一个复杂的问题，与政策成本、政策问题和政策环境都有密切的关系。一般而言，命令控制型手段确定性强、见效快，适用于紧急或状况严重的环境事件。经济刺激型手段持续改进性好，长期效果较好，但是实施的条件比较严苛，缩小了应用范围；同时经济刺激型手段在确定性上劣于命令控制型手段，一些严重的"零环境容量"的污染物管制就不适用经济刺激型手段。劝说鼓励型手段的应用范围很广，大多数环境问题都可以通过劝说鼓励型手段得到一定的预防和缓解，但是劝说鼓励型手段只能起到辅助作用，在缺乏命令控制型和经济刺激型手段的情况下，仅仅依靠劝说鼓励型手段是不可能解决问题的。

虽然各类手段名称不同、作用机制不同，但最终目标是一致的，都是为了实现环境外部不经济性内部化，使生产者或消费者产生的外部成本，进入它们的生产和消费决策，由它们自己承担或"内部消化"，即环境政策领域中普遍接受的"污染者付费原则"（马中，2019）。该原则最初由经济合作与发展组织（OECD）环境委员会在1972年提出，经过40多年的环境保护实践，已经成为当今世界各国环境政策的基本原则和政策基石。关于实施污染者付费原则的政策手段，OECD指出，无论是通过命令控制型手段（排放标准）还是通过经济刺激型手段（环境税、排污收费、污水处理费），只要令污染者付出确保环境处于可接受水平的成本都是可行的。"一般情况下，污染者付费原则是指污染者满足污染防治措施的全成本，不管是通过对排放收费，其他经济机制或是强制要求减少污染的法规"，"污染者付费原则可以通过实施各种手段：生产过程控制和产品标准，法律法规或禁令，各种排放标准和污染税费，也可以两种或两种以上手段一起使用"。可见，污染者付费原则并不仅仅局限于字面上的"付费"，只要污染者承担其所造成污染的全部成本即可。实际上，OECD 还肯定了命令控制型政策的作用，"命令控制型政策（比如排放标准、直接管制等）可以迅速削减污染物排放并达到环境目标，以减少不能接受的损害，保障人体健康和水生态安全"。

1.2　研究对象与研究意义

1.2.1　研究对象

本书的研究对象是对工业企业和城镇污水处理厂等点源实施的水环境管理政策。尽管农业是我国第一大用水户，但是由于缺乏对农业排水量和污染物排放量的统计数据，同时我国现有水环境管理政策主要是针对工业企业和污水处理厂等点源的排放管理，并不包含农业，因此本书并不分析农业用排水、污染物排放及其相关政策部分。居民分为城镇居民和农村居民两类，但是考虑到数据的可得性和政策实施的可操作性，本书只研究城镇居民这一类居民类型。

1.2.2　研究意义

随着我国经济高速发展，水环境保护相关政策也在逐步加强。工业企业和城镇污水处理厂等点源是废水排放以及水污染物的重要来源。尽管工业企业的达标排放率和城镇生活污水集中处理率已经很高，但是污染物去除率依旧有限，水环境保护形势依然严峻。首先，由于监管的宽松或缺失，大量偷排漏排现象的存在使得工业企业和城镇污水处理厂等点源能够少支付或逃避水环境成本，而这部分水环境成本却转化为企业利润，实现环境红利。其次，部分行业和地区排放标准过低，造成点源即使达标排放，废水仍远低于受纳水体水质承受标准，仍旧会造成污染。此外，环境税和污水处理费等的征收标准较低，使得点源排放成本较低，对于点源也无法形成有效约束。

党的十九大报告明确提出，要发挥市场在资源配置中的决定性作用，同时更好地发挥政府作用。市场通过价格、竞争、供求等机制，发挥对社会资源的配置作用，政府通过经济、法律、行政等调节手段，对社会资源进行配置，两者的相互关系决定着社会主义市场经济发展的效率与公平。虽然我国已经进入市场经济体制阶级，但不可否认的是目前的水环境管理模式和思路仍然存在很多不符合市场经济体制的地方。因此，本书探讨了社会主义市场经济体制对环境政策和环境管理的要求、市场经济体制下环境政策设计和实施的理论依据及应当遵循的基本原则，并将污染者付费原则应用到我国环境政策的分析、评估与设计中。

污染者付费原则是市场经济体制国家污染者治理污染的费用负担原则，旨在实现环境外部不经济性的内部化，即污染者应当自己负担其造成污染的全部成本，政府不应当对此给予补贴，这也是从污染控制角度制定的企业行为原则。该原则符合环境风险最小化的原则。但我国环境政策在实际设计和执行过程中，仍存在很多违背污染者付费原则的情况，缺乏从污染者付费原则角度对我国环境政策进行分析、评估与设计的研究。对于污染者付费原则真正内涵的理解不深甚至错位是现有许多环境政策相关研究问题的根源所在。本书从水环境保护的政策目标出发，探讨水污染外部性内部化的程度，明确污染者付费原则是环境政策制定和设计应当遵循的最基本原则，为具体政策的制定提供有力的理论支撑。

1.3　研究思路与研究方法

1.3.1　研究思路

外部性是水环境问题产生的根本原因，讨论外部性的意义在于如何实现外部性内部化。环境政策的制定和实施就是实现内部化的过程，污染者付费原则是环境政策的基本原则和政策基石，且符合环境风险最小化原则。本书首先遵循这一逻辑思路来开展研究工作，基于市场经济体制下的水环境管理目标，建立相关的理论框架。其次借鉴美国国家污染物排放消除制度（NPDES）之排污许可证的经验，识别污染者付费原则在我国水环境管理应用过程中存在的主要问题，确定政策理念认识差距与制度设计缺陷。最后以我国水环境管理制度政策分析和评估结论作为依据，提出相关政策建议。本书的研究思路如图1-1所示。

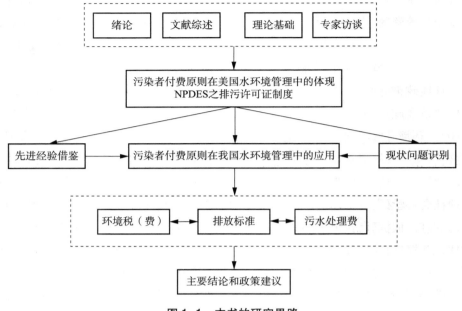

图 1-1　本书的研究思路

1.3.2　研究方法

（1）文献研究方法

本书理论部分主要采用文献研究的方法，通过查阅国内外相关文献，利用外部性理论、污染者付费原则理论、公共经济学理论、物质平衡理论、环境规制理论等为污染者付费原则在我国水环境管理中的应用提供理论支持。

（2）分析性比较方法

采用分析性比较的取同法和取异法，对比我国与美国的水污染防治政策体系，明确我国的不足和差距。分析性比较由英国哲学家、社会思想家穆勒提出，是对资料的定类层次测量，从而形成关于规则或模式关系的见解，也被称为"穆勒五法"。采取取异法，是因为在美国与我国水环境质量保护的目标基本相同，但起到的效果并不相同的情况下，需要比较水污染防治政策的制定和执行存在的差异。而采取取同法，是因为水污染防治政策是否科学决定了水污染防治的效果，任何国家之间水污染防治政策制定的依据和方法都是相通的，需要对水污染防治政策进行比较借鉴。排污许可证制度作为水环境管理的基础手段，在美国已经有了较好的实践经验，这可以为我国水环境管理所借鉴。通过查阅美国联邦法规、《清洁水法》、专业书籍、期刊文献、研究报告等资料，对美国 NPDES 之排污许可证制度进行分析并总结经验，可为本书提供研究背景和依据。

（3）环境政策分析与评估

环境政策分析是指为了解决环境政策问题，采用定性和定量的方法，对环境政策实施过程、实施效果等内容进行的规范性和实证性分析（宋国君，2010）。环境政策分析的一般模式是总结、提炼出对环境政策构成要求、政策执行过程等环节进行分析的思维模式、基本框架和一般流程，内容包含政策目标、政策框架、利益相关者识别与责任机制分析等。环境政策评估是利用各种社会科学研究方法和技术，系统地收集与环境政策的执行及其效果等相关的信息，依据既定的程序和标准，对政策的效果和效率、社会公平性进行评估，并根据评估结果给出有价值的政策建议，从而促进环境政策更有效地发挥预期作用的研究过程（宋国君，2003）。本书以此为研究方法，对美国 NPDES 之排污许可证制度和我国工业水污染物排放标准、环境税（费）、城镇污水处理费制度展开分析与评估。

（4）专家咨询和利益相关者访谈

专家包括国内外流域水环境管理方面的学者或专业人员。项目团队利用课题研究机会，和国内外该领域内的多位专家进行过讨论，并对美国水环境管理的相关经验进行了咨询。同时笔者利用项目调研机会，对北京、江苏、湖南、河南等多个省市生态环境部门的管理人员、重点排污企业、城镇污水处理厂、公众等进行了访谈，获取了大量一手和二手调研数据，作为本书重要的实证基础。

第2章

理论基础

本书所涉及的理论主要有外部性理论、污染者付费原则理论、公共经济学理论、物质平衡理论、环境规制理论等。本章对这些理论进行了综述，并就以上理论在我国水环境管理中的应用进行了总结，构建了基本的理论框架。

2.1 外部性理论

2.1.1 外部性理论的发展

外部性理论是环境政策的理论基石，它一方面揭示了"市场失灵"现象产生的根源，另一方面提出了解决外部不经济性问题的方法。

外部性问题最早由英国经济学家、剑桥学派的奠基人西奇威克（Henry Sidgwick，1883）提出："个人对财富拥有的权力并不是在所有情况下都是他对社会贡献的等价物。"之后，马歇尔（Marshall，1890）用商品生产规模的例子区分了"外部经济"和"内部经济"，引出了政府干预的话题。

庇古（A. C. Pigou，1920）首次使用了外部性的概念，并用现代经济学的方法从福利经济学的角度系统研究了外部性问题。他提出了边际私人成本和边际社会成本、边际私人纯收益和边际社会纯收益等概念作为理论分析工具。他认为：由于边际私人成本和边际社会成本、边际私人纯收益和边际社会纯收益之间的差异，完全依靠市场机制形成资源的最优配置从而实现帕累托最优是不可能的。庇古主张政府通过税收的方式干预经济，解决外部性问题。

科斯（R. H. Coase，1960）在《社会成本问题》中提出了对庇古税的质疑，强调了产权界定和产权安排在经济交易中的重要性，并认为在通过制度安排解决外部不经济性问题的过程中应考虑交易成本的存在，只有通过各种政策手段成本收益的权衡才能确定最终的制度选择。

尽管经济学领域的学者长期以来对运用哪个概念（如产权不明晰、信息不对称等）来解释外部性存在很多分歧（贾丽虹，2007），但可以肯定的是，外部性的存在通常会导致资源配置的无效率或者低效率。从政策分析的角度出发，外部性是市场内生的一种缺陷，外部性的存在意味着存在帕累托改进的机会。因此，讨论外部性的意义在于如何纠正"市场失灵"，即实现外部性内部化。

2.1.2　外部性内部化的目标

宋国君（2008）将外部性理论在环境政策领域进行了拓展和应用，并从政策分析的角度出发，提出了外部性的定义：外部性是指现实发生的一种损失，这种损失发生在利益相关者之间，已被识别，并且能够采取一种可行方案，来使利益相关者的这种损失减少。或者，外部性是指现实未实现的一种收益，这种收益发生在利益相关者之间，已被识别，并且能够采取一种可行方案，来使利益相关者的这种收益增加。从这个角度来看，环境政策就是为了避免这种损失或是实现这种潜在的收益。同时宋国君（2020）还提出了"外部性的合理规模"这一概念，即在外部性生命周期的一定阶段，限于技术和成本，存在一定规模的合理的外部性。因此，在某一特定时期，将外部性减少到一定程度是合理的，而超过这一程度，将会导致交易费用超过收益。

外部性的内部化是缩小外部性的规模的过程。正确识别外部性的合理规模，是确定内部化政策范围和政策目标的重要依据。在进行外部性内部化的政策方案设计时，应充分考虑界定产权和监督权所必须花费的成本，并与政策方案实施后所带来的交易效率的提高进行比较。一个重要的问题是外部性内部化的合理程度即何种程度的内部化是合理的？政策应当将外部性降低到何种水平？如何识别临界点？对于这一点，宋国君（2015）提出了"外部性相对值"的概念。外部性经典研究中一直在讨论外部性的大小，我们称为"外部性绝对值"，即边际社会成本（或收益）与边际私人成本（或收益）的差额，外部性绝对值带有极强的主观色彩，随着人们对环境价值的认同和对舒适度要求的提高，对某类环境问题的外部影响的赋值也变得越大。而外部性相对值是指内部化的净效应，数值上等于内部化收益减去内部化成本。内部化成本主要取决于所采取的治理技术和拟实现的内部化程度，技术的改进将导致内部化成本降低，而内部化程度越高，其成本也就越高。这里隐含的含义是外部性的绝对值并不一定都能够被内部化，在某个临界点，当内部化的成本超过内部化的收益，继续进行内部化将是没有效率的。

综上所述，要用外部性的绝对值大小来衡量外部效应的大小，从而判断外部性内部化后的潜在收益。外部性的相对值是决定其内部化的关键，可以用于确定环境政策目标（有效的内部化程度）。外部性内部化的成本既包括企业治理污染的成本，也包括政府管理的成本。因此，在确定外部性内部化的合理水平时，一方面需要考虑企业的技术水平；另一方面也需要考虑政府设计的管理方案成本。总结来看，外部性概念和外部性的合理规模，共同作为政策制定的基本约束，回答了环境政策的几个基本问题。①为什么需要政策？外部性的存在使得社会处于非帕累托最优状态，政策有助于促进外部性内部化，提高社会福利。②如何确定政策范围？政策范围是有限的，外部性有一个发展的过程，政策的介入要选择在资源稀缺性达到一定程度、资源配置效率改善可以足够弥补内部化的成本的时候。③如何确定政策目标？产权的明晰程度是有限的，在实现内部化的过程中要充分考虑、界定以及保护产权的成本同交易效率的提高带来的收益的增加之间的比较（宋国君，2008）。

2.1.3　外部性内部化的政策手段

外部性理论在水环境管理中的应用体现在对环境污染外部性的内部化。环境政策的制定和实施就是实现内部化的过程。在环境政策领域，政府实现外部性内部化的环境政策手段主要有3类：命令控制型、经济刺激型、劝说鼓励型。

命令控制型手段是传统的环境管理手段，是国内外解决环境问题最常见、应用最广泛的手段，也是大多数国家不可或缺并处于主导地位的管理方式。综观国内外水环境管理的实践经验，制定水污染物排放标准是所有政策手段的核心内容。水污染物排放标准的高低实际上就是水污染外部性内部化程度的高低。对污染源实施较高的排放标准，意味着环境规制较为严格，内部化程度较高；而较低的排放标准，则意味着环境规制较为宽松，内部化程度较低。

但是，由于命令控制型手段同时具有成本高、经济刺激不足等缺点，人们开始寻求如何基于市场机制，利用经济刺激型手段影响经济主体的行为选择，通过改变经济主体的行为成本引导其改变行为并最终采取有利于环境的决策。经济刺激型手段把选择权部分地交给了经济主体，使经济主体可以基于对成本—收益的考虑进行自由选择，执行成本低，灵活性高，在一定程度上提高了环境规制效率。此方式是以内化环境行为的外部性为原则，通过经济手段间接作用于政策对象，刺激其改变行为的一种方法。与传统的命令控制型手段的"外部约束"相比，经济刺激型手段是一种"内在约束"的力量，可以直接或间接地提高环保效率并降低环境治理成本与行政监控成本等。

这些环境政策手段并没有绝对的优劣之分，不同政策手段相互之间也没有绝对的排斥性，不必期望一项手段可以解决所有问题。但纵观世界环境保护政策的历史和现状，命令控制型手段一直是主要的环境政策手段，经济刺激型手段在多数情况下也离不开基础的命令控制型手段。从根本上来说，在任何时候、任何情况下，命令控制型手段的作用都是必要的，任何情况下都不会被替代，这是由环境本身的"公共物品"属性所决定的，环境事务本身的外部性也决定了环境问题的解决不能脱离政府（宋国君，2020）。

2.2　污染者付费原则理论

污染者付费原则（Polluter Pays Principle，PPP）也被称为污染者负担原则，是指污染环境造成的损失及治理污染的费用应当由排污者承担，而不应该转嫁给国家和社会，目前已成为世界各国在污染治理和环境保护工作中关于如何分配污染防治措施成本的基本原则。OECD（1974）对污染者付费原则做出的界定是：污染者应承担为了确保环境处于可接受水平，由公共机构决定的污染防治措施的成本，并提出世界各国不应该对工业企业的污染控制和治理措施采取不当的补贴或税收优惠，否则就会造成国际贸易的扭曲。因此，污染者付费原则可以被解释为"非补贴规定"，即污染者应当承担污染控制和环境损害的全部费用（OECD，1975）。

污染者付费原则虽然被世界各国广泛接受，但其明显的简略性还是对它的解释和实践带来了一系列的困难（Howarth，2009）。"如何界定污染和污染者""污染者应付多少费用"是污染者付费原则的两个核心问题。回答好这两个问题将有助于掌握污染者付费原则的基本思想，也是污染者付费原则能够实现公平与效率的关键。图2-1为污染者付费原则的标准流程，该流程共分为两个部分，分别对应着以上两个问题，其中，区域Ⅰ界定了"污染者"和

"非污染者"，区域Ⅱ明确了污染者的付费标准（杨喆，2015）。

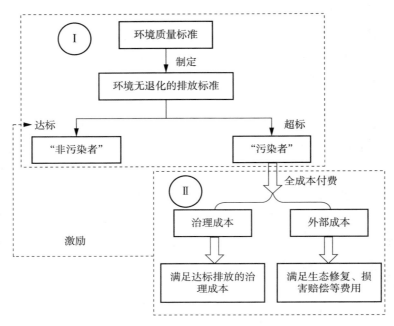

图 2-1　污染者付费原则的标准流程

2.2.1　污染和污染者

清晰界定"污染"和"污染者"是使用和遵循污染者付费原则的根本前提。由物质平衡理论可知，在社会活动（不论是生活还是生产）中，有投入必然会有产出，只是有的产出是商品，有的产出是非期望产出，比如废弃物。这些废弃物无法再投入生产、消费、流通或分配环节，且无法回收贮存，必然被排放到自然环境中，成为排放物。

但是，并非所有的排放物都会造成污染。因为生态环境具有一定的容纳空间和自然消解能力，只有当排放量超过了环境承载容量，并且使环境恶化才会构成污染。因此，污染可以被定义为由人类活动直接或间接地向环境中排放一定数量和浓度的物质（或能量），当排放量超过环境自净能力时使人类社会和自然环境产生的如健康损害、财产损失、生态退化等现象。导致环境污染产生的物质即为污染物，这是污染的客观含义。但是就现实社会而言，不同地方的环境容量和自净能力不同，基于现有的科学技术和能力，并不可能准确衡量出那一个"点"，无法精准衡量污染的具体程度和影响。因此，在现实社会中对污染的判定，更多是基于人为的界定和衡量，这使得对"污染"的判断具有主观性，因而虽然污染的存在是客观的，但是对它的界定具有主观性，污染是一个相对概念。当前世界各国主要采取的方式，都是在科学测量与分析的基础上，由专业的权威机构基于某一地域范围内的环境要素的客观情况设定环境功能、环境质量标准和污染物排放标准。根据这些人为设定的环境质量标准和污染物排放标准，来判定环境污染的存在与否，这就是管理意义上的"污染"。

环境质量标准是国家为保护生态环境和人体健康，对环境中污染物容许含量所做的规定。我国于2002年颁布了《地表水环境质量标准》，根据地表水水域环境功能和保护目标，按功能高低划分为Ⅰ～Ⅴ类，不同功能类别分别执行相应类别的标准值。污染物排放标准是国家对人为污染源排入环境的污染物的浓度或总量所做的限量规定。依据环境质量标准制定的环境无退化的污染物排放标准是衡量"污染"的标尺。不论是污染的客观性，还是污染的主观性，都不是一成不变的，而是会随着时间的推移而改变的。一方面，自然环境的变化、自然生态的演进，都可能使那一个"点"发生变化，污染的程度也会随之变化；另一方面，随着认识能力、科技水平、社会需求的变化，环境质量标准和污染物排放标准会相应变化，管理意义上的"污染"也会随之变化。

污染者是指直接或间接向环境排放污染物的单位和个人，是造成环境污染的行为主体。对污染者的界定主要依据其行为是否造成环境污染，即是否会使环境退化。具体来说，某一主体的排放行为如果没有造成环境退化，即排放水平达到了环境无退化的污染物排放标准，它就不是管理意义上的"污染者"；反之则反是。例如，某企业向目标水质为Ⅲ类水的功能区排放废水，如果该企业通过自身治理，达到Ⅲ类水或更高的排放标准，没有造成环境退化，那么该企业就不是"污染者"；反之，如果受纳水体水质已经低于水质标准，天然来水水质也低于水质标准或者没有天然来水，此时若该企业废水排放低于Ⅳ类水标准，即使达标排放也会造成环境退化，那么它就是"污染者"。另外，如果某一行为主体排放了污染物，但其委托第三方（如环保公司）进行治理，并且治理后的废水排放不会造成环境退化，则其也不是"污染者"。因此，排放标准的制定至关重要。

2.2.2 付费

污染者付费原则的核心思想是应当由污染者承担确保环境处于可接受水平（或环境无退化）时的全部费用（全部成本）。污染者不付费或者少付费，都会使污染者受益，社会受损。另外，若某一主体行为并不造成环境污染，则不应对其收费，即"不污染不付费"。再有，污染者付费原则的最终目的是"污染者治理"，即通过全成本付费促使污染者选择自身治理或委托第三方治理，最终使排放水平达到环境无退化标准。一般而言，污染的全部成本包括治理成本和外部成本，是制定付费标准的基础。

如果排污主体的污染物排放标准达到环境无退化标准，排污主体就不是污染者，排污主体排放污染物的外部成本就已经实现全部内部化，即"不污染不付费"。对于排放污水的治理而言，污水收集管网、污水处理厂、污泥处理厂、排水管网以及企业或排污者私有的污水处理设施等都是污水治理系统的组成部分，所有用于这些工程的投资和运行费用，都可被视为污水排放的治理成本。而全部治理成本是指达到环境无退化的排放标准时所发生的治理成本。由于不同功能区的水质目标不同，排放标准应"因地制宜"，由此产生的治理成本会存在地区性差异。污染者可以根据技术水平、治理成本、管理能力等情况，对不同的行为做费用—效益比较，选择自身治理或委托第三方治理污染。而无论怎样选择，最终目的都是通过支付全部治理费用使外部成本内部化，使环境无退化。

污染的外部成本主要体现为环境损害成本，即污染物对人体健康和水生态安全带来的损害、生物多样性丧失。这样的环境损害往往具有潜在性和不可逆性。例如，污染河流附近的居民可能在短时间内健康状况不会受到太大影响，但长时间饮用或接触不干净的水可能会引发癌症等恶性疾病。又如，某一珍稀物种由于赖以生存的河流受到污染而灭绝，那么这种损失将是不可逆的。因此，污染的外部成本虽然难以货币化，但是人们普遍认为其代价高昂，一旦发生，很难修复如初。

污染者承担的治理成本和外部成本之间存在着此消彼长的关系，如图2-2所示。污染者大致有三种行为选择：承担全部治理成本、承担部分治理成本以及不承担任何治理成本，其对应的外部成本有较大差异。当污染者的排放水平达到环境无退化标准时，排水的全部外部成本实现内部化，此时污染者为达标排放所支付的治理成本就是全部成本。当污染者排放的污水没有达到环境无退化标准、会污染环境时，就会产生外部成本，如果没有严格的制度保障，企业往往不会去承担这些外部成本，意味着污染者只承担了部分治理成本，其余成本则由社会负担，这就违背了污染者付费原则。当污染者无处理排放时，其没有承担任何治理成本，如若此时污染物排放浓度较高，就会产生严重的环境退化，使外部成本大幅上升，全社会负担加重（杨喆，2016）。

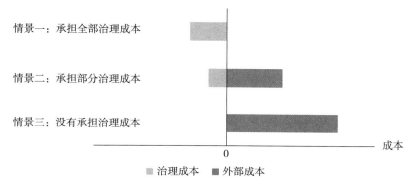

图2-2　治理成本与外部成本的关系

无论污染者不付费还是少付费，都会造成"谁污染谁受益""全社会承担外部成本"的不良后果。一般来说，环境损害具有不可逆性和长期性，导致生态修复和损害赔偿费用相当高。因此，环境污染发生后的外部成本往往远高于使排放水平达到环境无退化标准时的治理成本，与其事后"补救"，不如事前"治理"。倘若严格遵守污染者付费原则，理性的做法应当是承担全部治理成本（可以选择自身治理或委托他人治理）使排放水平达到环境无退化标准，此时成本最小，环境效益最大。另外，由于外部成本往往难以货币化，而治理成本较容易计算，因此承担全部治理成本更具有可行性。

2.2.3　污染者付费与环境红利

根据前文分析，排放标准的制定至关重要。应该基于环境质量标准制定污染物排放标准，不能与环境质量标准脱钩。污染物排放标准直接影响污染者需要支付的成本。污染物排放标准如果较低，则会直接导致污染者支付较低的费用，而获得较大的环境红利。环境红利是指经济主体应当支付的环境成本与实际支付的环境成本之间的差额，可以分为容量红利和制度红利。前者是指利用自然界的环境容量获得的超额收益，如环境稀释、降解和消纳污染物的能力可以降低污染治理成本，帮助企业获得超额利润；后者是指利用政府制定较低的环境标准和宽松的环境监管而获得的超额收益，即利用非管理意义上的"污染"空间进行收益。例如，长期偏低的污染排放标准和收费标准会帮助污染企业"合理地"减少环境治理成本，获得巨大的超额利润，从而使得经济高速增长。由此可见，容量红利是天然产生的，不会损害环境；制度红利则是人为产生的，可能会损害环境。对于政府和企业来说，环境红利意味着"低成本、高收益"；然而，对于环境来说，则意味着"高污染、高损害"。经济收益的即时性和私有性以及环境损害的累积性和公共性，使得"重经济发展，轻环境保护"的政策和行为屡见不鲜。但是，一旦环境污染超过环境容量，高额的环境治理、环境损失、环境损害和环境修复成本便会随之产生。这种建立在环境污染、损失和损害基础上的环境红利将难以为继。

如图 2-3 所示，纵轴代表不同的环境标准和污染水平，包括环境质量标准、污染物排放标准和污染者的排放水平。A 线代表最优环境质量标准，适用于具有潜在风险、累积风险或未知风险的环境管理，应该与环境基准一致。B 线为法律规定的环境质量标准。在环境管理中，政府可能制定严格的污染物排放标准，该标准接近环境质量标准或与环境质量标准完全一致，能够保证环境的物理、化学和生物状态不会退化，亦即环境质量不退化，如 C 线；政府也可能制定宽松的污染物排放标准，该标准远离环境质量标准，会造成环境的物理、化学和生物状态退化，亦即环境质量退化，如 D 线。

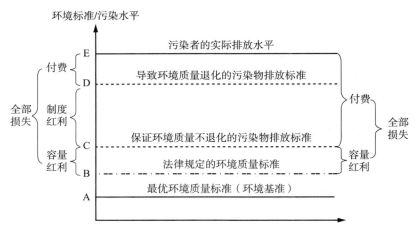

图 2-3 污染者付费与环境红利

当污染者的排放水平位于横线 E 水平时，假定此时已经没有环境容量，那么污染者应当承担治理其所造成的全部污染的责任（治理成本），即污染者的实际排放水平 E 与法律规定的环境质量标准 B 的差额（BE）。但是，在导致环境质量退化的宽松污染物排放标准 D 下，污染者实际治理污染成本（承担部分环境治理成本）为 DE，即污染者实际排放水平 E 与污染物排放标准 D 的差额。污染者获得的超额经济收益即环境红利为 BD，其中，保证环境质量不退化和导致环境质量退化的污染物排放标准之间的差额 CD 为制度红利，保证环境质量不退化的污染物排放标准和法律规定的环境质量标准之间的差额 BC 为容量红利。可见，自然存在的环境容量与人为制定的低污染物排放标准共同帮助污染者获得环境红利，这是排污者获得的"免费午餐"，排污者不需要为其获得的此范围内的环境红利支付任何成本。因此，排污企业是环境红利的主要受益者。

在保证环境质量不退化的严格污染物排放标准 C 下，污染者实际治理成本为 CE，即污染者实际排放水平 E 与污染物排放标准 C 的差额，此时不存在制度红利，只存在容量红利 BC。因此，当污染物排放标准制定严格时，污染者付费较高（CE＞DE），获得的环境红利较小（BC＜BD）。但是，只要污染物排放标准低于法律规定的环境质量标准，就会产生环境红利。当前，在我国人口密集地区，环境容量已经所剩无几，甚至已经超出可承载力，过低的污染物排放标准必然会加剧环境污染和生态退化。而社会全体成员都是环境污染和生态退化的受害者，都在共同为环境污染和生态退化埋单。

污染者付费原则对于生产经营活动产生的污染和基本生活需要产生的污染有不同的应用，从而保证不同类型污染者承担污染费用的公平性。工业企业的生产经营活动具有营利性，应该基于全成本付费。如果付费标准低于全成本，就是财政补贴企业的污染行为，使社会福利受损。居民为了满足基本生活需求而产生的污染属于公共服务范畴，不应基于全成本付费。这部分污染造成的环境损失和相关治理费用，已经由纳税人通过税收支付，应当由公共财政部分承担。对这部分污染行为可以征收一定费用，但其目的应该是调节行为（而不是取得收入），从而使公共财政的补贴更有效率。然而，居民奢侈性需求产生的污染，应该基于全成本付费，否则，社会总福利将因一部分人的获益而受损，有悖于公平原则。

由此可见，污染者付费原则的真正含义是"污染者治理"，污染的全成本是制定付费标准的基础，但付费只是手段，治理污染才是结果，目标是确保环境质量不退化。如果不基于全成本进行付费，那么不仅会产生外部损害，还会获得内部收益，即环境红利（经济主体在自身发展过程中通过产生外部性进而获得发展的额外收益）。事实上除了企业获得的超额利润外，环境红利还包括政府获得的超额税收和公民获得的超额收入，几乎全体社会成员都是环境红利的受益者（马中，2014）。但是环境红利不可能长期存在。当水污染物的排放在水环境承载力的阈值范围内时，水环境可以通过稀释、降解和消纳污染物来降低污染治理成本，保障我们的经济高速增长和企业获得超额利润，此时不会产生环境损害；但如果水污染物的排放超过环境阈值，水体几乎会丧失所有的使用功能，此时就会产生环境损害并带来高额的环境治理、损失、损害和修复成本，反过来制约经济的可持续增长（马中，2014）。

2.3 公共经济学理论

2.3.1 公共物品

（1）基本概念

公共物品的思想可以追溯到古希腊学者亚里士多德，他在《政治学》中指出"凡是属于最多数人的公共事物往往是最少受人照顾的事物，人们关心着自己的东西，而忽视公共的事物；对于公共的一切，他们至多只留心到其中与他个人多少有些相关的事物"。1936年，美国翻译出版了意大利学者马尔科（Marco）的《公共财政学基本原理》，其中首次使用了"Public Goods"一词。美国经济学家萨缪尔森是公共物品理论开创性的研究者，他认为"公共物品是这样一些产品，不论每个人是否愿意购买它们，它们带来的好处都会不可分开地散布到整个社区里；相比之下，私人物品是这样一些产品，它们能分割开并可分别提供给不同的个人，也不带给他人外部的收益或成本。公共物品的有效供给通常需要政府行动，而私人物品则可以通过市场有效地加以分配"。

非竞争性和非排他性是公共物品的两个基本特征。非竞争性是指某一企业或居民对公共物品的消费不会影响其他企业或居民同时消费该物品并从中获得效用，即增加一个消费者的边际成本为零。非排他性是指某一企业或居民消费公共物品时，无法排除其他企业或居民消费该物品的权利（不管他们是否付费），或者排除的成本很高，即不能阻止未付费的企业或居民消费公共物品（高鸿业，2007）。

根据是否具有竞争性和排他性，可以将物品分为 4 类：纯公共物品、共有资源、俱乐部物品和私人物品（Mankiw，2007）。前 3 类都是公共物品，同时具有非竞争性和非排他性的是纯公共物品，只具有非排他性和非竞争性中的一种的可以统称为准公共物品。物品的分类见表 2-1。

表 2-1 物品的分类

	竞争性	非竞争性
排他性	私人物品：面包、私家车等	俱乐部物品：会员制健身房、供水管网等
非排他性	共有资源：海洋资源、公共草场等	纯公共物品：阳光、国防等

①纯公共物品。

纯公共物品是指同时具有非竞争性和非排他性的物品。纯公共物品的供给有自然供给和生产供给两种形式。自然供给的公共物品无须耗费人力劳动，如阳光；生产供给的公共物品需要耗费人力劳动，如国防。通过生产供给的公共物品又称为公共产品。现实生活中纯公共物品并不多见，阳光是一种纯粹自然供给的公共物品，国防是一种纯粹生产供给的公共产品。纯公共物品的供给通常是免费的。公共物品可以用下式表示：

$$X_{n+j} = X_{n+j}^i \tag{2-1}$$

式中，X_{n+j} 为公共物品总量；X_{n+j}^i 为第 i 个消费者对这种公共物品的消费量。式（2-1）表明，任何一个消费者 i 都可以支配公共物品的总量。

②俱乐部物品。

俱乐部物品是指不具有竞争性，但是具有排他性的物品。如城镇污水处理系统，非本地居民不能使用此污水处理服务（排他性）；但是本地一个居民使用该服务不会影响本地其他居民的使用（非竞争性）。俱乐部物品也可被称为系统专用物品，这类物品的供给与系统规模相关。城市基础设施多为俱乐部物品，如排水管网、供水管网、热力供应等。由于具有排他性，俱乐部物品的供给通常包含劳动在内。

③共有资源。

共有资源是指具有竞争性，但是不具有排他性的物品，如公共渔场。当一个渔民捕到鱼时，留给其他人捕的鱼就少了（竞争性）；但是所有渔民都可以免费捕鱼，无法排除其他人捕鱼（非排他性）。当共有资源规模足够大时，足以使排斥其他使用者收益的成本过高。如果对资源的使用未超过其容量或承载力，则共有资源就是纯公共物品，如未被污染和不稀缺的大气、水；如果对资源的使用超过资源容量或承载力，则共有资源的提供也要包含劳动，比如治理被污染的大气和水、配置稀缺的水资源等。

作为准公共物品，俱乐部物品和共有资源具有资源有限性特征，一般存在一个"拥挤点"。图 2-4 中的 N 即为拥挤点。在消费量增加到拥挤点之前，每增加一单位消费的边际成本是零；达到拥挤点之后，每增加一单位消费的边际成本为正，并逐渐增加，产生拥挤成本；当资源容量被用完或者承载力达到最大限制时，增加消费者的边际成本便趋向无穷大，达到"拥挤点"之后，每增加一个单位的准公共物品消费，将会使原有消费者所获得的效用减少。共有资源的有限性和使用的无限性往往会造成共有资源的过度使用，产生"公地悲剧"。如果公共物品的提供包含了劳动，其就会成为准公共产品。公共物品的分类和准公共物品的"拥挤性"特征为公共物品的定价和管理提供了理论依据。

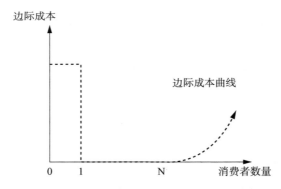

图 2-4　准公共物品的拥挤点与边际成本曲线

④私人物品。

私人物品是指同时具有竞争性和排他性的物品。如果某一企业或居民已经消费了某个商品，另一个人就不能再消费同一件商品；如果某一企业或居民通过支付某件商品的价格而占有了该商品，另一个人就不可能在不通过交易的情况下占有同一件商品。私人物品具有明确的产权特征，在形体上可以分割和分离。经济活动中大多数物品是私人物品。私人物品可以用下式表示：

$$X_j = \sum_{i=1}^{n} X_j^i \qquad (2-2)$$

式中，X_j 为商品总量；X_j^i 为第 i 个消费者对这种商品的消费量。式（2-2）

表明，商品 X_j 的总量为每一个消费者 i 对这种商品的消费量之和。

水是具有多重属性的物品，兼具纯公共物品、准公共物品和私人物品的性质。在一定时空范围内，当水资源（包括水环境容量）相对于消费足够充裕时，水是自然供给的纯公共物品，同时具备非竞争性和非排他性；在水的消费量达到拥挤点之前，每增加一个消费者的边际成本为零。随着人口增长和经济发展，水的消费量不断增加，在达到拥挤点之后，水成为准公共产品。其中，城市供水排水系统、远距离跨流域调水工程等具有非竞争性和排他性，属于俱乐部物品；河流和湖泊的观光旅游等具有竞争性和非排他性，属于共有资源。还有一些水的消费既有竞争性，又有排他性，属于私人物品，如桶装水、瓶装水等。需要注意的是，物品的属性并不是一成不变的。例如，随着供排水企业管理水平的提高，城市管道供排水和农业灌溉用水等俱乐部物品通过管网输送并分户计量，不仅具有较高的排他性，而且具有竞争性，其私人物品的属性越来越强。

（2）公共物品的生产

根据一般均衡条件，边际转换率等于边际替代率是达到有效产出水平的必要条件。这一必要条件对于私人物品和公共产品都适用，只是表达形式不同。私人物品的帕累托最优要求个人边际替代率等于个人边际转换率，公共产品的帕累托最优要求所有人的"公共"边际替代率总体等于"公共"边际转换率。纯公共产品的供给与公共产品的生产能力和消费需求相关。准公共产品基本是由生产供给的，若消费水平上升，生产供给能力不能同步提高，就会出现拥挤点，产生边际成本，导致低效率。

公共产品的生产方式主要有 3 种，分别为政府生产、市场生产和以第三部门为主体的自愿生产（戴文标，2012）。

①公共产品的政府生产。

公共产品的政府生产是指政府在市场配置资源的基础上，利用公共资源生产并供给公共产品。公共物品的非竞争性和非排他性以及由此产生的"免费搭车"、隐藏偏好等特征，使得公共物品如果由市场或者私人来提供则会导致供给量不足，即存在所谓的"市场失灵"。公共产品是人们生存和生活的必需品，如果市场和私人不能有效提供，就必须由政府进行生产和供给。为降低公共产品的生产和供给成本，政府可以通过征税的方式来筹集资金，也可以通过管制的方式来降低市场交易成本。

政府可以通过直接生产或者委托生产的方式来供给公共物品，政府作为公共物品的管理者和提供者，既可以选择自己生产，也可以选择委托企业进行生产。政府自己生产公共产品的方式主要包括：中央政府直接经营、地方政府直接经营、地方公共组织经营。政府委托企业生产公共产品的方式主要包括：授权经营、签订合同、政府参股、政策补贴、设置准入门槛。无论以何种方式生产和提供公共产品，公共财政的支持都必不可少。

公共产品的属性使得政府供给具有一定的优越性，但是由于政府能力有限、信息不完全和低效率，使得政府不能生产所有公共产品，即存在政府失灵。因此，应该明确政府生产公共产品的范围和形式。纯公共产品应由政府生产，准公共产品则可以由市场生产。例如，污水处理服务属于一种俱乐部物品，城镇污水处理厂的建设运营模式可以采用"建设—经营—转让"（BOT）、"移交—经营—移交"（TOT）和委托经营等多种形式。

②公共产品的市场生产。

公共产品的市场生产是指在政府监督的基础上，营利性组织根据市场需求，以盈利为目的，通过收费补偿支出。在一定的排他技术和制度条件下，市场可以生产公共产品。但是，私人资本追求利润最大化的特性，决定了市场生产的公共产品仅限于准公共产品，如城市供排水、高速公路等。由于准公共产品规模和范围有限，且存在排他性技术，可以有效地将"免费搭车者"排除在外，使得市场生产的排他成本和交易成本大大降低。

公共产品市场的主要生产方式有两种：一种是私人完全生产，即私人投资、私人经营；另一种是特许经营，即在政府监管下，由私人资本通过投标取得政府特许经营权，进行某种公共产品的生产。公共产品的市场生产可以有效减轻政府财政负担，提高效率，既能满足消费者对公共产品的消费需求，又能保证投资者和经营者在法律许可的范围内获得合理利润，激励社会资金投入公用事业。即使由市场来生产公共物品，政府的作用也是不可或缺的，首先，政府要为私人生产者提供制度与激励保障，对于公共物品的产权给予清晰的界定，同时要采取有效的激励措施；其次，政府要履行监督管理的职能，防止私人生产者利用其垄断地位抬高公共产品的价格或降低公共产品的质量。

以水资源为例，由于水资源同时具有纯公共物品、准公共产品和私人物品多重属性，因此其生产主体既可以是政府，也可以是市场。在水务行业中，水源地、输水管道、供水管网和排水管网均具有强系统专用特性，适宜采取政府生产的方式；而供水、污水处理设施建设和运营具有弱系统专用性，可以实行市场生产。市场生产可以由政府投资，由市场负责运营，即"资产国有化、运营市场化"，也可以直接由私人投资、私人运营，政府负责监督管理。

③公共产品的自愿生产。

公共产品的自愿生产是指单位或个人在自愿的前提下，通过捐赠等形式无偿或部分无偿地提供资金，直接或间接地从事公共产品生产，并接受公众的监督。自愿生产的主体是第三方，即除政府和营利组织之外，专门从事非营利活动的社会组织。由于公共产品存在市场失灵和政府失灵，以第三方为主体的自愿生产发挥着越来越重要的作用，并不断拓宽公共产品的生产领域。然而，由于第三方自身存在的缺陷，如力量不强、能力不足等问题，自愿生产不可避免地存在"自愿失灵"，同样需要政府给予人力、财力和政策等方面的支持。

政府生产、市场生产和自愿生产是公共产品的3种生产方式，政府部门、营利部门和第三部门是公共产品的3个主要生产部门。公共产品的3种生产方式和3个主要生产部门之间既有区别又有联系，相互影响、相互补充，共同服务于公共产品的生产供给，如图2-5所示。

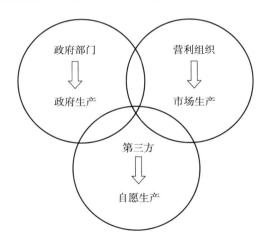

图2-5　公共产品的3种生产方式和生产部门及相互关系

（3）公共物品的消费

公共产品的消费会产生"免费搭车"现象，即消费者不需要支付任何费用，但可以享受与付费者完全等值的效用。在个人利益最大化的激励下，消费者倾向于消费更多公共产品，同时希望政府通过扩大公共产品的供给范围和数量来满足自己的消费需求。公共物品的消费主要分为纯公共产品消费和准公共产品消费，两者具有不同的特征。

①纯公共产品消费。

纯公共产品消费具有非竞争性和非排他性两个特征。只要该种公共产品有供给，则所有人都可同时享用。纯公共产品的消费者不会对其他消费者的边际效用产生影响，政府生产和供给的纯公共产品越多，消费者获得的福利也越多。

②准公共产品消费。

准公共产品消费存在"拥挤点"。排他性的公共产品如果仅由市场生产，则往往效率水平不高；若完全免费供给，则会大大增加拥挤成本。由于"拥挤点"的存在，必须对一些准公共产品进行排他性安排，避免由于消费者数量过多而引起消费质量的降低，或者造成准公共产品的过度使用，从而产生"公地悲剧"。

以废水排放为例，如果受纳水体的水环境容量相对排放量足够充裕，那么水环境就是纯公共物品，具有非竞争性和非排他性。然而，当排放量超过水环境的自然容量时，水环境便成了准公共产品，需要通过污染减排、污水处理、水环境保护等方式增加水环境容量的供给，此时成本将迅速上升，水环境也具有了排他性和非竞争性。对于工商业排水而言，水环境的供给具有竞争性和排他性，可被视为一种商品。需要强调的是，作为纯公共产品和准公共产品的水环境，消费量受价格的影响较小，但是具有商品价值的水环境，消费量对价格较为敏感。因此，环境税和污水处理费应该识别与区分不同性质的水环境消费。

2.3.2 公共服务

根据人们需求的公共程度及对政府的依赖程度，可以将公共服务分为"基本公共服务"和"非基本公共服务"两类。

基本公共服务是指根据经济社会发展阶段和总体水平，为维持经济社会的稳定、基本的社会正义和凝聚力，保护个人最基本的生存权和发展权，实现人的全面发展所需要的基本社会条件。基本公共服务包括3个基本方面：①保障人类的基本生存权（生存的基本需要），主要包括基本就业保障、基本养老保障、基本住房保障等；②满足基本尊严和基本能力的需要，主要包括基础教育、医疗卫生、文化体育等社会事业中的公益性领域；③满足基本健康的需要，主要包括医疗卫生等基本的健康保障。居民基本生活用水是居民维持生存的必需品，具有需求刚性，是基本公共服务，应该由政府提供和保障；居民奢侈性生活用水和工商业生产经营用水则不属于基本公共服务的范畴。

基本公共服务的内容可以用 4 个标准来界定：①基础性，是指那些对人类发展有重要影响的公共服务，它们的缺失将严重影响人类发展；②广泛性，是指那些影响到全社会每一个家庭和个人的公共服务供给；③迫切性，是指事关广大社会最直接、最现实、最迫切利益的公共服务；④可行性，是指公共服务的提供要与一定的经济发展水平和公共财政能力相适应。

基本公共服务与个人最基本的生存权和发展权紧密相关，具有 3 个特点：①基本公共服务是公共服务中最基础、最核心的部分，与群众最关心、最直接的利益紧密相连；②基本公共服务是政府公共服务职能的"底线"，由政府负责提供；③基本公共服务的范围和标准是动态的，随着经济发展水平和人民生活水平的提高，其范围应逐步扩大，标准应不断调整（薛元，2010）。2017 年 1 月 23 日，国务院印发的《"十三五"推进基本公共服务均等化规划》明确规定，"基本公共服务是由政府主导、保障全体公民生存和发展基本需要、与经济社会发展水平相适应的公共服务。基本公共服务均等化是指全体公民都能公平可及地获得大致均等的基本公共服务，其核心是促进机会均等，重点是保障人民群众得到基本公共服务的机会，而不是简单的平均化。享有基本公共服务是公民的基本权利，保障人人享有基本公共服务是政府的重要职责。基本公共服务清单主要包括基本公共教育、基本劳动就业创业、基本社会保险、基本医疗卫生、基本社会服务、基本住房保障、基本公共文化体育、残疾人基本公共服务等八个领域的 81 个项目"。可以看出，环境保护并未被纳入我国"十三五"期间重点发展的基本公共服务范畴。

非基本公共服务是指除去基本公共服务以外的服务，如高等教育、一般应用性研究等。由于财力有限，政府无法满足人们的全部需求，只能根据服务的性质、需求的紧迫性和重要程度以及自身能力来确定政府公共服务的优先顺序。因此，非基本公共服务可以通过政府以外的社会组织或市场来提供。当然，有相当多的需求具有混合的特征，在市场和社会提供的同时需要政府的支持和参与，这可被称为一种"准基本公共服务"（项继权，2008）。

政府是社会公共服务的提供者，同时也是整个社会公共服务的规划者和管理者。基本公共服务是人们生存和发展必需的基本条件，必须由政府提供和保障，否则会导致公共服务供给不足，无法满足人们的基本公共服务需求。平等享受基本公共服务是人的基本权利，即公共服务均等化。

由于需求具有多样性而政府财政能力有限，使得政府提供的公共服务不能满足所有需求。因此，必须明确公共服务的范围和结构，根据公共服务的性质、需求、重要性和政府能力确定公共服务的优先顺序。在政府有限财力的约束下，教育、医疗卫生、公共安全和供排水等基本公共服务项目之间难免存在竞争。由于环境保护的私人利益相关度较低，公众关注度较小，环境保护在与其他公共服务（如基础教育）的竞争中往往处于劣势，政府决策的结果往往会使环境保护让位于其他基本公共服务。因此，必须明确基本生活用水属于基本生活保障的范畴，属于基本公共服务，应该由政府供给，由公共财政承担。

2.3.3　公共定价

公共定价是政府对特定商品或服务的价格和收费标准进行决策的方式。公共定价的主要对象是公共产品和公共服务，如供水、供热、供气，是政府保证公共产品供给和加强公共产品管理的重要职责。《中华人民共和国价格法》① 第十八条规定，"下列商品和服务价格，政府在必要时可以实行政府指导价或政府定价：（一）与国民经济发展和人民生活关系重大的极少数商品价格；（二）资源稀缺的少数商品价格；（三）自然垄断经营的商品价格；（四）重要的公用事业价格；（五）重要的公益性服务价格"。合理的公共定价，既要顾及公共产品的公共属性，体现社会福利性和公益性，又要确保企业赢利或微利，调动企业供给公共产品的积极性（杨华，2007）。

与完全竞争市场中价格由供求关系决定不同，自然垄断行业需要政府为公共产品供给定价，减少垄断的效率损失，将垄断者的超额利润转化为消费者收益。公共定价原则主要包括价格监管法和成本监管法两种。前者通过直接监管或限定价格来为公共产品定价，如英国采用的最高限价②；后者则通过监管、核算企业的生产和运营成本，并以此为依据确定公共产品的价格或收

---

① 《中华人民共和国价格法》是为了规范价格行为，发挥价格合理配置资源的作用，稳定市场价格总水平，保护消费者和经营者的合法权益，促进社会主义市场经济健康发展而制定的法律。由 1997 年 12 月 29 日第八届全国人民代表大会常务委员会第二十九次会议通过，自 1998 年 5 月 1 日起施行。

② 最高限价，是指被管制的公共产品价格上涨率不能超过实际零售价格的上涨率与产业技术进步率之差。

费标准,如我国采用的"成本加合理利润"①。现有公共定价方法可以分成三大类:一是基于工程成本或生产成本的定价方法,如平均成本法、边际成本定价法,目的是收回成本;二是基于全成本的定价法,如影子定价法、全成本定价法,目的是收回全部成本;三是考虑可操作性,如两部制定价和阶梯定价,目的是便于主管单位或部门的收费操作。

无论采用哪种公共定价方法,公共产品和服务的价格归根结底都是基于成本制定的。水环境作为典型的公共产品,其价格和收费标准应该由治理成本决定。通过进一步分析发现,水环境的治理成本由污染物排放标准决定,污染物排放标准由环境质量标准决定,而环境质量标准由相关法律和法规规定。因此,法律法规、环境质量标准、污染物排放标准、治理成本和价格(税费标准)是紧密相连的有机整体(如图 2-6 所示)。在正常合理的情况下,法律法规应基于环境容量和环境基准制定合理的环境质量标准,基于环境质量标准制定污染物排放标准,此污染物排放标准要保证环境质量不退化,基于污染物排放标准决定的治理成本制定税费标准,使排污者承担全部环境成本,确保不会产生环境污染和环境损害。

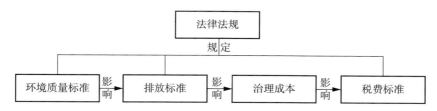

图 2-6 法律法规、环境质量标准、排放标准、治理成本与税费标准的关系

但是,法律法规和各类标准之间的关系可能发生偏移和扭曲:①法律法规规定的环境质量标准过低或者过高,与环境功能脱节;②污染物排放标准与环境质量标准脱节,无法保证环境质量不退化;③治理成本与污染物排放标准脱节,污染者并未按照污染物排放标准治理;④税费标准与治理成本脱节,政府并未按照治理成本制定税费标准。

政府制定的保证环境质量不退化的环境价格是政府指导价。由于环境和自然资源的自然垄断性,自然垄断厂商(如城镇污水处理厂)会通过竞价

---

① 成本加合理利润,是指基于企业上报的成本以及实现确定的在一定时期内不变的利润率制定公共产品的价格。

（投标）形成不同于政府指导价的支付价格，支付价格的对象是公共产品的供给者。对环境治理来说，自然垄断厂商（如城镇污水处理厂）会通过竞价形成一个低于政府指导价的支付价格；对自然资源来说，自然垄断厂商（如煤炭开采企业）会通过竞价形成一个高于政府指导价的支付价格。政府基于支付价格制定征收价格，征收价格的对象是公共产品的使用者。属于基本公共服务的公共产品（如居民基本生活用水）的征收价格应该低于支付价格，两者的差额由公共财政承担；属于商业服务的商品（如工业用水）的征收价格应该不低于支付价格，不应存在财政补贴。在此价格下，公共产品使用者会根据自身的治理成本、技术水平、管理能力等，通过成本—收益分析进行行为选择，有利于技术进步和产业结构优化升级，最终实现全社会低成本的治理。

因此，与传统的市场定价不同，公共定价是由政府首先建立或引导形成一个市场，在此市场内，通过自然垄断厂商的竞争形成价格，再对消费者和用户产生一定的激励作用。随着环境质量、技术水平的变化，政府也可以调整指导性价格，进而形成新的支付价格和征收价格。

2.4 物质平衡理论

物质平衡理论的分析由来已久，萌芽于鲍尔丁（Boulding，1966）在《即将到来的太空舱经济》中提出的"太空舱经济"观点，他认为随着人口和经济的增长，作为太空中一艘小飞船的地球最终会资源枯竭、环境污染，需要发展循环式经济替代单程式经济。史密斯（Smith，1967）最早将物质平衡概念应用于废弃物处理问题，从能量守恒的角度来研究经济系统和环境系统的关系。

物质平衡理论的系统性和开创性研究始于艾瑞斯和克尼斯（Ayres，1969），他们运用线性技术的静态一般均衡模型将物质平衡方法引入经济学中，提出了物质平衡理论，揭示了残余物的物质流动过程及其与污染的关系，说明了外部性的普遍存在性。物质平衡理论是环境经济学的基础理论之一，其对环境经济学的重要性在于说明了在一个足够长的时期内，从环境进入经济系统的物质量必然大致等于从经济系统排入环境的残余物量。亦即，作为某种服务的载体，经过生产和消费之后商品的物质实体不会消失，而只是被重新利用或者排入环境中。物质平衡理论分为总量模型与价值模型两部分。

2.4.1 总量模型

根据物质流动关系和功能的不同，克尼斯等将传统的只包含生产和消费部门的经济系统改造为包含能量转换、物质加工、最终消费和残余物处理4个部门的经济系统，如图2-7所示。改造后的经济系统进一步阐述了物质平衡理论的基本概念和内涵（马中，2019）。

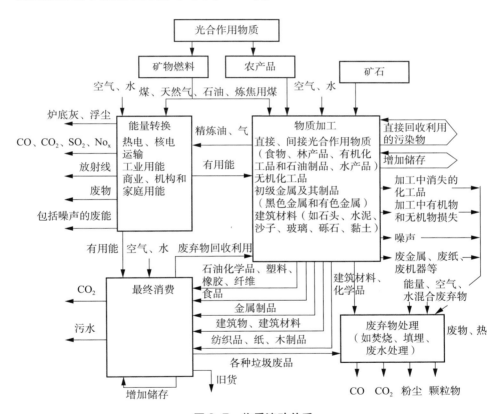

图2-7 物质流动关系

①在一个封闭的（没有进口或出口）、没有物质（植物、机器、储备、建筑物、耐用消费品等）净积累的经济系统中，排入自然环境中的残余物量必然大致等于进入经济系统的水、燃料、食物、原材料加上从大气中获得的氧的量。

②残余物不一定要排入环境，如果循环利用，残余物就有可能返回生产过程，成为原材料的一部分，再次被利用，从而减少新物质的投入。为减小对环境的危害，可以循环利用残余物，还可以对其进行治理。但是，处理残余物并不能使物质消失，而只是改变了其存在的形式。因此，末端处理的方法往往会造成某种形式的污染，无法最终解决环境问题，保护环境最根本、最有效的途径是提高经济系统的资源利用效率，从而减少资源利用量和污染物排放量。

③在资源可以自由取用、残余物可以自由排放，或取用和排放成本很低的情况下，作为理性经济人的生产者和消费者不会主动循环利用和治理残余物。当且仅当循环利用和治理成本低于取用与排放成本时，生产者才有可能主动进行循环利用和残余物治理。

2.4.2 价值模型

在传统经济学生产和消费模型的基础上，克尼斯等（1991）利用瓦尔拉斯—卡塞尔（Walras-Cassel）模型对物质平衡模型进行了定量分析。该模型包含总产品（分为最终消费产品和环境产品）、产品价格、最终需求、资源（包括原材料和服务）和资源价格。为了体现普遍存在的与残余物相关的外部性，克尼斯等构建了简化的一般均衡模型。

$$\max： W = [w_1(\overline{Y_1})，w_2(\overline{Y_2})，\cdots，w_z(\overline{Y_z})] \qquad (2-3)$$

$$st： \sum_{i=1}^{Z} y_{ik} \leqslant Y_k k = 1，2，\cdots，N \qquad (2-4)$$

$$r_j^s \leqslant \sum_{k=1}^{N} G_{jk}^s Y_k j = L+1，L+2，\cdots，M \qquad (2-5)$$

$$G_\theta X_\theta \geqslant \sum_{j=1}^{L} \sum_{k=1}^{N} G_{jk}^m Y_k = \sum_{k=1}^{N} C_{\theta k} X_k \qquad (2-6)$$

$$-\sum_{j=1}^{N} \sum_{k=1}^{N} [(1-\gamma) C_{jk} A_{jk}] Y_k = C_{t\theta} X_\theta \qquad (2-7)$$

$$C_{t\theta} X_\theta \leqslant \beta^t (C_\theta X_\theta - \sum_{k=1}^{N} C_{\theta k} X_k) \qquad (2-8)$$

$$\sum_{k=1}^{N} C_{\theta k} X_k \leqslant \beta^j (C_\theta X_\theta - C_{t\theta} X_\theta) \qquad (2-9)$$

$$\overline{Y_i}，Y_k，y_{ik} \geqslant 0 \qquad (2-10)$$

式中：

w_i 为个人 i 效用函数，假定只有个人直接消费这一个自变量，并且呈凹球面，其中 $i = 1, 2, \cdots, Z$；

$\overline{Y_i}$ 为个人 i 总消费量；

y_{ik} 为个人 i 对产品 k 的消费量（最终需求），其中 $k = 1, 2, \cdots, N$；

Y_k 为能满足最终需求的产品 k 的产量，其中 $k = 1, 2, \cdots, N$；

r_j^s 为生产最终产品可得到的资源服务 j 的总量；

$C_{jk}X_k$ 为从部门 j 到部门 k 的物质或残余物流量；

C_kX_k 为部门 k 的容量，以质量、密度等为单位。

在完全竞争、要素不可替代和完全信息的假设下，根据物质平衡理论，通过投入产出关系及数学推导，最终得出如下结论：

①经济和环境之间的负外部性是普遍存在的，而且这种外部性通常表现为非市场的。资源和环境的公共物品属性，使得市场机制无法自行解决定价问题，需要政府引入一个影子价格，对资源和环境进行定价。

②不考虑再循环时，环境进入经济系统的物质量大致等于经济系统进入环境的残余物的量。亦即，虽然一部分残余物返回经济系统成为原材料，但是这些残余物与新的原材料混在一起，很难区分，因此可以假定所有的残余物都返回环境。考虑再循环时，来自环境的物质流减去连续再循环的产品，等于来自中间产品的残余物加上最终消费产生的残余物。

③在政府能够真正全面地获得整个经济系统的物质流动关系、经济依存关系和消费者偏好等必要信息的假设下，政府能够制定一套连贯一致的环境服务价格，在一定程度上模拟市场影响，使资源配置达到"次优"甚至逐步逼近"帕累托最优"状态。

物质平衡理论是环境与资源经济学的基础理论，通过分析环境—经济系统的物质平衡关系和价值平衡关系，指出了"外部不经济性"的普遍存在性，揭示了环境污染的经济学本质，奠定了环境经济政策的理论基础，可以用于指导环境和资源经济政策的制定。物质平衡理论不仅适用于整个经济系统，还适用于经济系统内部的各部门。价值模型试图通过一般均衡方法说明政府环境定价的最优标准，为环境和资源经济政策的制定提供参考。

2.4.3 水平衡模型

在物质平衡理论的基础上，从水资源的角度出发，构建了经济系统的水平衡模型，以期为废（污）水排放征税或收费提供理论和决策依据。现代经济系统包含能量转换、物质加工、最终消费和废水处理 4 个部门，系统内部以及经济系统与自然环境之间存在着水的流动关系。水平衡概念模型如图 2-8 所示。

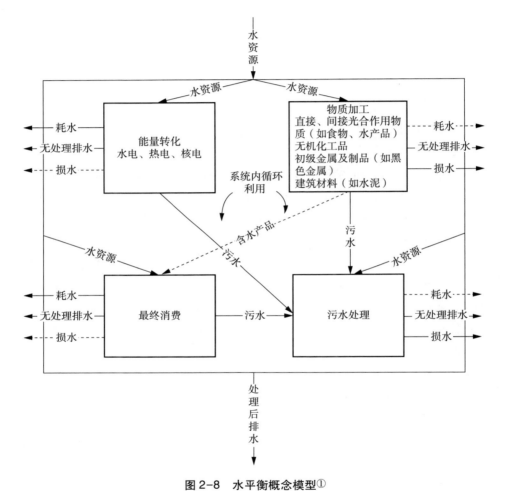

图 2-8　水平衡概念模型①

自然环境中的水进入经济系统，经过加工、消费，一部分成为废水直接

① 耗水是指在输水、用水过程中，通过蒸腾蒸发、土壤吸收、产品带走、居民和牲畜饮用等多种途径消耗掉的水量；损水是指在输水、供水、生产和排放过程中，由于管网跑水、冒水、漏水、滴水、渗水等造成的水量流失；处理后排水是指经废水处理系统处理后排放的废水；无处理排水是指未经处理排入环境的废水。耗水、损水、处理后排水和无处理排水最终都由经济系统排入自然环境中。

· 032 ·

进入自然环境；另一部分水进入含水产品，经过消费之后，排放进入环境。加工和消费过程产生的废水也可以循环利用，如图2-9所示。在足够长的时间内，从自然环境进入经济系统的水量必然大致等于从经济系统排入自然环境的水量（马中，2012）。

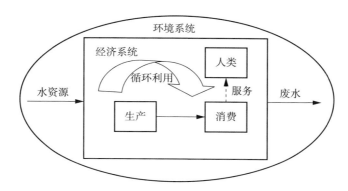

图2-9　环境与经济系统的水流动关系

环境—经济系统的水平衡模型表明如下几点：

①在生产、消费、循环、储存水平不变的封闭经济系统中，经过足够长的时间之后，从环境进入经济系统的水量（取水量）必然大致等于从经济系统排入环境的水量（排水量）。

②如果经济系统的取水量和排水量超过自然环境水的可再生能力和环境容量，就会造成水资源枯竭、环境污染和生态退化。

③在生产、消费、储存水平不变的封闭经济系统中，提高水的循环水平和利用效率，可以减少经济系统对新水的需求量；也可以减少经济系统排入环境的废水量，达到节水和减排的双重效果。

④在新水可以自由取用和废水可以自由排放，或者取、排水成本低的情况下，作为理性经济人的生产者和消费者不会主动节约用水、循环用水和治理污染。当且仅当循环用水和治污成本低于用水和排水成本时，才有可能实现消费者主动循环用水和治理污染。

⑤由于水资源的公共物品属性，废（污）水排放的真实价格不可能通过市场供求关系建立。因此，政府需要制定相应的税收或者收费政策，控制水资源使用和污水排放。只有当用水和排水成本高于循环、节约和治污的成本时，生产者和消费者才会有经济动力去进行水资源循环、节约和治污。

⑥确保税收或者收费政策的有效性必须以严格监管为前提和基础。如果

只对废（污）水排放进行征税，却不严格监管，非但不能实现环境经济政策的行为调节和资金收入功能，反而会由于违法收益提高，刺激偷采偷排，产生负向激励。

具体而言，水平衡模型存在如下等量关系。

① 排入环境的水可以分为耗水、损水、处理后排水和无处理排水。

$$Q_s = Q_o = Q_h + Q_l + Q_d + Q_u \qquad (2-11)$$

式中，Q_s 为取水量；Q_o 为排水量；Q_h 为耗水量，是指在输水、用水过程中，通过蒸腾蒸发、土壤吸收、产品带走、居民和牲畜饮用等多种途径消耗掉的水量；Q_l 为损水量，是指在输水、供水、排水环节，由于管网跑水、冒水、漏水、滴水、渗水等造成的水量流失；Q_d 为处理后排水量，是指经过废水处理系统处理后排入环境的废水；Q_u 为无处理排水量，是指未经处理排入环境的废水。

② 一个开放的经济系统包括含水产品的流入与流出。在生产、消费、循环、储存水平不变的开放经济系统中，经过一段时间之后，取水量加上流入产品的含水量必然大致等于排水量与流出产品的含水量之和。

$$Q_s + Q_1 = Q_o + Q_2 = Q_h + Q_l + Q_d + Q_u + Q_2 \qquad (2-12)$$

式中，Q_1 为流入产品的含水量；Q_2 为流出产品的含水量。

如果含水产品在用水量中占的比重较小，而经济系统规模较大，就可以忽略含水产品流入和流出对水量的影响。此时，公式依然成立。

2.5　环境规制理论

现代市场经济理论和实践表明，政府与市场各自都有所谓的"失灵"盲区，同时也有着彼此不能或难以替代的功能（马克，2010）。在计划经济体制下，经济运行和经济关系的调整基本按照行政命令来进行，政府直接管制、干预经济的计划经济体制常常出现效率低下、增长乏力的情况。而市场经济更多地强调经济效率，强调市场在资源配置中的决定性作用。但在某些领域，尤其是公共物品服务领域存在着明显的"市场失灵"。为克服"市场失灵"带来的社会和经济弊端，政府按照市场经济运作的客观要求，开始越来越多地采取规制手段规范企业等经济主体的行为。

关于规制的内涵，学者们有许多不同的阐述（刘伟等，2017）。概括来说，规制是由具有法律地位、相对独立的政府管理部门为改善市场机制的内在问题而对经济主体活动执行的干预或限制行为。规制是为了保护公共权益，政府既是市场主体也是规制主体。环境规制，也可称为环境管制，是政府为预防和控制污染排放与保护环境制定相应的法律法规及环境保护标准，并通过行政手段来干预企业的生产行为和污染排放，将环境污染带来的负外部性降到最低水平，实现环境质量改善的目标。环境作为一种公共物品，具有较强的负外部性，而作为微观经济主体的企业通常追求自身利润最大化，仅仅通过市场机制很难较好地解决环境污染问题。因此，解决环境污染问题需要政府的干预，即环境规制。

（1）环境规制与技术进步

传统的企业竞争力与环境规制之间的负向关系是基于静态模型，即在科技、产品、消费者需求确定的情况下，企业已经做出了最优的成本选择，而环境规制使企业不得不把一部分生产成本用于环境保护，从而偏离了最优选择。按照新古典环境经济学观点，环境规制的目的是纠正环境负外部性，将其内部化在产品的生产成本中，从而解决"市场失灵"问题。这种观点是基于静态标准对环境规制效应进行分析，即在企业的资源配置和技术水平给定的情况下，分析环境规制对成本与收益的影响（Cropper，1992）。这种观点也得到了部分学者的认同（Walley，1994；Jaffe，1995；Brannlund，1995；Wanger，2007）。而 Poter 有力地反驳了这个观点，认为环境规制与企业竞争力并非此消彼长的关系，相反，严格的环境规制甚至会提高企业在国家市场的竞争力。Poter（1991）认为严格、恰当的环境规制不仅会提升环境绩效，也会对企业产生积极的外部性。合理的环境规制政策可以激励企业改变生产工艺流程，刺激企业进行技术创新，通过创新补偿效应弥补遵循环境规制产生的成本，实现帕累托改进。产生"创新补偿"的原因在于削减污染往往伴随着提高资源利用率，对污染治理技术的创新也意味着生产效率的提高。对于置身国际化竞争的企业来说，"创新补偿"不仅能够降低企业满足环境标准的净成本，而且能够带来在相对于宽松的环境标准中的其他国家企业的竞争优势。这就是阐释环境规制与技术进步、企业竞争力关系的经典假说——"波特假说"。

"波特假说"的提出引发了学术界就环境规制与企业竞争力的普遍讨论。多位学者对"波特假说"的作用机制进行了理论探讨和实证检验。Lanjouw（1996）研究了美、日、德三国的环境规制与技术创新之间的关系，发现环境专利数量对污染治理支出存在正向影响，本国的技术创新也会对其他国家的环境规制产生正向影响。Greaker（2003）研究发现严格的环境规制能够加大上游企业间的竞争，促进环保产业的发展，进而降低上游企业的环境技术变革成本。Puller（2006）认为在寡头垄断市场上，企业倾向于通过创新来提高环境规制的标准和门槛，进而增强自身竞争力。Horbach（2008）利用德国企业的微观数据进行研究，结果表明环境规制、环境管理工具与组织的变革对环境技术创新具有显著的促进作用。国内部分学者也就我国的工业情况对"波特假说"进行了检验。赵红（2008）基于我国省际工业面板数据样本，研究发现环境规制与技术创新之间存在显著的累计正效应。白雪洁（2009）对我国 30 个省市的火电行业进行研究，发现在全国范围内，环境规制对火电行业的技术创新具有显著的正向影响，但不同地区受到的影响存在显著差异。李玲（2012）用 DEA 方法计算了 2005—2009 年我国 30 个省市工业行业的效率，发现环境规制促进了工业行业的技术进步。李阳（2014）基于 2004—2011 年我国工业行业面板数据，研究发现环境规制对工业行业的技术创新的长短期促进效应显著，但是这种效应具有行业差异。

总体来看，"波特假说"受到了普遍的认可，虽然也有一些质疑的声音，但是国内学者针对我国情况的实证研究总体上肯定了"波特假说"。因此，本书认为设计合理的、逐渐严格的、有效的环境规制有利于推动企业的技术进步和长期良性发展。政府应当发挥制定公共政策的功能，提供适当的、不断更新的环境规制，以促进企业更新污染治理技术和生产技术。

（2）零排放

美国早在 1972 年《清洁水法》中就明确提出了"到 1985 年底实现污染物零排放"的目标。虽然这一目标的实现期被一推再推，至今尚未实现，但是它清楚地表达了美国在水污染治理方面的最终意向：彻底消除进入水体的污染物。"零排放"概念是在 1994 年由联合国正式提出的，"零排放"是指应用清洁技术、物质循环技术和生态产业技术等，实现对天然资源的完全循环利用，不给大气、水和土壤遗留任何废弃物。就其内容而言，一是要控制生产过程中的废物排放直至减少为零；二是将那些不得已排放的废物资源化。虽然"零排放"的终极目的是不遗留任何污染物，但是根据物质平衡理论，物质不可能凭空产生，也不可能凭空消失，因此"零排放"是一个相对的概念，是一个无限逼近极限的过程。

　　本书认为，水污染物排放控制的"零排放"就是按照现有的最先进技术的污染排放水平要求企业，使企业逐步减少排放，并且利用逐渐严格的环境管制给企业施加压力，促使其不断研发更清洁的技术。在不断研发和采用新技术的过程中，企业的排放水平不断下降，不断接近"零"。因此，本书将"零排放"视为环境保护技术进步的最终目标，只有在"零排放"目标的指引下，企业才会不断研发和创新环境保护技术。

第**3**章

污染者付费原则在美国水环境管理中的体现

美国的水环境也一度遭到严重污染。在《清洁水法》（*Clean Water Act*）出台之前，凯霍加河曾因河面漂浮油污而引发火情。但在 40 多年的水污染治理后，美国的水体已经有了很大的改善。以往大量含有多氯联苯或水银等剧毒物质的废水被排入河流、湖泊或海洋等地表水域，而现在许多污染物的排放浓度被控制到低于一般环境化学测试实验室对这些污染物的检测能力。污染控制的重点从常规污染物转移到有毒污染物，设定的金属铜的排放标准甚至比饮用水的浓度还低很多倍。在这一成功背后，明确的政策目标、设计良好的政策手段都发挥了不可忽视的作用，为其他国家的水环境管理提供了较好的参考（朱璇，2013）。尽管美国水环境管理现在仍然存在很多甚至很严重的问题，但美国环境保护界迅速、有效地控制住水污染的经验还是可以作为我国水环境治理的"他山之石"（开根森，2010）。

3.1 美国水污染控制制度框架

3.1.1 《清洁水法》的发展

《清洁水法》的发展基本可以划分为两个阶段：一是 1972 年以前；二是 1972 年以后。

自第二次世界大战以后，美国的人口剧增，经济迅速发展，传统制造工业的快速发展以及新材料（成百上千的新合成的有机化合物，特别是化肥和杀虫剂）的发明和广泛使用，导致许多水域遭到极其严重的污染。在 1972 年美国的《清洁水法》通过之前，美国 90% 以上的水域已经受到相当程度的污染，2/3 的河流和湖泊因污染而变得不适于游泳，其中的鱼类不适于食用。大部分的城镇污水和工业废水是不经过任何处理直接排放到河流或湖泊的。此时，水环境保护和水污染治理是地方州政府和部落的内务，联邦一般不予干涉。但1972年之前的法律是无效率的，各个州之间缺乏统一的水质标准，导致执行尺度不同，使得实施全国性的控制比较困难；各个州在执行过程中被工业界俘虏，环境保护让位于工业发展，环保部门也没有执法的动力；水质污染和污染源之间的对应关系很难建立，人们对污染缺乏科学的认知，也没有专门的环保部门，环保职能附加在卫生局、公用事业局内，同时也没有充足的资金和人力来强制执行水污染防治的相关法律。由于这些问题的存在，水污染情况非常严重，对美国经济造成了很大的影响。最著名的就是凯霍加河的着火事件，当时环境污染状况达到了高潮，公众对环保的呼声也越来越高（李涛，2018）。

鉴于各州政府在控制水污染方面没有取得实质性进展，美国国会制定了1972年《清洁水法》（*Clean Water Act of 1972*），这是美国水环境保护历史上的里程碑。在法律形式上，虽然1972年《清洁水法》是1948年《联邦水污染控制法》的修正案，但是前者没有继承后者的基本组成部分，没有试图修补、改正原法或者在原法的基础上加以发展和引申，而是把原法的框架和语言抛在一边，建立了一个全新的法令。1972年至今的历次修订（其中，最重要的是1977年的《清洁水法》和1987年的《水质法》），都是在1972年法律条文的基础上进行的，形成了美国《清洁水法》今天的面貌。通过和地方政府及工业企业的不断博弈，控制水污染的权利最终掌握在了联邦政府手里，使得联邦政府可以大刀阔斧地实施一系列的水环境保护政策，并且在这部法律中确定了美国国家环境保护局（USEPA）（中文简称美国环保局或美国环保署）执行《清洁水法》的权利和义务，同时也为美国环保署制定一系列政策铺平了道路。

3.1.2 NPDES 框架

受到以凯霍加河河面燃烧为代表的众多水环境污染事件的刺激，美国国会达成了一种共识：不能再依赖地方政府对水环境的管理，要立即、全面地实行由联邦政府主导的国家污染物排放消除制度，以确保美国的水体不再受到严重污染。在1972年的《清洁水法》中，新确立的点源水污染排放控制管理机制——国家污染物排放消除制度（National Pollutants Discharge Elimination System，NPDES）成为美国控制水环境污染的核心制度。

根据《清洁水法》的规定，任何人或组织都无权向美国的任何天然水体排放污染物，除非得到许可。所有点源排放都必须事先申请并获得由美国环保署或得到授权的州、地区、部落颁发的国家污染物排放消除制度下的排污许可证，同时其排放必须严格遵守排污许可证的规定，否则便是违法。排污许可证的管理机构可以依据法律规定，对违反排污许可证要求的点源撤销其排放许可。排污许可证每 5 年更新一次。

排污许可证制度是实现美国《清洁水法》中所设定的国家目标的手段和工具，是《清洁水法》的核心内容，是点源排放控制政策的实施载体。《清洁水法》第 3 章对排放标准及其实施做了详细的规定，第 4 章对国家污染物排放消除制度做了详细的介绍。其中关于点源的排放控制标准是对点源污染排放的直接要求，这些标准的实施主要就是依靠排污许可证制度。依据点源所属行业类别和排入水体的指定用途，计算点源需要执行的排放标准以及制订相应的监测方案，并通过排污许可证予以落实。排污许可证制度的实施确保了点源按照排放标准的要求进行排污，因此，排污许可证是点源排放控制的核心政策手段。

排污许可证是规定了点源排放标准和自测计划的排污者守法文件，也是政府部门的监督执法文件（韩冬梅，2014）。为了确定排污许可证中的排放标准，美国环保署建立了两套排放标准体系——基于技术的排放标准和基于水质的排放标准。这两套排放标准体系对于排污许可证制度来说至关重要，它们将排污许可证中的排放标准与技术进步速度和水质要求联系起来，保证了排放标准的合理性。从目标层次来看，基于技术的排放标准对应着《清洁水法》中"零排放"的要求；基于水质的排放标准对应着《清洁水法》中"可钓鱼""可游泳"的要求。因此，美国水污染排放控制体系包含政策目标—排放标准—排污许可证三个层次。NPDES 是一个复杂的系统，不仅包括排污许可证，还包括如何制定排放标准以及确保排放标准通过排污许可证制度予以落实。

具体而言，NPDES 的主要内容根据以下思路展开：首先，从政策的顶层开始，由美国环保署制定水质基准，其中明确了水质标准制定的科学基础。各州以美国环保署的水质基准为参考，制定州水质标准并明确水体水质目标。其次，美国环保署制定全国统一的排放控制要求，即排放限值导则。排放标准或者基于技术制定，或者基于水质制定。基于技术的排放标准的制定依据是排放限值导则，基于水质的排放标准的制定依据是日最大污染负荷计划（Total Maximum Daily Loads，TMDL）或水质标准。再次，对于受损水体，美国环保署制定了一系列的督促措施，要求州政府上报受损水体列表并为受损水体制订 TMDL 计划，督促各州进行水质达标管理。最后，联邦或各州的排污许可证编写者将基于技术的或基于水质的排放标准写入排污许可证中，排污许可证是排放标准的实施基础。由美国环保署或被授权的州政府为污染源颁发许可证。

经过简化的 NPDES 框架如图 3-1 所示。整个框架可以划分为目标、排放标准的制定、排放标准的实施 3 个层次。目标有两个维度：维护水体水质和促进技术进步。排放标准的制定是指根据排放限值导则、水质标准或 TMDL 要求制定具体点源的排放标准。排放标准的实施是指通过执行排污许可证将排放标准落实到具体点源。

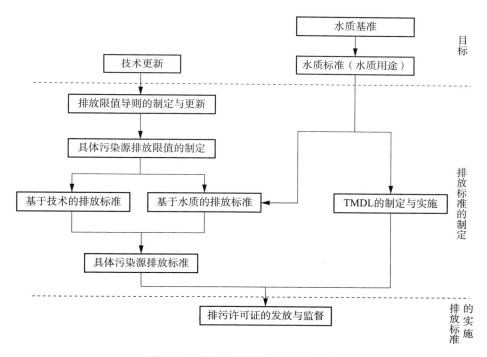

图 3-1　美国 NPDES 系统简化示意

3.2　政策目标

3.2.1　NPDES 之水环境保护目标

《清洁水法》在水环境管理领域产生了巨大影响。该法第 101 条（Sec. 101）

明确规定了水环境保护的目的，即"恢复和保持国家水体化学、物理和生物的完整性"。该立法目的明确，将生态目标放在第一位。这是一种史无前例的说法，也是一个很高的目标，此处的完整性几乎是指没有任何污染，就是要保持水体原来的、未受人类活动干扰时的自然状态。

为了实现这一目标，《清洁水法》又衍生出两个有明确实现时限的国家目标：①到 1985 年底实现污染物的零排放（最终目标）；②到 1983 年在那些可能的水域达到能够保护鱼类、贝类和其他野生生物的生存和繁殖，满足居民休闲娱乐的水质标准，即"可钓鱼""可游泳"（过渡目标），保障人体健康和水生态安全的要求。

虽然迄今为止这两个目标都没有实现，但是美国并没有因此而受到指责。相反让公众意识到了水污染是一个很严重的问题，需要付出更大的努力才能实现这一目标。它清楚地表达了美国在水污染治理方面的最终意向：水质上，维护水质水体直至满足水体化学、物理和生物的完整性；排放上，不断降低排放水平直至"零排放"。因此《清洁水法》一直得到公众的大力支持，为美国水环境保护工作指明了方向，水质标准、排放标准、TMDL 的制定都围绕这个目标得以建立。

除此之外，美国还设立了五项国家政策：一是禁止有毒污染物的排放；二是受污染的水体要制订水质管理计划；三是要大量建造污水处理厂；四是提高研究能力、增加示范项目；五是控制非点源污染。

3.2.2　水质标准体系

水质标准（Water quality standards）是开展水环境保护工作的基础，是确定水体保护目标的依据，是水环境管理的红线。水体的指定用途（Designated uses）、保护特定水体用途的水质基准（Water quality criteria）和反退化政策（Antidegradation policy）共同构成了美国的水质标准体系，[1] 如图 3-2所示。

水质标准是用来保护用途的，即在保证可使用的前提下，每种污染物的最大浓度水平。美国环保署规定，"渔业和游泳用途"是最低的水质标准要求（朱源，2014）。美国水质标准反映了水生态系统所有部分的质量状况，主要

---

① USEPA. Water Quality Criteria and Standards Plan-Priorities for the Future ［R］. Washington D C: US Environmental Protection Agency. EPA 822-R-98-003, 1998a.

包括营养物标准、有毒污染物标准、水体物理化学标准等（孟伟，2006）。但其并不由美国环保署统一制定，而是在水质基准的基础上由各州环保部门结合当地的水资源与水环境条件自行制定、评估和修改，且需要每3年回顾和修订水质标准，并接受公众和地方组织的听证，最后提交美国环保署审批。审批的依据包括：该州是否实施了符合《清洁水法》的水质用途；该州实施的水质标准能否保护指定的水质用途；该州在修订或实施标准的过程中是否遵循了合法的程序；指定的用途是否基于适宜的科学和技术分析等内容。各州制定的水质标准经美国环保署审核通过后才能实施（郑丙辉，2007）。美国水质标准的制定如图3-3所示。

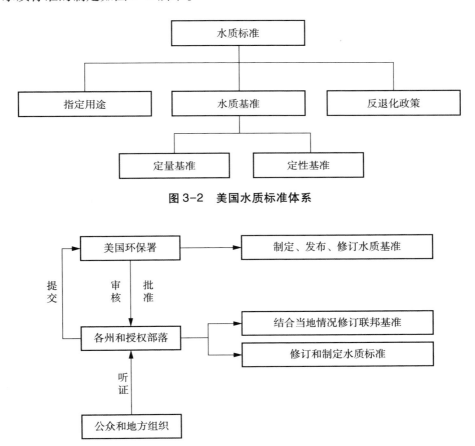

图 3-2　美国水质标准体系

图 3-3　美国水质标准的制定

（1）水质基准

水质基准在制定水质标准以及水质评价、预测等工作中被广泛采用，是水质标准的基石和核心（周启星，2007）。水质基准是指水环境中污染物对特定保护对象（人或其他生物）不产生不良或有害影响的最大剂量和浓度，或者超过这个剂量和浓度就会对特定保护对象产生不良或有害效应。美国的水质基准是基于最新的环境科学和环境毒理学建立起来的，是对最新科学知识的基本反映。[1] 水质基准是污染物浓度的科学参考值，不具有法律效力，一般用定量标准（科学数值）和定性标准（描述性语言）来表示，为各州制定水质标准提供了技术支持和科学依据。定量标准主要包括一些必备的参数，如污染物的含量和限值等；定性标准是对定量标准的一种补充，如禁止排放有毒有害物质。在某种程度上，定性标准比定量标准威慑力更大。

美国依据《清洁水法》建立了一套完善的水质基准体系。早在20世纪60年代，美国环保署就开始了水质基准的研究工作，并发布了多个水质基准的技术指南和指定导则，先后提出了167种污染物的基准。[2] 主要划分为两大类：毒理学基准和生态学基准。前者是在大量的暴露实验和毒理学评估的基础上制定的，如水生生物基准和人体健康基准；后者是在大量现场调查的基础上通过统计学分析制定的，如沉积物基准、细菌基准、营养物基准等。其中，水生生物的基准又可分为慢性基准[3]和急性基准[4]。

美国环保署提供参考性的水质基准，并要根据最新的科技成果和最近的数据来制定参考的水质基准，为各州制定自身的水质标准提供科学依据，各州也可以不采纳美国环保署提供的水质基准。美国环保署提供的参考值并没有法律效力，直到州政府通过立法之后才具有法律效力。

（2）指定用途

各州负责对本区域内的水体指定用途，即描述水质目标或水质期望。指定用途是法律确认的水体功能类型，包括水生生物保护功能、接触性景观娱乐功能、渔业功能、公众饮用水水源功能等。这些用途是州或部落确定的支撑水体健康的保障。一个水体有各种各样的指定用途，一般情况下，一个水体最好指定5~6个主要的使用功能，同时在指定用途的过程中也要考虑下游

----

① UK Environmental Standards [S/OL]. [2009-12-15]. http：//www.wfduk.org/UK_ Environmental_ Standards/.

② US EPA. National Recommended Water Quality Criteria [R]. Washington DC：Office of Water，Office of Science and Technology，2009 [2010-05-31]. http：//www.epa.gov/ost/criteria/wqctable/.

③ 慢性基准是指生物可以长期连续或重复地忍受而不会受到不良反应的毒性最高浓度。

④ 急性基准是指生物可以在一个短时期内忍受而不至于死亡或受到极其严重伤害的毒性最高浓度。

水体的使用。

指定用途＝现有用途（Existing use）＋潜在用途（Potential use）。如果指定用途等于现有功能，就是比较准确的描述；如果指定用途大于现有功能，即指定用途比现有功能更高一些的话，就存在一个潜在的使用；如果要证明水体达不到指定用途，就可以通过提供用途可达性分析（Use Attainability Analysis，UAA）将指定用途降低到现有使用功能；如果指定用途小于现有功能，此时反退化政策就会起作用，必须要提升到现有使用功能。

另外，当一个水体有多种指定用途时，应当采取措施保护最为敏感的指定用途。比如铜的限值，人体自身抗铜的能力很强，所以铜含量可以较高，但对于鱼类来说极低的铜浓度便会产生危害。由此可以看出，一个指定用途为饮用水源地的水体并不能有效地保护鱼类，在保护水生态时，要采用保护鱼类的水质基准。

（3）反退化政策

反退化政策是美国水质标准体系中非常重要的一部分。1972 年的《清洁水法》虽然没有包括反退化政策（Antidegradation policy），但是这一政策和原则在其颁布之前就已经出现在美国政府的环境政策文件中。1975 年 11 月 28日，美国环保署将反退化政策写入水质标准，成为联邦环境法规的一部分。反退化政策的目的是防止水质优良的水体出现退化风险，即水质只能越来越好，不能变差。其主要包括 3 个方面：①自颁布反退化政策起，当时所能达到的指定功能就要维持下去，如果当天达到某种指定功能，就不能继续退化。②即使某一水体的现状水质优于指定功能，也要维持和保存现状水质，不能使之退化，除非提供证明对当地的经济和社会发展至关重要。在任何水质降低之前都必须要满足当地政府部门间的协调、公众参与、反降级评审，同时要做好点源和非点源的控制。③被认为是杰出国家水资源的国家公园、野生动物保护区等重点生态功能区的水质禁止任何理由的退化（席北斗，2011）。

另外，水质标准体系中还包括一般政策（General policy），这主要是执行方面的具体要求，取决于各州自主裁量。简单来讲，就是在具体执行水质基准、指定用途和反退化政策的时候用以协助上面 3 个方面的政策手段，比如混合区（mixing zon）的确定。

从以上关于美国水质标准体系的介绍中可以看出，《清洁水法》对于有关水质标准的法律规定十分详尽具体，使得美国水质标准具有很强的操作性。

同时，也表现了较强的时效性，各项技术强制性规范都以法律规定的限期为保障，并且总随着现实的变化而更新，有力地促进了水环境保护工作的进展。

3.2.3 水质达标管理

水质达标管理是指使水质标准和《清洁水法》设定的目标保持一致，然后监测水体是否达到标准。如果达标，就要采取反退化策略使水质保持在可接受水平；如果超标，就制定一些措施使水体达到水质标准。通常普遍采用的一个方法就是为受损水体制订 TMDL 计划，督促州政府进行水质达标管理。

受损水体是指水质未达到美国环保署制定的水质标准的水体，或者即使实施了基于技术的排放标准，水质仍不能满足水质标准或者预期不能满足水质标准的水体。州政府负责识别管辖范围内的受损水体，并提交受损水体清单。在鉴别需要额外控制措施的水体后，各州环保部门需要对这些水体进行优先性排序，这种排序需考虑到州内所有污染控制措施。优先性排序一向是由各州自行定义的，各州在其排序的复杂程度和设计上都有所不同。优先性排序必须考虑到水体的受污染程度和用途，美国环保署和州环保部门通过优先处理最有价值的受损水体及社会公众反映最强烈的水质问题，获得环境利益的最大化。确定受损水体优先性顺序是对州内水体相关价值和有益性的评估，在评估中还应考虑以下因素：对人体健康和水生生物的风险；社会公众感兴趣和支持的程度；特殊水体的娱乐、经济和美学价值；特殊水体作为水生栖息地的脆弱性和易损性；计划是否有迫切的程序需求，比如许可证需要更换或者修订，抑或是非点源负荷需要最佳管理实践；在制定污染排放清单的过程中新发现的水体污染问题等。

1972 年《清洁水法》中的 303（d）条款已规定各州、部落要按照治理优先顺序列出受损水体清单。清单的内容包括受损水体名称、主要污染物、污染程度、污染范围等，并针对这些水体制订 TMDL 计划。1987 年修订的《清洁水法》要求，如果各州的不达标水体在实施基于技术和水质的控制措施条件后，仍未能满足相应的水质标准，那么美国环保署将要求州政府对这类水体制订并实施 TMDL 计划。

TMDL，即日最大污染负荷计划，是指在满足水质标准的条件下，水体能够容纳某种污染物的最大日负荷量。它包括污染负荷在点源和非点源之间的分配，同时还要考虑安全临界值和季节性变化等因素。TMDL 的最终目标是使受损水体达到水质标准，通过对流域内点源和非点源污染物浓度与数量提出控制措施，引导整个流域执行最好的流域管理计划。

　　TMDL 是为恢复受损水体水质而设计的制度。根据国家 NPDES 的要求，对所有点源实施基于技术的排放限值，根据各个水体的水质标准实施基于水质的排放限值。对于已知水质受损的水体，如果排入这个水体的点源在实施基于技术和水质的排放限值后还是不能恢复污染水质，就要对这个水体的流域实施 TMDL 计划，为这个水体量体裁衣地制定针对点源和非点源的污染负荷。有了这个污染负荷之后，TMDL 计划就必须在此基础上为点源排放制定相应的排放限值。在贯彻《清洁水法》的实际过程中，各地根据各州水质标准实施基于水质的排放限值先于 TMDL 计划，形成实际上实施基于技术的排放限值、实施基于水质的排放限值和实施基于 TMDL 计划下的水质排放限值这样依次递进的 3 个步骤。TMDL 计划成为在执行基于技术的排放限值和基于水质的排放限值之后继续前进的一步，是水污染防治在"收官"阶段的步骤。可见，TMDL 计划是在点源已经被严格控制并且执行了 NPDES 排污许可证各项要求的基础上建立起来的一项帮助受损水体达到水质标准的污染物消除制度。

　　联邦通过要求各州上报受损水体列表和为受损水体制订 TMDL 计划，督促各州进行水质达标管理。当州政府无作为时，联邦有责任为各州的水质受损水体制订该计划。根据 1992 年联邦法庭的政策，大部分州被要求在8~13年内完成 TMDL 计划。制订 TMDL 计划的目的是对受损水体采取控制措施使其水质达标，因而 TMDL 计划的制订必须要考虑到污染物负荷、水文、降雨、地质和其他影响水质标准的关键因素等有效的数据和信息。当数据和信息不足时，可先制订阶段性的 TMDL 计划（王东，2012）。

　　TMDL 计划综合考虑点源和非点源，将水环境管理上升到流域层面，在数值上等于所有点源的 WLA、非点源的 LA、适当的安全临界值（MOS）和水体自然背景的污染物之和。负荷分配是指分配给现存点源、未来点源或自然背景源的水体的最大负荷能力的一部分，负荷分配是污染物负荷的最佳估计，但是受限于数据和技术的可能性，可能是精确的估计，也可能是大概的估计。

3.3 排放标准体系

3.3.1 排放限值导则

美国国会认为制定全国统一的工业行业最佳可行控制技术的排放限值导则的目的在于避免"污染者天堂",并且能够使美国水体的水质达到更高水平。排放限值导则是指美国环保署基于工业类别和子类别内的技术、工艺等因素而制定的基于技术的排放标准,其目标是保证有类似特征的排污设备能够满足同样的排放要求,不管排污企业位置如何、废水排入水体如何,设备都必须适用于相似的、基于行业最佳污染控制技术的排放标准。

排放限值导则一般不规定企业必须采取的处理技术,但是会将模板技术在合理操作下的排放水平作为制定排放标准的依据,以此来确定不同工业类别、子类别中能够达到的技术水平,并将其作为排污许可证中基于技术的排放标准的制定依据,但并不能确保水质达标。因为基于技术的排放标准可能无法实现水质达标,从而需要排污许可证撰写者制定基于水质的排放标准。一般而言,企业有自由选择技术设计和工艺安排来满足排放限值导则对排放的权利。但在一些特殊情况下,排放限值导则也会要求企业修改工艺流程或原料选择。

截至目前,美国环保署已发布数十个行业类别的排放限值导则,适用于35 000~45 000种直接排放污染物进入天然水体的设备和12 000种排入市政污水处理厂的设备。据美国环保署估算,这些排放限值导则每年可减少12亿吨各类污染物的排放。

(1)排放限值导则技术标准类型

排放限值导则最后通过各州的认可后成为各州的法律。目前,排放限值导则主要基于现有点源和新建点源两种污染源类别建立。美国环保署针对这两种类型的点源提出了对应的污染控制技术排放标准,主要包括最佳可行控制技术(Best Practicable Control Technology Currently Available,BPT)、最佳常规污染物控制技术(Best Conventional Pollutant Control Technology,BCT)、经济可行的最佳技术(Best Available Technology Economically Achievable,BAT)、新源绩效标准(New Source Performance Standards,NSPS)以及工业污染源排入城市污水处理厂的预处理标准等。BPT、BCT、BAT 针对的是向天然水体排放的现有工业点源，NSPS 针对的则是向天然水体排放的新建工业点源，现有工业点源预处理技术（Pretreatment Standard for Existing Sources，PSES）和新建工业点源预处理技术（Pretreatment Standard for New Sources，PSNS）分别针对排入市政污水处理厂的现有源和新源。不同的污染物排放标准分别针对不同的污染源（新源和现有源）以及不同的污染物（常规污染物、非常规污染物、有毒有害污染物），同时考虑企业的承受能力，并给予合理的过渡期，使得不同工业行业的排放标准具有较高的针对性、可操作性和科学性（宋国君，2014）。排放限值导则适用的技术标准类型如图 3-4 所示。

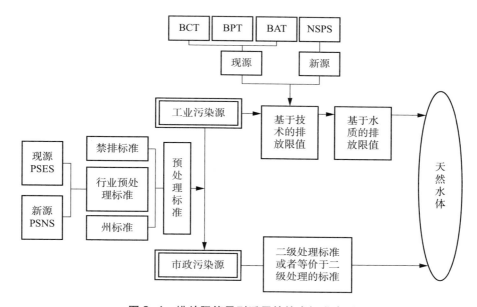

图 3-4　排放限值导则适用的技术标准类型

BPT 是针对各类污染物当前可达到水平的最佳可行控制技术，是基于技术的排放标准的第一阶段要求。在制定 BPT 时，美国环保署需要考虑行业内企业设备的使用年限、污染治理工艺和技术因素，同时还要综合评估污染削减成本与收益。一般来说，美国环保署制定 BPT 的标准是行业内运行良好设备的最佳水平的平均值。

针对常规污染物的 BPT 后来被 BCT 所取代，该技术是美国环保署针对现有工业点源常规污染物排放确定的最佳控制技术。BCT 的制定同样需要考虑行业内企业设备的使用年限、污染治理工艺、技术因素以及污染削减成本与收益。此外，美国环保署针对 BCT 提出了需要注重成本的合理性分析：第一，充分分析污染控制技术的成本效益，确定该技术是否合理；第二，对比市政污水处理厂处理该污染物的成本和水平。这里隐含的含义是，如果工业企业处理该污染物的成本高于市政污水处理厂成本，那么由市政污水处理厂来治理则更具成本有效性。

BAT 是指针对非常规污染物和有毒有害污染物的已经存在的最佳控制技术。BAT 的制定虽然要考虑到排放削减的成本，但是并非必须达到污染削减收益与成本的平衡。美国环保署制定 BAT 的标准是某行业内某一类设备能够达到的最好的污染控制水平。与 BPT 和 BCT 类似，BAT 的制定也需要综合考虑行业内企业设备的使用年限、污染治理工艺、技术因素，但美国环保署在技术选择中的分配考虑因素权重方面保留重要裁决权，可以将 BAT 指定为工艺升级改造后"能够达到"的水平。根据《清洁水法》要求，排放有毒有害污染物的点源必须适用经济可行的最佳技术。

NSPS 适用于直接排入天然水体的新源排放的常规污染物、非常规污染物和有毒有害污染物。由于新建点源有机会在建设之初采用最好的、最有效的生产设备、生产工艺和污水处理技术，所以它反映的是通过最佳控制技术能够达到的水平。

PSES 是面向排向市政污水处理厂的现有工业点源的标准，PSNS 是面向排向市政污水处理厂的新建工业点源的标准，实行这两项标准的目的是防止工业废水中的污染物穿过或者扰乱市政污水处理厂的操作。PSES 的水平与BAT 相当。PSNS 与 NSPS 同时发布，由于新源有机会采用最好的污水处理技术，因此 PSNS 也是按照最佳技术制定的。由于市政污水处理厂可以处理常规污染物，故而美国环保署的预处理标准中没有常规污染物，PSES 与 PSNS 中也都不包括常规污染物。

（2）排放限值导则的制定与更新

由于一个工业类别的设备在产品、原材料、废水排放特征、设备型号、地理位置、设备运行年龄、污水可处理程度等方面可能有较大差别，从而影响设备达到最佳水平的能力。因此在制定排放限制导则时，美国环保署首先根据特征将工业类别划分出子类别，再为每个子类别单独设定排放限值。

《清洁水法》304（m）要求美国环保署以两年为一个周期推出排放限值导则修订计划，用来计划制定新的排放限值导则和修订现有的排放限值导则，并确定任何需要制定和修订排放限值导则的时间表。1987 年修订的《清洁水法》确定以年为周期对现有的排放限值导则进行审查，根据审查结果指导颁布排放限值导则。根据《清洁水法》中对排放限值导则审核的要求，仅比普遍技术运行效率稍高的技术并非制定和更新排放限值导则的依据和样板，在审核已有排放限值导则和确定是否需要制定新排放限值导则时必须依次考虑以下4项因素：①确定是否在现有的某工业行业类别中，仍然潜藏着对公众健康和环境产生危害的污染物；②确定是否存在适用的环保技术、生产工艺或者污染防治技术替代措施促使废水排放显著减少，从而减小由于污染物排放而导致的潜在公众健康及环境威胁；③污染削减成本、运行效率以及环境技术、生产工艺或者污染防治技术替代措施的成本可行性；④考虑排放限值导则的执行效果和效率。

　　排放限值导则是动态变化的，且日趋严格。1972年《清洁水法》规定，工业排污者要在1977年7月1日前达到最佳可行控制技术（某行业内能够达到的污染控制水平的最优平均值），在1983年7月1日前达到经济可行的最佳技术（行业内能够达到的最高污染控制水平），体现了法律要求排污者继续改善排放水质。此外，法律还要求美国环保署每两年对这些标准进行审核和修订，以保证法律所要求的最佳排放标准。随着环保技术的不断进步，排放标准一直保持在实际上的最高水平，并以此来要求该行业所有排放者都要达到这样的水平，不能适应这种日益严格的标准的排放者最终会被淘汰掉。

　　美国环保署认为，排放限值导则的有效必须依赖于与任何干系人合作收集、分析排放限值导则的相关数据，所需要的关键信息包括：工业企业或设施的名称和地址；污染源排放的类型；工业类型、生产工艺、排放污染物的废水、企业规模、员工情况等工业特征；利润和销售数据；污染处理设施和成本；污染防治措施等。为了给每个工业子类别制定导则，美国环保署要进行行业范围的调查，分析为了达到一定要求的全行业的增量成本、污染物负担和去除量以及非水质方面的影响。在上述程序完成后，由美国环保署选择一个模板技术（Model Technology）作为制定导则的依据，实际上是为每一种技术依据（BPT、BCT、BAT、NSPS、PSES、PSNS）都制定一个模板技术。而模板技术的运行情况和处理水平将作为制定排放标准的依据。

　　以上介绍的是经过简化的过程，实际上排放限值导则的制定非常复杂，不仅需要经过大量的数据收集和处理，还必须通过工程分析和公众评论环节。

　　（3）污染物排放限值的表述形式

　　大多数的排放限值导则采用了浓度限值或排放量限值。无论是基于浓度的限值还是基于排放量的限值，一般都有最大日均值和最大月均值两种要求。美国环保署一般运用统计学方法来确定最大日均值和最大月均值，将最大日均值设定为长期均值的99%分布空间的水平，将最大月均值设定为月日均排放测量值的95%分布空间的水平。确定排放限值后，美国环保署还要通过工程分析来检验它们在实际运行中的合理性。最大月均值和最大日均值将被写入该设备的许可证，而获许可的设备在任何时间的排污量都不得超过许可证中的限值。

最大日均值和最大月均值有不同的目标，最大日均值是指污染源排污设施根据长期均值，在日时间尺度下的最高排放水平；最大月均值是指在日最大值基础上提供的附加限制以要求设施达到长期平均水平的目标，要求排污者在月时间尺度上持续控制，追求更低的排放。在计算排放限值时，美国环保署会将模板技术设备在良好设计和允许状态下的平均水平作为行业企业可以达到的水平，这个水平被称为长期均值（the long-term average）。长期均值是根据模板技术设备的测量数据制定的，但长期均值本身并不是排放限值的一部分，而是制定最大日均值和最大月均值的基础。

美国环保署认可工业企业在污染物排放过程中存在内在的不稳定性，于是围绕着长期均值设定了一定的容忍限度。如图3-5所示，最大月均值和最大日均值均高于长期均值。如果设备的排放水平围绕着长期均值，则完全可以满足最大月均值和最大日均值的要求。在数值上，最大月均值比最大日均值更小，也就是说月均值更为严格。这是符合统计学规律的，由于水污染物排放大多符合对数正态分布，日均值的波动范围将大于月均值，日均值有较大的概率出现高值，所以日均值更大，而经过平均之后的月均值比日均值更接近长期均值，因此数值更小（朱璇，2015）。

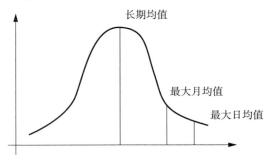

图3-5 美国排放限值导则中长期均值、最大日均值、最大月均值的关系

3.3.2　基于技术的排放标准

排污许可证是美国环保署管理具体污染源排放的工具，编制排污许可证也就是确定点源的排放标准的过程。事实上，排污许可证撰写者把大部分时间都花在确定排放限值上。基于技术的排放标准（Technology-Based Effluent Limits，TBELs）是《清洁水法》的核心内容，其通过排污许可证制度实施，所有点源都必须遵守。基于技术的排放标准主要是根据技术水平制定的，体现的是美国环保署对处于特定行业的污染源采用特定技术的排放控制要求。通常会要求污染源能够实现在现有技术水平条件下达到最高水平。

基于技术的排放标准制定方法主要包括 3 个步骤：识别污染源适用的排放限值导则、基于排放限值导则计算 TBELs、限值文本确定，如图 3-6 所示。

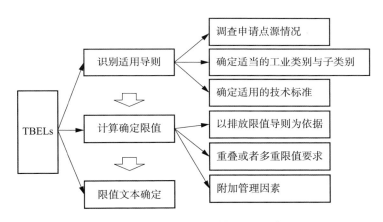

图 3-6　基于技术的排放标准制定方法

（1）识别适用导则

排污许可证撰写者需要对排污设备的运行进行深入了解，充分收集关于该设备的信息，主要包括：原料与生产工序、产品与服务的种类和数量、生产天数与停产天数、目前采用的废水处理技术、废水排放口位置与可能的监测点、排放污染物种类及来源特征等。工业企业的排污许可证申请是以上信息的主要来源，除此之外，排污许可证撰写者还采用排污许可证申请企业的排放监测报告、实地调查、实地监测来评估现有点源的守法情况。

排污许可证撰写者需要根据排放限值导则目录找到适用于该企业设备的工业类别，一个设备可能有两个或者两个以上的适用类别。在制定排放限值导则时，考虑到原料、生产工艺、产品等差异将导致排放特征或治理技术的不同，美国环保署把一个工业类别分成几个子类别，一些工业类别可能有很多子类别，比如有色金属加工业包括 31 个子类别，因此识别子类别对排污许可证撰写者至关重要。排污许可证撰写者要根据设备的具体情况，确定设备适用的具体技术水平（BPT、BAT、BCT、NSPS 等）。如果是新建点源①，排污许可证撰写者则需要搜集尽可能全面的信息来辅助决策。

（2）计算确定限值

识别出适用于该设备的排放限值导则后，排污许可证撰写者需要利用这些导则制定出 TBELs。在排放限值的形式上，美国环保署倾向于制定单位产品产量的排放量限值，以便在减少污染物排放的同时减少资源消耗，并且防止排污者用稀释的方式达标。但在排放量与产量之间无法建立联系的情况下，也可以使用浓度限值。

基于技术的排放标准制定并不是简单地与排放限值导则对应，而是根据实际排放情况进行系统、全面的计算。当一个设备的不同工序适用于不同的排放限制导则时，排污许可证撰写者需要对每个工序分别应用排放限制导则。如果这些工序是彼此独立的，只是在排污口之前汇总，则需要建立内部流量来为每种流量计算 TBELs。更为常见的是，来自不同工序的废水是在进入废水处理设备前汇总的，这种情况下，排污许可证撰写者需要将每个排放限制导则计算出的污染物负荷结合在一起，计算出单一的 TBELs。如果该工业行业不在现有的任何一种排放限值导则之中，则需要进行个案分析。

（3）限值文本确定

排污许可证撰写者需要把制定 TBELs 的程序全部记录到排污许可证的有关文件中，包括所用的数据以及数据处理方式等，同时需要保证对排污许可证申请者和公众的完全公开透明。

3.3.3 基于水质的排放标准

通过分析污水对水质的影响，当发现基于技术的排放标准并不能满足水质标准的要求时，根据《清洁水法》的要求，排污许可证可以采取更加严格的排放标准，以保证水体满足水质标准。因此当所有排放户在执行并达到基于技术的排放标准后，受纳水体仍不能满足水质标准时，就要执行基于水质

---

① 新建点源是指在排放限值导则颁布之后开始建设的一个排放或可能排放污染物的设备或装置。另外，如果一个设备新增了排污设施或生产线，那么新增部分适用新源标准。

的排放标准（Water Quality-Based Effluent Limits，WQBELs）。WQBELs 能够帮助水体实现《清洁水法》"恢复和保持国家水体化学、物理和生物的完整性"的目标，并达到"保护鱼类、贝类和其他野生生物的生存和繁殖，满足居民休闲娱乐"的目标（可钓鱼、可游泳）。基于水质的排放标准是针对各水体一一制定的，美国环保署制定一项基于水质的排放标准的计算方法，而各州政府制定本地水体的功能，并且根据这一功能确定点源的排放标准。基于水质的排放标准完全从确保受纳水体满足水质标准这一角度出发，不考虑点源的污染控制成本和技术可行性，代表了更为严格的排放要求，是保障人体健康和水生态安全的最后一道闸门。

基于水质的排放标准制定方法主要包括 4 个步骤：确定适用的水质标准、识别废水与受纳水体的状况、确定 WQBELs 的必要性、计算特定参数的 WQBELs。

（1）确定适用的水质标准

美国地表水质标准包括 3 个方面：指定用途、水质基准和反退化政策。指定用途是通过对水体适用情况的预期对州辖区内的水体进行分类。水质基准是根据指定用途制定的支持该种用途的地表水质基准。美国环保署要求制定的水质基准必须保证严格、科学，使用充足的参数和论据来保证达到指定用途的需要。反退化政策则强调当前良好的水体水质不得恶化，划定水环境质量红线，在严格保护水质方面发挥重要作用。

（2）识别废水与受纳水体的状况

首先，若具有可适用的 TBELs 的污染物，则只需要验证该标准是否能够满足水质标准的需要及是否需要进一步执行 WQBELs。如果在之前排污许可证制定中已经确定为需要制定 WQBELs 的污染物，那么排污许可证撰写者只需要审定 WQBELs 是否继续有效。其次，需要识别废水的关键状况，包括污染物浓度和流量；需要识别受纳水体的关键信息，包括上游流量、污染物背景浓度、温度等特征。最后，需要确定废水进入水体的混合模型，划定稀释和混合区范围。如果稀释和混合区不被允许，则排污口必须达到水质基准要求，如此就没有必要采用水质模型分析，直接基于水质基准的要求制定末端排放标准即可。稀释和混合区是指废水进入受纳水体后与水体发生混合作用的区域，该区域内水质在一定程度上被允许超过水质标准。在稀释和混合区得到许可时，描述污水和受纳水体之间相互作用的关系通常要求使用水质模型。由于水质模型的专业度较高，许可证管理机构通常会设立水质专家组通过模型分析确定 WQBELs 的必要性。

《清洁水法》允许各州自行决定混合区的要求，美国环保署推荐各州在水质标准中对是否允许混合区做出了明确说明。若混合区规定是该州水质标准的一部分，那么该州需要对定义混合区的程序进行描述。各州对于混合区是逐案确定的，通过提供空间尺寸来限制混合区的区域范围。水质标准中一般已经列明了允许划定稀释和混合区的污染物指标。排污许可证撰写者需要查阅水质标准，在允许的情况下，根据废水和受纳水体的特征为该类指标计算出稀释和混合区。一般来说，河流的混合区不得大于河流 1/4 宽度和下游 1/4 英里长度，湖泊的混合区不得超过水体表面面积的 5%。很多情况下，稀释和混合区被分为两种——适用于生物急性基准的混合区和适用于生物慢性基准的混合区。急性混合区面积更小一些，对排放的要求也更为严格。如图 3-7 所示。

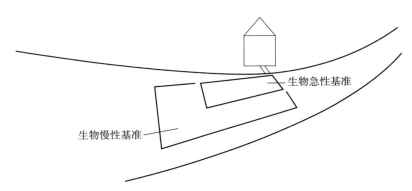

图 3-7　适用于生物急性基准和慢性基准的混合区示意

（3）确定 WQBELs 的必要性

美国环保署和很多获得授权的州都认为许可证撰写者需要通过合理潜力分析（reasonable potential analysis）来决定一个污染源是否需要制定 WQBELs。合理潜力分析通过合理的假设和推断来判断一个污染源的废水排放，即无论是单独的还是与其他源的废水混合在一起，在一定的条件下，是否会引起水质超标。如果推断该污染源会引起水质超标，则需要制定 WQBELs。

相关手册为许可证撰写者提供了一系列模型来做合理潜力分析。许可证撰写者根据污染物的种类和河流水动力情况选择合适的模型。在完全混合的情况下，可以应用最简单的物质平衡模型，很多有毒有害污染物属于这种情况。在非完全混合的情况下，应该根据实地观察或者染色跟踪实验来建立模型，进而做出预测。

（4）计算特定参数的 WQBELs

如果合理潜力分析判定一项污染物排放可能违反水质标准，那么就需要为该指标制定 WQBELs。以保护水生生物的排放标准为例介绍其制定过程。

第一，确定急性和慢性污染负荷分配（WLA①）。在计算 WQBELs 之前，排污许可证撰写者首先需要在急性和慢性基准基础上，为排放点源确定恰当的污染负荷分配。一个 WLA 可以根据 TMDL 计划制定，或直接为个体点源进行计算。如果某个水体的某项污染物已经有经美国环保署批准的 TMDL 计划，那么应当根据 TMDL 计划计算特定点源排放者的 WLA。第二，为每项污染控制指标的 WLA 计算长期均值浓度（Long Term Average，LTA）。美国环保署提供了基于统计规律利用 WLA 计算 LTA 的方法。根据美国环保署的方法，对于排放记录遵循对数正态分布的污染物来讲，排污许可证撰写者将 WLA 设定为一定置信区间内的样本，之后利用标准差计算出样本均值，样本均值即为长期均值 LTA。这样可以保证，如果将污染物排放浓度控制在 LTA 之下，那么水体中污染物浓度超过 WLA 的概率会很小。在应用水生生物基准时，排污许可证撰写者通常会分别基于急性基准和慢性基准建立两个 WLA。之后计算对应的急性 LTA 可确保排放浓度几乎总是低于急性 WLA，计算对应的慢性 LTA 可确保排放浓度几乎总是低于慢性 WLA。每一个急性和慢性的 LTA 将代表对排放者的不同绩效期望。第三，选择最低的 LTA 作为持证排放者的绩效基础。为保证所有适用水质标准能够实现，排污许可证撰写者将选择最低的 LTA 作为计算排放标准的基础。选择最低的 LTA 将确保企业排放污染物的浓度几乎总是低于所有计算的 WLA。此外，由于 WLA 是使用临界受纳水体条件计算得出的，因此限值的 LTA 也将确保水质基准在几乎所有条件下得到充分保护。第四，计算最大月均值和最大日均值。按照统计学的方法将 LTA 转化成为最大月均值和最大日均值。第五，在情况说明书中记录 WQBELs 的计算结果。在排污许可证情况说明书中记录用于制定 WQBELs 的过程，其中，要清楚说明用于确定适用水质标准的数据、信息以及相关推导过程，为排污许可证的申请者和公众提供一份公开透明的、可复制和可辩护的记录。

可以看出，WQBELs 在数值上并非直接等同于实现水体达标的污染物最高浓度，而是经过了一定的统计学转化。从 WLA 到 LTA 的转化，提供了更多

---

① WLA 是指在下游水体达标的前提下，污染源的最大允许污染物排放总量或浓度。WLA 的计算需要考虑储备能力、安全因素以及其他点源和非点源的排放，一般根据污染物水平和水生生物之间的剂量反应关系来计算。

的安全性保障，确保企业长期排放水平低于可能造成水生生物急性毒性和慢性毒性的水平。

综上所述，排污许可证撰写者首先需要计算基于技术的排放标准，其次视需要制定基于水质的排放标准，最后通过比较 TBELs 和 WQBELs，选择较为严格的标准作为最终排放标准。在写入排污许可证之前，排污许可证撰写者还需要为最终排放标准进行"反倒退"审查，禁止重新发布的排污许可证或者补充、修改的排污许可证做出比原许可证宽松的决定（主要是指排放标准，也包括排污许可证的其他要求或固定标准），这样才能最终将排放标准确定下来。

3.3.4　排放标准应遵循的原则

"反倒退"（Antibacksliding）和"反降级"（Antidegradation）原则是美国《清洁水法》对排放标准明文提出的基本要求。它的含义是，国家排污许可证的更新不能降低对某一污染物的排放要求，其基本目的是使排放标准随着经济的发展、技术的进步逐渐趋严，逐渐逼近"零排放"的国家目标，而不能出现降级和倒退的情况。执行这项原则的关键是使降低排放要求的门槛非常不易跨过，使得任何这种改变都十分困难，甚至不可能。排污者可以自行决定，或者达到比通常更严的排放要求，或者向管理部门提出降低排放要求的申请，并证明这种要求不违反"反倒退"和"反降级"的原则。

排放标准的"反倒退"原则和水质标准的"反降级"原则的结合使用，在国家排污许可证的颁发、更新过程中，形成美国水环境管理的又一个有力武器，对制止水环境污染起到了重要作用。

3.4　排污许可证的执行

在规定了排放标准后，排污许可证撰写者需要进一步对监测、记录和报告做出规定。持证者需定期对其排放行为做自我监测并对监测结果加以汇报，从而使管理部门获得必要的信息来评估污染物的特征以及判断污染物排放者的守法情况。定期的监测和报告可以让持证者意识到依法排放的责任，并及时掌握污染处理设施的运行情况。排污许可证撰写者应该了解污染排放者自我监测可能带来的一些问题，例如，不合理的采样程序、落后的分析技术、较差或者不合理的报告和文本。为了尽可能防止或减少这些问题的发生，排污许可证撰写者应该在排污许可证中详细地规定监测和报告的细节要求。

3.4.1 监测方案

排污者根据许可证的要求制订监测方案，主要包括例行监测、急性毒性监测和优先污染物监测等。监测方案的内容主要包括：监测地点、监测频率、样本收集方法、数据分析方法、报告和记录等要求。首先，排污许可证撰写者需要制定合适的监测地点来确保达到规定的排放标准，以及提供必要的数据来确定排放对受纳水体的影响。在排污许可证制定要求中并不会确定固定的监测地点，而是授权排污许可证撰写者考虑监测地点是否合适、是否易接近、是否可代表废水排放特征等因素，对监测地点的安全和可操作性负有法律责任。其次，每一个污染源和每一种污染物的监测频率均是不同的，每个排污口都需要根据其废水排放的特性和历史记录决定监测频率，每个污染物指标的监测方案都需要经过周密的考虑。最后，排污许可证撰写者还需要基于每种需要被监测污染物的排放特性制定其独特的采样收集方法。在美国普遍使用的采样方法主要是随机抽样和混合抽样，也包括连续顺序监测，而真正的全年连续监测设施并未被大规模使用。对废水水样的分析必须由有资质的实验室完成，定期对实验室的资质进行核查，水样分析的程序必须遵照美国环保署的有关导则进行，或者按照排污许可证中的监测与报告计划操作。

从监测要求来看，企业自我监测是美国工业废水排放监测的主体。自我监测频率较高，对很多污染物的监测都达到周测的水平，同时注重对分析方法的控制。这样就保证了排污者的自行监测能够全面、准确地反映自身的排放状况，并且也保证了监测质量。实际上，在排污许可证系统中，企业自我监测是执法者判断企业是否符合排污许可证要求的主要依据。此外，美国还建立了多级监测计划来调整监测的频率。如果在初始监测中发现达标状况良好，则根据达标情况减少监测频率；如果初始监测结果较差，则增加监测频率，以制订更加节省成本的监测方案。当然，仍然需要提供能够证实企业遵守排放标准的数据和信息。美国环保署颁布的《基于污染源达标表现的NPDES监测频率变更临时导则》为企业根据历史记录的持续达标状况调整监测频率提供了依据。

3.4.2 数据处理、记录和报告

依据监测方案获得的监测数据，需要经过既定目标的处理加工才能转化为信息。因此，排污许可证撰写者必须确定监测数据的分析方法，这些方法的大部分都已被制定成法规。同时，由于监测数据的大量积累，数据及其所蕴含的大量信息为环境管理提供了重要依据。在美国，虽然排污许可证规定污染源必须一年至少申报一次自行监测结果，但是申报的内容必须与监测方案对应，仍然按照监测频率规定的时间尺度，而非失去管理意义的污染物年排放总量和污染物浓度年均值。

有关企业排放状况和污染治理情况的报告主要分为例行监测报告、实施计划报告和 24 小时报告。我们主要介绍例行监测报告。以月为周期上报的例行监测报告，所起到的作用远远超过了政府监测和核查，例行监测报告结果将被提交到基于排放监测报告数据库（Discharge Monitoring Report，DMR），该数据库能够给排污许可证撰写者提供参考，同时也能够给某些工业类别基于技术的排放标准制定提供更加丰富的资料，促进行业内污染控制技术的进步。例行监测报告主要内容包括：最大日均值、最大月均值、采用的分析方法等。

为了便于执法者核查，排污者需要建立和保存监测记录，主要包括：取样的时间和地点、取样人员名单、取样频率、污染物分析规范和结果，且至少将记录保存 3 年，以便执法者核查。按照《清洁水法》的规定，除排污许可证中注明具有商业机密权限之外的任何许可证信息、监测记录和报告都必须对任何个人和团体无条件公开，以保障公众的环境知情权（宋国君，2013）。

根据排污许可证的记录和报告制度可以看出，排污许可证系统中排污者污染物排放信息的记录和报告非常翔实和可靠，能够为违法判定提供基本依据。排污者的记录和报告构成了许可证执行情况的信息基础，是执法者判定企业守法与违法的主要依据。执法者的检查和监测只是为了核查企业的自我监测和报告是否真实有效，起到对照和补充的作用，并不是获得信息的主要渠道。

3.4.3 污染源排放核查

科学的监测方案的确定，广泛公众参与确定的排污许可证文本，严格执

行的监测数据处理、记录和报告及无条件的信息公开确保了污染源排放的可核查、可问责。通过实施监测核查，可以有效地检验法律规章、排污许可证要求和其他规定的执行情况，也可以检查被许可者提交的自行监测信息的准确性，以及被许可者执行的监测方案中抽样、监测方法、监测地点、监测频率等内容的合适性和适度性。此外，通过监督机制的实施，还可以为排污许可证执法收集证据、为排污许可证实施效果评估提供信息。

NPDES 的排污许可证制度规定了一种多层级的监督机制，包括 4 个层次：联邦政府对州政府的监督；州政府对排污单位的监督；排污单位的自我监督；公众和环保团体形成的社会监督。同时，强调个人在排污许可证从申请到执行中的责任确认，以及结合守法援助等方式，在保证排污者守法水平的同时尽力降低守法成本。对排污许可证的执行进行监测核查是一项系统的工作，具体包括接收监测数据、审核数据、将数据输入排污许可证执行系统数据库、确定违法行为并做出适当的反应。执行监督性监测可以是例行的监督性监测，也可以是不事先通知的突击性监测。

3.4.4　违法判定与处罚

根据前文分析，无论是基于技术的排放标准还是基于水质的排放标准，都存在最大日均值和最大月均值两种形式。如果一个月内的日排放水平的均值超过了最大月均值，那么执法者将报告企业违反排污许可证规定，并且判定该企业为在该月的每一天内都违反排污许可证规定。如果该月只有一个样本，样本的分析结果超过了最大月均值，那么该月都视为违反排污许可证规定。一旦被判定超过最大月均值，那么企业必须增加对该项指标的监测频率，直至证明低于最大月均值为止。如果一个监测指标的日测值超过了最大日均值，则视为报告违反排污许可证规定，而且仅判定在该天违反排污许可证规定。

从以上内容可以看出，环保部门通过设置最大日均值和最大月均值，区分了违法的程度。违反最大日均值将被记为违法 1 天，违反最大月均值则被记为该月的每一天都违法。由于违反排污许可证的罚金是按日计算的，因此违反最大月均值的罚金远高于违反最大日均值。因此，执法者对最大月均值的判定也更为谨慎，当样本代表性不足时，还会采用增加样本量的方式获得较为公平的测定结果。

《清洁水法》对违反排污许可证的排放者规定了严厉的行政、民事及刑事制裁方式，"按日计罚""处以监禁"和"黑名单"的处罚措施大大增加了企业的违法成本，使得排污者不敢违反排污许可证的规定，断绝了排污者通过违法盈利的可能。

比如，对违证排污者可发布行政守法令并处以每违法日不超过 10 000 美元、总额不超过 125 000 美元的行政罚款；对违反许可证和行政守法令的，由法院发布强制令并处以每违法日 25 000 美元以下的民事罚款。对过失违法的刑事处罚是：处每违法日 2 500～25 000 美元罚款，或一年以下监禁，或两罪并罚；累犯者，处每违法日 50 000 美元以下罚款，或者 2 年以下监禁，或者两罪并罚。对故意违法的刑事处罚是：处每违法日 5 000～50 000 美元罚款，或者 3 年以下监禁，或者两罪并罚；累犯者，处每违法日 100 000 美元以下罚款，或者 6 年以下监禁，或者两罪并罚；对于故意制造危险者，罚款可以达到 250 000 美元，或者 15 年监禁，或者两罪并罚。如果违法的是机构不是个人，还可以将罚款提高到 1 000 000 美元；同时各州还可以自行增订更严厉的处罚措施。为了避免有关排放记录的造假，美国《清洁水法》专门规定了对造假者的惩罚：在任何监测报告、执行报告等法令指定的记录或文档中，有意做出虚假陈述、代表或证明的个人，将被处以最高 10 000 美元的处罚或 6 个月监禁，或者两罪并罚。由上面的处罚规定可以看出，美国对违反排污许可证的行为按照违法日进行处罚，这意味着违法持续时间长则处罚高，持续时间短则处罚低，体现了公平性。在处罚方式和额度的裁量上，罚没违法收益是最基本的原则，在此基础上可以根据违法严重性、为守法所做的努力、违法收入、违法历史等因素对具体的处罚做出调整。因此，处罚总额是考虑违法持续时间和违法程度后的慎重决定，较为公平。

3.5　小结

基于污染者付费原则，污染者需要承担环境外部性内部化标准的责任，内部化的程度一般用排放标准（或排放限值）来表达，除法规规定的核查检查以外，所有污染控制的费用都需要由污染者负担，政府不能用财政资金支付企业的污染防治费用。美国的水污染防治政策接受了污染者付费原则，基本上是通过排污许可证的形式执行，规定了企业治理污染的水平，企业排污者必须自己承担污染治理的责任，并规定了除在例行的排污许可证管理行动以外，企业超标排放的额外监督管理支出也要由企业排污者支付，而不是由政府财政支付，进一步拓宽了污染者付费原则的边界。政府要求企业承担污染治理责任不一定要向企业征收环境税（费），企业只要满足排污许可证中基于水环境质量不退化的排放标准要求就视为履行了污染者付费原则，也延伸了污染者付费原则的含义，增加了管理的灵活性，使其更具原则性。因此，在水污染严重流域，地方政府可以制定基于水质的排放标准，严格遵守污染者付费原则，确保污染者基于全成本付费。

美国的排污许可证不是一个简单的"证件"或"凭证"，而是一系列配套管理措施的结合，汇总了《清洁水法》对于点源排放控制的几乎所有的规定和要求。其包含了排污申报、具体的排放限值、设计合理且有针对性的监测方案、达标证据、限期治理、监测报告和记录、执法者核查和处罚等一系列措施，并将以上内容明确化、细致化，具体到每个排污者。因此，它既是排污者的守法文件，也是政府部门的监督执法文件（韩冬梅，2014）。排放标准是排污许可证的核心。为了确定排污许可证的排放标准，美国建立了基于技术的排放标准和基于水质的排放标准两套体系，这两套体系对于排污许可证至关重要。排污许可证每 5 年更新一次，其中的排放标准只能越来越严格，因此排污许可证将排放限值与环保技术进步和水质要求联系起来，有力地促进了污染处理技术的进步和水质的改善。

第4章

我国水资源与水环境现状

本章对我国经济发展、财政收支、水资源量和分布、用水总量和结构、污水及污染物排放总量和结构、水环境质量状况、水环境保护投资、水环境保护政策框架等进行了全面分析。

4.1 经济发展与财政收支

4.1.1 经济发展

改革开放 40 多年来，我国经济建设取得了举世瞩目的成就，综合国力和人民生活水平不断提高。根据《中国统计年鉴》，我国国内生产总值不断增加，由 1978 年的 3 678.7 亿元增长到 2019 年的 990 865.1 亿元，年均增速为9.4%。1978—1985 年，我国国内生产总值处于千亿元阶段，这一期间增长速度在 1981 年最低（5.1%），在 1984 年达到最高（15.2%）。1986—1999 年，我国国内生产总值处于万亿元阶段，这一期间增长速度跨度较大，增长速度在 1990 年最低（3.9%），在 1992 年达到最高（14.2%）。这之后至 1999 年，增长速度均维持在 10% 左右。2000—2019 年，我国国内生产总值进入 10 万亿元阶段，这一期间增长速度在 2000—2007 年一直呈现增长趋势，在 2007 年达到最高（14.2%）；2007 年以后，增长速度总体呈下降趋势，在 2019 年达到最低（6.1%），为自 1990 年以来的新低。如图4-1所示。

随着国民经济持续快速增长，我国的产业结构也发生了持续、全面、影响深远的变化。根据《中国统计年鉴》，2019 年我国第一产业增加值为 70 466.7亿元，第二产业增加值为 386 165.3 亿元，第三产业增加值为 534 233.1 亿元。

从长期的变动趋势来看，三次产业的比例关系有了明显的改善。^① 1978—2019年，我国三次产业比重从 1978 年的 27.7∶47.7∶24.6 变化为 2019 年的 7.1∶39.0∶53.9。总体来看，产业结构呈现由"二一三"向"二三一"，再向"三二一"的演变趋势，第一产业与第三产业呈现"剪刀式"对称消长态势，第三产业逐渐取代了第二产业在国民经济中的主导地位。具体来看，第一产业占比总体下降；第二产业占比总体变化幅度较小，基本在 40%~50% 的区间内震荡；第三产业占比总体呈现持续上升态势，经历了三次较快的上行周期。如图 4-2 所示。

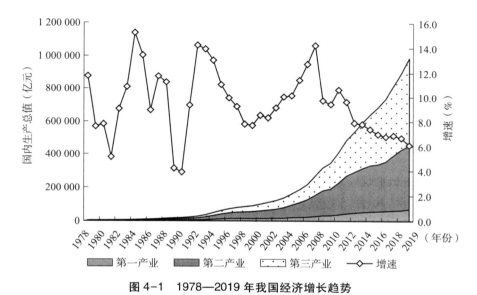

图 4-1　1978—2019 年我国经济增长趋势

4.1.2　财政收支

财政收入既是国家经济实力的重要标志，也是经济发展繁荣的直接体现。自 1978 年以来，我国一般财政收入一直保持快速增长。根据《中国统计年鉴》，我国财政收入从 1978 年的 1 132.3 亿元增长到 2019 年的 190 390.1 亿元，财政收入增长速度分布在 1%~32%，年均增速为 14%。具体来看，1978—1998 年，我国财政收入保持在千亿元阶段。此时期改革开放为经济发展注入了强大的活力，在经济快速发展的同时，财政收入从几百亿元跃上了

---

① 有三个关键的时间节点：1985 年，第三产业生产总值超越第一产业；2012 年，第三产业生产总值也实现了对第二产业的超越；从 2015 年开始，第三产业生产总值大于第一、第二产业生产总值之和。

千亿元大关。1999—2010年，我国财政收入进入万亿元阶段，短短10年间财政收入由1万亿元增长到8万亿元，这一期间增长速度在2007年达到最高（32.4%），在2009年达到最低（11.7%），平均增速维持在20%左右。2011—2019年，我国财政收入进入10万亿元阶段，且基本以每年1万亿元左右的幅度增长。这一期间增长速度在2011年达到最高（25.0%），之后整体呈下降趋势，最低为2019年的3.8%。

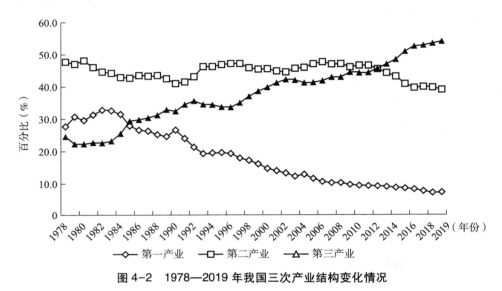

图4-2 1978—2019年我国三次产业结构变化情况

　　财政支出是政府为满足社会公共需要而进行的财政资金支付。自1978年以来，我国财政支出基本上与财政收入步调一致，呈现持续增长的态势。根据《中国统计年鉴》，我国财政支出从1978年的1 122.1亿元增长为2019年的238 858.4亿元，财政支出增长速度分布在−8%～33%，平均增速为15%。具体来看，1978—1997年，我国财政支出保持在千亿元阶段。这一期间，财政支出增长速度不稳定，在1978年达到最高（33.0%），在1987年达到最低（2.6%），甚至在1980年和1981年出现负增长现象。1998—2010年，我国财政支出进入万亿元阶段，从1万亿元增长为9万亿元。这一期间增长速度较为稳定，基本维持在18%左右，在2008年达到最高（25.7%），在2003年达到最低（11.8%）。2011—2019年，我国财政支出进入10万亿元阶段，且基本以每年2万亿元左右的增幅增长。这一期间，增长速度在2011年达到最高（21.6%），在2006年达到最低（6.3%），平均增速维持在10%左右。

　　从我国的财政结构来看，我国财政收入和财政支出逐年增加，但财政支出普遍高于财政收入，仅 1978 年、1981 年、1985 年和 2007 年财政资金有结余。从财政收支的增速来看，财政收入的波动周期基本与国内生产总值波动周期保持一致，在 1978—1981 年、1988—1991 年、1994—1998 年、2007—2009 年、2011—2014 年出现较大回落；财政支出增速也在 2008 年之后回落。从长期的变动趋势来看，我国财政支出的增速高于财政收入的增速，且财政赤字呈现持续增加的态势，这在一定程度上增加了财政支出的困难，因此优化财政支出较为紧迫。

从公共财政中的环境保护支出来看，2019 年，全国公共财政支出中用于节能环保的共计 7 444 亿元，同比增长 18.2%，占全部公共财政支出的 3.1%。2006—2019 年，环保财政支出增速分布在 -1.4% ~ 45.7%，平均增速为18.8%。虽然环保财政支出总量逐年增加，但是环保财政支出的增速在 2008年后却出现较大程度的下降，虽然在 2015 年有一定幅度的上升，但是 2015年之后增速又呈现一定程度的下降，2015 年之后的增速远低于 2010 年之前的环保财政支出增速，这在一定程度上可能受限于公共财政收入增速的放缓。尽管我国经济高速发展、财政实力增强，但长期以来忽略了对环境保护必要的财政支出，直到 2006 年才成立环境保护财政支出科目，我国对于环境保护的财政支持力度尚不能满足当前环境治理的需求。1978—2019 年我国财政收支与环保支出情况如图 4-3 所示。

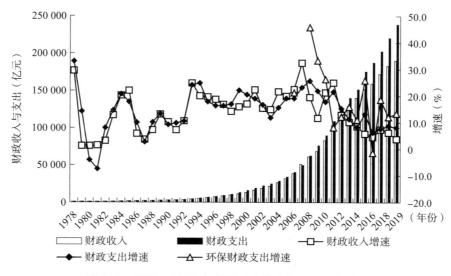

图 4-3　1978—2019 年我国财政收支与环保支出情况

4.2 水资源状况

4.2.1 水资源量和分布

根据《中国统计年鉴》，2000—2019 年，我国水资源总量平稳波动，水资源量平均值为 27 660.3 亿吨。2019 年，我国水资源总量为 29 041.0 亿吨，约占全球水资源总量的 6%，仅次于巴西、俄罗斯和加拿大，居世界第四位。其中，地表水资源量为 27 993.3 亿吨，占水资源总量的比重为 96.4%。地下水资源量为 8 191.5 亿吨，占水资源总量的比重为 28.2%。2019 年，我国人均水资源量为 2 077.7 吨，不足世界人均水平的 1/3。如图 4-4 所示。

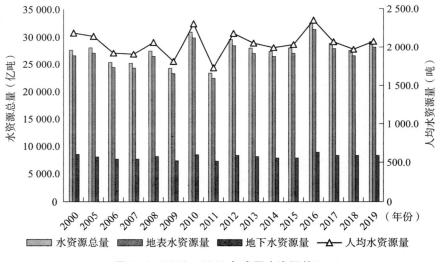

图 4-4 2000—2019 年我国水资源状况

在时间上，我国大部分地区冬、春季降雨量较少，夏季和秋季降雨比较充沛，每年 5 月到 9 月的降水量占全年降水量的 70% 以上，而 10 月到次年 4 月经常会出现冬春连旱的天气。在空间上，由于各地区水资源禀赋不同和人口分布差异的共同作用，导致我国各地区水资源总量和人均水资源量分布不均衡。长江流域及其以南地区水资源量约占全国水资源总量的 80%，但耕地面积只占全国的 36% 左右；黄河、淮河及海河流域，水资源量只占全国的 8%，而耕地则占到全国的 40%。2019 年，河北、天津和北京的人均水资源量低于 200 吨，不足全国平均水平的 1/10；西藏的人均水资源量最多，达到 12.9 万吨，为河北、天津和北京地区的 1 000 余倍。如图 4-5 所示。

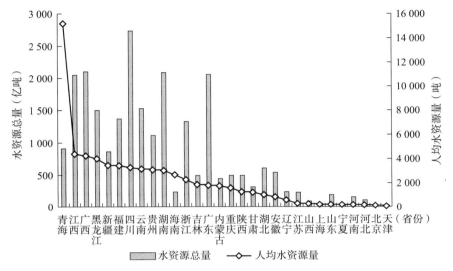

图 4-5 2019 年我国省级行政区水资源总量及人均水资源量①

4.2.2 用水总量和结构

随着社会经济的快速发展，我国用水总量不断增加，由 2000 年的 5 530.7 亿立方米增加到 2019 年的 6 021.2 亿吨，年均增长率为 0.5% 左右。目前，我国水资源供需矛盾日益突出，正常年份全国年均缺水量达 500 多亿吨。全国 655 个城市中，近 2/3 的城市水资源短缺，近 1/3 的城市严重缺水。供水水源长期以地表水为主，约占供水总量的 80%，由 2000 年的 80.3% 缓慢提升到 2019 年的 82.7%。随着国家对地下水开采的严格管控，地下水占总供水量的比重缓慢降低，由 2000 年的 19.3% 下降到 2019 年的 15.5%。在用水结构上，农业用水所占比重最高，是第一大用水户，常年保持在 60.0% 以上，2019 年达到 3 682.3 亿吨，占当年用水总量的 61.4%；工业用水次之，是第二大用水户，2019 年达到 1 217.6 亿吨，占当年用水总量的 20.2%；生活用水是第三大用水户，2019 年达到 871.7 亿吨，占当年用水总量的 14.5%；生态用水很少，年均不超过 5.0%，2019 年为 249.6 亿吨，占当年用水总量的 4.2%，为

---

① 其中，台湾地区水资源量信息不可得，故在图中没有体现。西藏情况特殊，也略去。

近 20 年来最高水平。2000—2019 年我国用水总量和用水结构如图 4-6 所示。

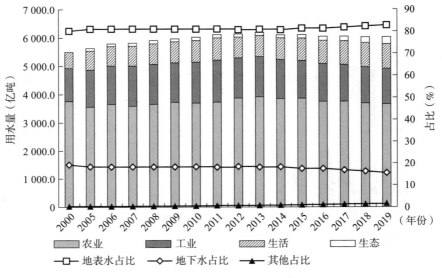

图 4-6 2000—2019 年我国用水总量和用水结构

根据《中国统计年鉴》，2019 年，全国各地区人均日生活用水量分布在 97.4~273.1 升，平均值为 170.8 升。人均日生活用水量较少的三个地区分别为河北（97.4 升）、甘肃（99.4 升）、山西（101.4 升），人均日生活用水量较多的三个地区分别为海南（246.4 升）、湖北（252.4 升）、上海（273.1 升）。全国各地区人均 GDP 分布在 3.3 万~16.4 万元，平均值为 6.9 万元。人均 GDP 较低的三个地区分别为甘肃（3.3 万元）、黑龙江（3.6 万元）、广西（4.3 万元），人均 GDP 较高的三个地区分别为江苏（12.4 万元）、上海（15.7 万元）、北京（16.4 万元）。如图 4-7 所示。从中我们可以看出，不同地区的人均日用水量存在一定差异，但与经济发展水平相关性不大，从一定程度上证明了生活用水具有需求刚性。

根据《中国统计年鉴》，我国用水效率逐步提高。2000—2019 年，我国总体单位用水产值由 18.2 元/吨增加到 164.6 元/吨，年均增长率为 12.2%。其中，农业单位用水产值由 2000 年的 3.9 元/吨提高到 2019 年的 19.9 元/吨，年均增长率为 8.7%；工业单位用水产值由 2000 年的 35.3 元/吨提高到 2019 年的 260.4 元/吨，年均增长率为 11.1%。工业单位用水效率的增长速度高于农业用水。如图 4-8 所示。

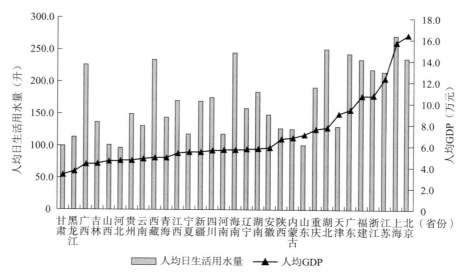

图 4-7　2019 年我国各省份人均日生活用水量和人均 GDP

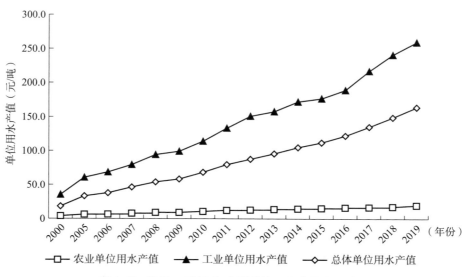

图 4-8　2000—2019 年我国单位用水产值变化情况

4.3 污水及污染物排放状况

4.3.1 污水排放总量和结构

根据《全国环境统计公报》，2001—2015 年，我国废水排放量不断增加，由 2001 年的 433.0 亿吨增长到 2015 年的 735.3 亿吨，年均增长率为 3.6%。其中，工业废水排放量在 2007 年达到峰值后开始逐年降低，生活污水排放量则持续上升。2015 年，全国工业废水排放量达 199.5 亿吨，占废（污）水排放总量的 27.2%，生活污水排放量达 535.2 亿吨，占废（污）水排放总量的 72.8%。我国工业废水达标排放率稳定上升，从 2001 年的 85.6% 上升到 2015 年的 96.6%，年均增长 0.80%；城镇生活污水集中处理率快速上升，从 2001 年的 18.5% 上升到 2015 年的 88.4%，年均增长 11.00%；工业用水重复利用率也稳步上升，从 2001 年的 69.6% 上升到 2015 年的 91.0%，年均增长 1.82%。如图 4-9 所示。

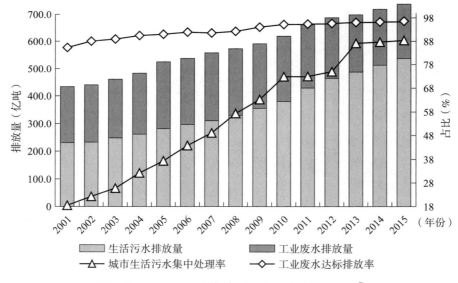

图 4-9 2001—2015 年我国废水排放及处理状况[1]

---

[1] 自 2015 年之后，废水排放量数据不再区分工业废水和生活污水，故没有选取 2015 年之后的数据。

但我国工业用水量与排水量、生活用水量与排水量之间存在较大差距。2001—2015年，我国工业用排水差额和用排比均呈不断增大的趋势，其中，工业用排水差额从2001年的939.1亿吨增加到2011年的1 230.9亿吨，之后逐年下降，减少到2015年的1 135.3亿吨；工业用排比总体呈增加趋势，从5.6∶1增加到6.7∶1。生活用排水差额从2001年的370.9亿吨增加到2007年的400.2亿吨，之后逐年下降，减少到2015年的258.3亿吨；生活用排比呈下降趋势，从2001年的2.6∶1下降到2015年的1.5∶1，如图4-10所示。即使扣除中间过程的耗水和损水，我国工业用水和排水、生活用水和排水之间仍然存在巨大差距，这表明我国用水、排水统计可能存在盲区，无法全面地反映真实情况（马中，2013）。没有统计的部分属于无处理排水，其排放去向也只有地表和地下两个，地下排污具有很强的隐蔽性，因此我们判断这部分无处理排水很可能是被排向了地下（吴健，2013）。

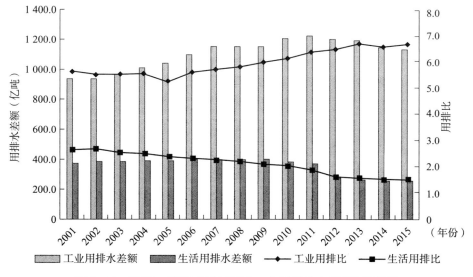

图4-10 2001—2015年中国工业、生活用排水差额和用排比

根据水利部和生态环境部统计，2015年，我国工业用水量（不含火电行业）854.3亿吨①，工业废水排放量为199.5亿吨，工业用排比为4.3∶1。利用水平衡模型（马中，2012）估算，2015年，我国实际工业废水排放量为

_____

① 《2015年中国水资源公报》统计的工业用水量（1 334.8亿吨）减去火电行业用水量（480.5亿吨）。

328.1 亿吨，其中工业无处理排水量为 128.6 亿吨，[①] 占全部工业废水的 39.2%。2015 年，我国城镇生活用水量为 610.8 亿吨，[②] 城镇生活污水排放量为 535.2 亿吨，生活用排比为 1.14∶1。利用水平衡模型计算，2015 年，我国实际城镇生活污水排放量为 557.5 亿吨，其中生活无处理排水为 72.8 亿吨，占全部生活污水的 13.1%。

如果考虑无处理排水，那么我国工业废水达标排放率和城市生活污水集中处理率都会降低。以 2015 年为例，若考虑工业无处理排水，则实际工业废水达标排放率应为 58.7%；同样，若考虑城镇生活无处理排水，则实际城市生活污水集中处理率应为 77.8%。达标排放与监测频率、采样时间密切相关，全面达标指的就是可监测的点源排放一直符合排放标准要求，或者说保持较高比例的连续达标，如 80% 的频率和时间，因为生产工艺、生产原料、产量的不稳定会在一定程度上导致污染物排放的不稳定（宋国君，2001）。我国目前过低的监测频率根本无法保证污染物排放状况的真实性和全面性，因此我国现状达标率是建立在较低的监测频率之上的，仅是初步达标率，[③] 实际达标率可能更低。

4.3.2 污染物排放总量和结构

根据《中国环境统计年报》可以看出我国主要水污染物排放总量和结构变化情况。总体来看，化学需氧量排放量和结构变化情况主要分为 1997—2010 年、2011—2015 年、2016—2019 年 3 个阶段。1997—2010 年化学需氧量排放量从 1 757.0 万吨变化为 2 223.5 万吨，其中工业源从 1 073 万吨（61.1%）降低到 434.8 万吨（35.1%）；生活源从 684.0 万吨（38.9%）增加到峰值 886.7 万吨（62.1%），之后逐步降低到 803.3 万吨（64.9%）。国家自 2011 年开始统计农业源排放情况，可以看出 2011—2015 年，化学需氧量排放量从 2 499.9 万吨变化为 2 223.5 万吨，其中工业源从 355.5 万吨（14.2%）降低到 293.5 万吨（13.2%）；生活源从 938.2 万吨（37.5%）降

---

① 根据水平衡模型测算，水平衡模型详见附录 1。

② 城镇生活用水量根据《2015 年中国水资源公报》统计的城镇人均生活用水量和《中国统计年鉴 2015》统计的城镇人口数计算得到。

③ 初步达标率在我国统计数据中更多反映的是设备安装率，指的是污染源按"环评"和"三同时"规定安装了污染治理设施并经验收达到了设计要求和排放标准，即污染源具备了污染治理能力。但污染治理设施的运行才是实质性的，即使所有污染源都安装了污染治理设施，但监管能力和监测水平无法跟上，此时的达标率也仍是初步达标率，远低于统计的达标率。

低到 846.9 万吨（38.1%）；农业源从 1 186.1 万吨（47.4%）降低到 1 068.6 万吨（48.1%）。这一阶段农业源占比一直处于高位，且是化学需氧量排放量的最主要来源。国家从 2016 年开始，以第二次全国污染源普查成果为基准，对 2016—2019 年污染源统计初步数据进行更新，可以看出，主要污染源化学需氧量排放量与 2016 年之前相比发生了较大变化。2016—2019 年，化学需氧量排放量从 658.1 万吨变化为 567.1 万吨，其中工业源从 122.8 万吨（18.7%）降低到 77.2 万吨（13.6%）；生活源从 473.5 万吨（71.9%）降低到 469.9 万吨（82.9%）；农业源从 57.1 万吨（8.7%）降低到 18.6 万吨（3.3%），这一阶段生活源是化学需氧量排放的最主要来源。如图 4-11 所示。

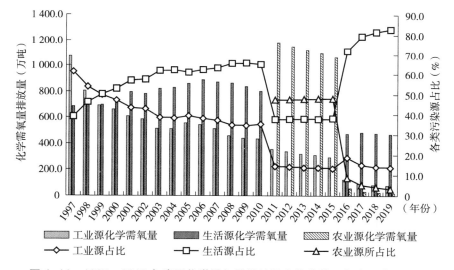

图 4-11　1997—2019 年我国化学需氧量排放量变化趋势及各类污染源占比

国家自 2001 年开始统计氨氮排放情况，氨氮排放量和结构变化情况主要分为 2001—2010 年、2011—2015 年、2016—2019 年 3 个阶段。2001—2010 年氨氮排放量从 125.2 万吨变化为 120.3 万吨，其中工业源从 41.3 万吨（33.0%）降低到 27.3 万吨（22.7%）；生活源从 83.9 万吨（67.0%）增加到 93.0 万吨（77.3%）。国家自 2011 年开始统计农业源排放情况，可以看出 2011—2015 年，氨氮排放量从 260.4 万吨降低到 229.9 万吨，其中工业源从 28.2 万吨（10.8%）降低到 21.7 万吨（9.4%）；生活源统计数据较为异常，相比前一阶段有大幅度增长，从 147.6 万吨（56.7%）变化为 134.1 万吨（58.3%）；农业源从 82.6 万吨（31.7%）降低到 2015 年的 72.6 万吨

（31.6%），仅次于生活源。与化学需氧量类似，国家从 2016 年开始，以第二次全国污染源普查成果为基准，对 2016—2019 年污染源统计初步数据进行更新，可以看出主要污染源氨氮排放量与 2016 年之前相比也发生了较大变化。2016—2019 年，氨氮排放量从 56.8 万吨变化为 46.3 万吨，其中工业源从 6.5 万吨（11.4%）降低到 3.5 万吨（7.6%）；生活源从 48.4 万吨（85.2%）降低到 42.1 万吨（90.9%）；农业源从 1.3 万吨（2.3%）降低到 0.4 万吨（0.9%），这一阶段生活源是氨氮排放的最主要来源。如图 4-12 所示。

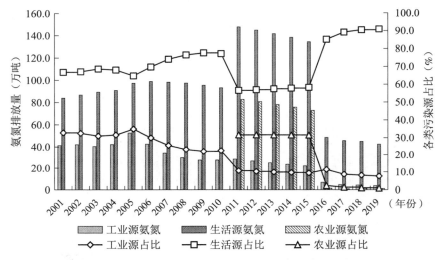

图 4-12 2001—2019 年我国氨氮排放量变化趋势及各类污染源占比

4.4 水环境状况

4.4.1 地表水环境

2019 年，全国地表水环境质量持续改善。全国地表水监测的 1 931 个水质断面（点位）中，Ⅰ～Ⅲ类水质断面（点位）占 74.9%，劣Ⅴ类占 3.4%，主要污染指标为化学需氧量、总磷和高锰酸盐指数。其中，以西北诸河、浙闽片河流、西南诸河和长江流域水质为优，珠江流域水质良好，黄河流域、松花江流域、淮河流域、辽河流域和海河流域为轻度污染。开展水质监测的 110 个重要湖泊（水库）中，近三成湖泊（水库）遭到不同程度的污染。主要污染指标为总磷、化学需氧量和高锰酸盐指数。开展营养状态监测的 107 个重要湖泊（水库）中，贫营养状态湖泊（水库）占 9.3%，中营养状态湖泊（水库）占 62.6%，轻度富营养状态湖泊（水库）占 22.4%，中度富营养状态湖泊（水库）占 5.6%。

根据国家公布的十大水系和七大重点流域水质类别，2001—2019 年，十大水系整体水质改善明显。其中，Ⅰ～Ⅲ类水所占比例从 29.5% 增加到 79.1%，增长了 49.6 个百分点；劣Ⅴ类占比从 44.0% 下降到 3.0%，降低了 41.0 个百分点。七大重点流域重度污染状况改善也较为明显，其中海河流域、辽河流域、淮河流域、黄河流域、松花江流域、长江流域、珠江流域重度污染断面（劣Ⅴ类）分别由 67.1%、59.7%、59.7%、56.0%、16.7%、6.3%、7.1% 下降到 7.5%、8.7%、0.6%、8.8%、2.8%、0.6%、3.0%，分别降低了 59.6 个、51.0 个、59.1 个、47.2 个、13.9 个、5.7 个、4.1 个百分点，如图 4-13 所示。

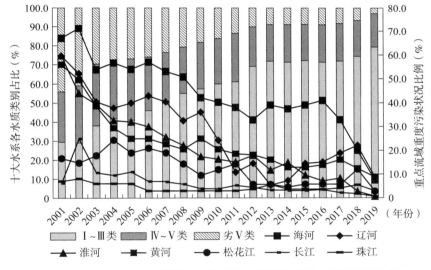

图 4-13 2001—2019 年我国十大水系和七大重点流域水质状况变化趋势

我国对地表水质的评价主要是依据《地表水环境质量标准》（GB 3838—2002）来进行单因子评价，并在每年发布的环境状况公报中以化学需氧量、氨氮、总氮、总磷等污染物作为"主要污染指标"确定水质等级。同时，为客观反映全国地表水环境质量状况及其变化趋势，规范全国地表水环境质量评价工作，生态环境部于 2011 年 3 月制定并发布了《地表水环境质量评价办法（试行）》（秦延文，2014）。但我国水质评价主要以常规污染物为主，从而忽视了沉积物、水生生物等介质物理条件对污染效应的影响，使得该评价标准中缺少沉积物指标、生物指标、物理指标，而这些指标对于水环境质量的全面综合评价来说是必要的。这种确定水体水质高低的评价方法有着根本的缺陷，它不是建立在环境生态学基础上，也不符合污染物对环境的作用机制。用"主要污染指标"确定水体水质等级就必须假定：水体水质只能由"主要污染指标"决定，水体中其他污染物的存在及其浓度对水体水质没有影响，这会严重偏离水体水质的真实状况。仅仅依靠化学需氧量、氨氮等指标显然无法正确反映水体的生态健康功能，即使加上2002年水质标准中的其他指标也是不够的。因为水体中可能会存在多种污染物，不同的污染物以各自不同的浓度存在并对生物产生不同的集合毒性，这种毒性可能是单种污染物毒性的相加或相乘，无法依据单种污染物的浓度来分析。

此外，在水质评价过程中时间尺度过大，未能充分利用数据。根据我国《地表水环境质量评价办法（试行）》（2011）规定，在周、旬、月、季度与年5个时间尺度的评价中，"可采用一次监测值，存在多次监测值的情况下，采用多次监测数据的算术平均值。"而2002年水质标准中明确规定采用单因子评价法对水质进行评估，即水质达标的含义为某时段内在任何一次监测中各监测项目均达到标准。现行的采用均值的水质评价结果有可能掩盖大量有效数据，无法反映水质的真实情况。以黄河流域某监测断面附近自来水厂日监测数据为例，来说明均值评价方法的局限性，见表4-1，从高锰酸盐指数和氨氮两个指标均值的年际变化来看，高锰酸盐指数年均值基本保持稳定，而氨氮年均值明显降低，但两个指标5年的年均值均满足地表水Ⅲ类水标准。但从超标率来看，高锰酸盐指数年超标率逐年增加，水质逐渐恶化；而氨氮年超标率显著减小。超标率法评价结果能够为流域水环境保护管理者展示水质具体波动情况，对于部分毒性较强的非常规污染物而言，一个监测断面一次超标严重就可能对周边地区人体健康和水生态造成巨大损害。美国水质标准依据急性基准和慢性基准制定，给出了标准的浓度值及在一定时间内允许的超标频次。因此，采用超标率法能够更加严格地控制污染，保证水质管理效果（常蛟，2012）。目前，在我国地表水的周报、月报、季报和年报中，常采用连续监测数据的周均值、月均值甚至年均值，时间尺度过大。从管理角度来看，较大时间尺度的流域水环境保护不具有管理意义，存在掩盖部分时间出现的水污染严重状况的问题。

表 4-1 年均值与超标率水质评价结果对比

监测项目	评价指标	2011 年	2012 年	2013 年	2014 年	2015 年
高锰酸盐指数	年超标率（%）	1.28	2.94	4.39	6.82	10.31
	年均值（mg/L）	5.43	5.24	5.39	5.37	5.46
氨氮	年超标率（%）	20.90	18.24	13.86	10.23	6.21
	年均值（mg/L）	0.86	0.70	0.56	0.52	0.38

可以看出，按照 2002 年水质标准的水质评价方法无法全面反映我国真实的水环境状况，根据这套水质评价方法制定的水环境状况公报会给社会和公众带来极大的误导，同时根据这种错误的分类而制定的水环境管理决策也会产生偏差。建议建立适合我国国情和水情的水质标准体系，采用基准和标准并行的方式，将水体指定用途作为标准所应实现的目标。同时，完善目前的地表水水质评价要求——水体指定用途和标准适用性的评价，取消年均值、水质达标率、优良水体比例等规划目标要求，借鉴美国经验，采用将水质浓度和超标率相结合的方法，基于长期数据来说明水质是否存在统计意义上的改善或恶化趋势。

4.4.2 地下水环境

国家生态环境部、水利部和自然资源部都对我国地下水进行了监测。生态环境部对地下水水质的监测主要以地下水含水系统为单元，将以潜水为主的浅层地下水和以承压水为主的中深层地下水作为对象。2006—2017 年，生态环境部对地下水水质监测的评价结果以优良级、良好级、较好级、较差级和极差级来表示，2018—2019 年，评价结果以Ⅰ~Ⅱ类、Ⅲ类、Ⅳ~Ⅴ类来表示。水利部对地下水水质的监测主要以浅层地下水为对象。2006—2013 年，水利部对地下水水质监测的评价结果以Ⅰ~Ⅱ类、Ⅲ类、Ⅳ~Ⅴ类来表示，2014—2017 年，评价结果以优良级、良好级、较好级、较差级和极差级来表示，2018 年，评价结果又改为以Ⅰ~Ⅱ类、Ⅲ类、Ⅳ~Ⅴ类来表示。

根据生态环境部发布的《中国生态环境状况公报》，2019 年，全国 10 168 个国家级地下水水质监测点中，Ⅰ~Ⅲ类水质监测点占 14.4%，Ⅳ~Ⅴ类占 85.7%。全国 2 830 处浅层地下水水质监测井中，Ⅰ~Ⅲ类水质监测井占 23.7%，Ⅳ类占 30.0%，Ⅴ类占 46.2%。超标指标为锰、总硬度、碘化物、溶解性总固体、铁、氟化物、氨氮、钠、硫酸盐和氯化物。根据水利部发布的《中国水资源公报》，2018 年，对全国 2 833 眼地下水监测井进行水质评价，I~III 类水质监测井占 23.9%，IV 类占 29.2%，V 类占 46.9%（见表 4-2）。尽管水利部、生态环境部数据有所差异，但从地下水水质评估结果变化趋势来看，地下水水质并没有得到改善，甚至有逐渐恶化的趋势，并且污染形势非常严峻。

表 4-2　2006—2019 年全国地下水水质评估结果①　　　　　　　　　（%）

年份	水利部			生态环境部		
	I~II 类	III 类	IV~V 类	优~良	较好	较差~极差
2006	10.1	28.6	61.3			
2007	9.4	28.1	62.5		—	
2008	2.3	23.9	73.8			
2009	5.0	22.9	72.1			
2010	11.8	26.2	62.0	37.8	5.0	57.2
2011	2.0	21.2	76.8	40.3	4.7	55.0
2012	3.4	20.6	76.0	39.1	3.6	57.3
2013	2.4	20.5	77.1	37.3	3.1	59.6
	优~良	较好	较差~极差	优~良	较好	较差~极差
2014	15.2	0.0	84.8	36.7	1.80	61.5
2015	20.4	0.0	79.6	34.1	4.6	61.3
2016	24.0	0.0	76.0	35.5	4.4	60.1
2017	24.4	0.0	75.6	31.9	1.5	66.6
	I~III 类		IV~V 类	I~II 类	III 类	IV~V 类
2018	23.9		76.1	10.9	2.90	86.2
2019	—			14.4		85.7

4.4.3　海洋水环境

根据《中国海洋生态环境状况公报》，2001—2018 年，我国近岸海域水质也有所改善。其中，一、二类海水比例从 41.4% 增加到 74.6%，增长了 33.2 个百分点；三类海水比例从 12.2% 下降到 6.7%，降低了 5.5 个百分点；四类、劣四类海水比例从 46.4% 下降到 18.7%，降低了 27.7 个百分点。但重

---

① 《中国水资源公报》中涉及的全国性数据，均未包含香港特别行政区、澳门特别行政区和台湾地区。

要河口海湾水质整体较差，2018年，辽东湾、渤海湾和闽江口近岸海域水质差，黄河口、长江口、杭州湾和珠江口近岸海域水质极差。在实时监测的近岸海域海洋生态系统中，处于健康、亚健康和不健康状态的海洋生态系统分别占23.8%、71.4%和4.8%。其中，监测的河口生态系统全部呈亚健康状态，海湾生态系统多数呈亚健康状态。2001—2018年我国近岸海域水质变化趋势如图4-14所示。

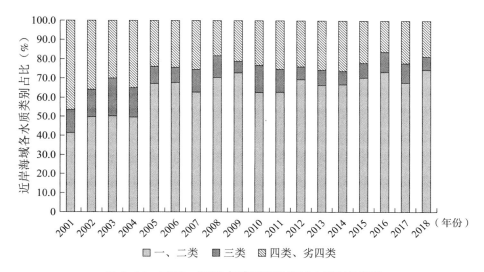

图4-14 2001—2018年我国近岸海域水质变化趋势

4.5 水环境保护投资

4.5.1 环境污染治理投资

环境污染治理投资是指在污染源治理和城市环境基础设施建设的资金投入中，用于形成固定资产的资金。根据《中国环境统计年鉴》，2001—2017年，我国环境污染治理投资总体上呈增加态势（除了2011年和2015年略有降低以外），且投资规模增长较快，由2001年的1 166.7亿元增长到2017年的9 539.0亿元，年均增速为14.9%。环境污染治理投资占GDP的比重基本上维持在1.5%左右，在2001—2010年总体呈上升趋势，其中在2001年最低（1.05%），在2010年最高（1.84%），2010年之后总体呈下降趋势，2017年占比达到 1.15%。如图 4-15 所示。但是，比照国际经验，这一数据与我国改善生态环境质量的现实需求仍有一定差距。

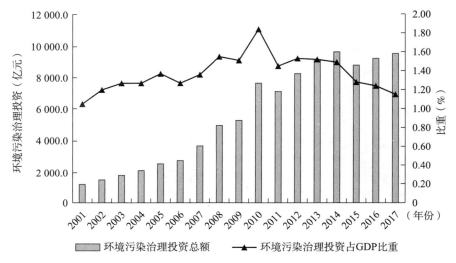

图 4-15　2001—2017 年我国环境污染治理投资总额及占 GDP 比重

环境污染治理投资包括城镇环境基础建设投资、工业污染源治理投资、建设项目"三同时"环保投资三部分。从环保投资构成来看，2001—2017年，城镇环境基础设施建设投资总体呈增长趋势，由 2001 年的 655.8 亿元增长到 2017 年的 6 085.7 亿元，在环境污染治理投资中的占比也最高，除了在2007 年和 2008 年占比分别为 47.7% 和 45.5% 之外，其他年份占比都超过了50.0%。建设项目"三同时"环保投资总体上也呈上升趋势，由 2001 年的336.4 亿元增长到 2017 年的 2 771.7 亿元，在 2014 年最高（3 113.9 亿元）；在环境污染治理投资中的占比居第二位，在 2008 年占比最高（43.5%），2008 年之后基本上维持在 30.0% 左右。工业污染源治理投资总体呈先上升后下降的趋势，由 2001 年的 174.5 亿元变化为 2017 年的 681.5 亿元，在 2014年达到最高（997.7 亿元）；在环境污染治理投资中的占比最低，2008 年之前占比还能维持在 10.0% 以上，但 2008 年之后占比基本上低于 10.0%。如图4-16所示。这种环保投资结构说明，城镇环境基础设施建设投资一直处于比较重要的地位，是我国环境保护投资的主要项目。同时，工业污染源治理投资所占比例一直偏低，根本无法实现在我国长期以来"高投入、高消耗、高污染、低效益"传统发展模式下经济与环境的协调发展，工业污染治理投资严重不足是目前我国各类环境污染问题没有得到有效控制的原因之一。

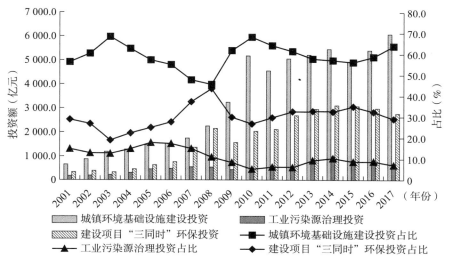

图 4-16　2001—2017 年我国环境污染治理投资结构及占比变化情况

4.5.2　水环境保护投资

我国水环境保护投资由用于排水的环境基础设施建设投资、工业废水污染治理投资和用于水的"三同时"投资三部分构成。2001—2017 年，我国用于水环境保护方面的投资总额不断增加，从 2001 年的 409.5 亿元增加到 2017 年的 2 718.2 亿元，年均增长率为 13.2%，累计投资额为 24 872.3 亿元。具体来看，用于排水的环境基础设施建设投资总体呈增长趋势，由 2001 年的 224.5 亿元（占比 54.8%）增长到 2017 年的 1 727.5 亿元（占比 63.6%）。工业废水污染治理投资总体上呈先增长后下降的趋势，由 2001 年的 72.9 亿元（占比 17.8%）变化为 2017 年的 76.0 亿元（占比 2.8%），在 2007 年达到最高 196.1 亿元（占比 18.5%）。用于水的"三同时"投资总体上也呈增长的趋势，由 2001 年的 112.1 亿元（占比 27.4%）变化为 2017 年的 914.7 亿元（占比 33.6%），在 2014 年达到最高 1 027.6 亿元（占比 43.9%）。水污染治理投资总额占 GDP 的比重波动变化，由 2001 年的占比 0.37%变化为 2017 年的占比 0.33%，平均占比为 0.38%。如图 4-17 所示。

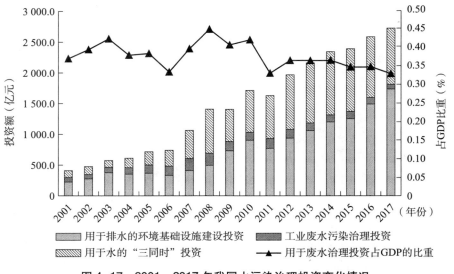

图 4-17　2001—2017 年我国水污染治理投资变化情况

4.6　水环境保护政策框架

我国已经建立了比较完备的水环境保护政策框架体系，包括法律、行政法规、部门规章、标准、规划和部分规范性文件（见表 4-3）。《环境保护法》[①] 是我国环境保护领域的基础性、综合性法律，明确了我国环境保护工作的指导思想，规定了环境保护的基本原则和基本制度，确立了国家环境保护的基本方针和政策。《水污染防治法》[②] 作为水环境保护和水污染防治方面的专业性法律，为我国水污染防治工作提供了坚实的法制基础，对水环境质量标准和排放标准、水污染防治的监管、防止地表水和地下水污染、违反水污染防治的法律责任都进行了比较详细的规定。

---

① 《环境保护法》的颁布经历了几个阶段，于 1979 年 3 月颁布《环境保护法（试行）》；1989 年 12 月 26 日正式颁布了《环境保护法》；《环境保护法》于 2014 年 4 月 24 日修订通过，自 2015 年 1 月 1 日起施行。

② 《水污染防治法》于 1984 年 5 月公布，1996 年 5 月第一次修正，2008 年 2 月 28 日修订，现行版本于 2017 年 6 月 27 日第二次修正通过，自 2018 年 1 月 1 日起施行。

表 4-3　中国水环境保护政策框架体系

项目	政策名称	颁布机关	实施机构
法律	行政处罚法（2021）	全国人大常委会	县级以上地方人民政府
	长江保护法（2020）	全国人大常委会	国务院有关部门和长江流域省级人民政府
	固体废物污染环境防治法（2020）	全国人大常委会	生态环境行政主管部门
	环境影响评价法（2018）	全国人大常委会	生态环境行政主管部门
	循环经济促进法（2018）	全国人大常委会	县级以上地方人民政府
	土壤污染防治法（2018）	全国人大常委会	生态环境行政主管部门
	环境保护税法（2018）	全国人大常委会	生态环境、税务行政主管部门
	标准化法（2017）	全国人大常委会	标准化行政主管部门
	水污染防治法（2017）	全国人大常委会	生态环境行政主管部门
	海洋环境保护法（2017）	全国人大常委会	海洋、海事、渔业行政主管部门
	水法（2016）	全国人大常委会	水行政主管部门
	环境保护法（2014）	全国人大常委会	生态环境行政主管部门
	清洁生产促进法（2012）	全国人大常委会	各级发展和改革委员会
行政法规	排污许可管理条例（2020）	国务院	生态环境行政主管部门
	政府信息公开条例（2019）	国务院	县级以上地方政府相关部门
	全国污染源普查条例（2019）	国务院	生态环境行政主管部门
	防治船舶污染海洋环境管理条例（2018）	国务院	交通运输主管部门
	农药管理条例（2017）	国务院	县级以上地方政府相关部门
	海洋倾废管理条例（2017）	国务院	海洋局及其派出机构
	建设项目环境保护管理条例（2017）	国务院	生态环境行政主管部门
	环境保护税法实施条例（2017）	国务院	财政、税务、生态环境行政主管部门
	企业信息公示暂行条例（2014）	国务院	各省、自治区、直辖市人民政府
	城镇排水与污水处理条例（2013）	国务院	县级以上地方政府相关部门
	畜禽规模养殖污染防治条例（2013）	国务院	县级以上地方政府相关部门
	太湖流域管理条例（2011）	国务院	水行政主管部门
	规划环境影响评价条例（2009）	国务院	生态环境行政主管部门

项目	政策名称	颁布机关	实施机构
部门规章	生态环境标准管理办法（2020）	生态环境部	生态环境行政主管部门
	国家生态环境标准制修订工作规则（2020）	生态环境部	生态环境行政主管部门
	建设项目环境影响评价分类管理名录（2020）	生态环境部	生态环境行政主管部门
	生态环境部约谈办法（2020）	生态环境部	生态环境行政主管部门
	生态环境部行政规范性文件制定和管理办法（2020）	生态环境部	生态环境行政主管部门
	建设项目环境影响报告书（表）编制监督管理办法（2019）	生态环境部	生态环境行政主管部门
	固定污染源排污许可分类管理名录（2019）	生态环境部	生态环境行政主管部门
	环境影响评价公众参与办法（2018）	生态环境部	生态环境行政主管部门
	排污许可管理办法（试行）（2017）	生态环境部	生态环境行政主管部门
	环境保护档案管理办法（2016）	生态环境部	生态环境行政主管部门
	环境保护公众参与办法（2015）	生态环境部	生态环境行政主管部门
	突发环境事件应急管理办法（2015）	生态环境部	生态环境行政主管部门
	突发环境事件调查处理办法（2014）	生态环境部	生态环境行政主管部门
	企业事业单位环境信息公开办法（2014）	生态环境部	生态环境行政主管部门
	环境保护主管部门实施按日连续处罚办法（2014）	生态环境部	生态环境行政主管部门
	环境保护主管部门实施查封、扣压办法（2014）	生态环境部	生态环境行政主管部门
	环境保护主管部门实施限制生产、停产整治办法（2014）	生态环境部	生态环境行政主管部门
	环境监察执法证件管理办法（2013）	生态环境部	生态环境行政主管部门
	污染源自动监控设施现场监督检查办法（2012）	生态环境部	生态环境行政主管部门
	突发环境事件信息报告办法（2011）	生态环境部	生态环境行政主管部门
	环境举报热线工作管理办法（2010）	生态环境部	生态环境行政主管部门
	环境行政执法后督察办法（2010）	生态环境部	生态环境行政主管部门
	环境行政处罚办法（2010）	生态环境部	生态环境行政主管部门
	环境信息公开办法（试行）（2007）	生态环境部	生态环境行政主管部门
	环境监测管理办法（2007）	生态环境部	生态环境行政主管部门

续表

项目	政策名称	颁布机关	实施机构
部门规章	环境统计管理办法（2006）	生态环境部	生态环境行政主管部门
	城市排水许可管理办法（2006）	住房和城乡建设部	建设主管部门
	环境监测质量管理规定（2006）	生态环境部	生态环境行政主管部门
	污染源自动监控管理办法（2005）	生态环境部	生态环境行政主管部门
	入河排污口监督管理办法（2005）	水利部	水行政主管部门
	水功能区管理办法（2003）	水利部	水行政主管部门
	污染源监测管理办法（1999）	生态环境部	生态环境行政主管部门
标准	流域水污染物排放标准制订技术导则（HJ 945.3—2020）	生态环境部	
	国家水污染物排放标准制订技术导则（HJ 945.2—2018）	生态环境部	
	淡水水生生物水质基准制定技术指南（HJ 831—2017）	生态环境部	
	湖泊营养物基准制定技术指南（HJ 838—2017）	生态环境部	
	人体健康水质基准制定技术指南（HJ 837—2017）	生态环境部	
	排污单位自行监测技术指南总则（2017）	生态环境部	
	工业行业水污染物排放标准	国家生态环境部和国家质量监督检疫总局	
	北京市水污染物综合排放标准（2014）	北京市生态环境局和北京质量技术监督局	
	北京市城镇污水处理厂污染物排放标准（2012）	北京市生态环境局和北京质量技术监督局	
	城镇污水处理厂污染物排放标准（GB 18918—2002）	国家生态环境部和国家质量监督检疫总局	
	地表水环境质量标准（GB 3838—2002）	国家生态环境部和国家质量监督检疫总局	
	污水综合排放标准（GB 8978—1996）	国家质量技术监督局	
规划	重点流域水污染防治规划（2016—2020年）（2017）	生态环境部、国家发展改革委、财政部、水利部	各省、自治区、直辖市政府，各部委、各直属机构
	国家环境保护标准"十三五"规划（2017）	生态环境部	各省、自治区、直辖市生态环境厅（局）
	"十三五"重点流域水环境综合治理建设规划（2016）	国家发展改革委	各省、自治区、直辖市人民政府
	水利改革发展"十三五"规划（2016）	国家发展改革委、水利部、住房和城乡建设部	各省、自治区、直辖市人民政府，国务院有关部门

续表

项目	政策名称	颁布机关	实施机构
规划	"十三五"全国城镇污水处理及再生利用设施建设规划（2016）	国务院办公厅	各省、自治区、直辖市人民政府，国务院各部委、各直属机构
	国家"十三五"生态环境保护规划（2016）	国务院	生态环境行政主管部门
	水污染防治行动计划（2015）	国务院	各省、自治区、直辖市人民政府，国务院各部委、各直属机构
	水质较好湖泊生态环境保护总体规划（2013—2020年）（2014）	生态环境部、国家发展改革委、财政部	各省、自治区、直辖市人民政府，国务院有关部门
规范性文件	固定污染源排污登记工作指南（2020）	生态环境部	各省、自治区、直辖市生态环境厅（局）
	关于做好环境影响评价制度与排污许可制衔接相关工作的通知（2017）	生态环境部	各省、自治区、直辖市生态环境厅（局）
	控制污染物排放许可制实施方案（2016）	国务院	各省、自治区、直辖市生态环境厅（局）
	排污许可证管理暂行规定（2016）	国务院	各省、自治区、直辖市生态环境厅（局）
	国家污染物排放标准实施评估工作指南（试行）（2016）	生态环境部	各省、自治区、直辖市生态环境厅（局）
	水体达标方案编制技术指南（试行）（2015）	生态环境部	各省、自治区、直辖市生态环境厅（局）

以《水污染防治法》为核心，水环境保护政策框架体系包括横向的与水环境保护和水污染防治相关的各种污染防治法律法规。如《行政处罚法》[①]是为了规范行政处罚的设定和实施，保障和监督行政机关有效实施行政管理，维护公共利益和社会秩序，保护公民、法人或者其他组织的合法权益，根据《宪法》而制定的法律。《长江保护法》[②]是为了加强长江流域生态环境保护和修复，促进资源合理高效利用，保障生态安全，实现人与自然和谐共生、

---

① 《行政处罚法》于1996年3月17日通过，2009年8月27日第一次修正，2017年9月1日第二次修正，现行版本于2021年1月22日修订通过，自2021年7月15日起施行。

② 《长江保护法》于2020年12月26日通过，自2021年3月1日起施行。

中华民族永续发展而制定的法律。《固体废物污染环境防治法》① 是防治固体废物污染环境的法律，它规定工业固体废物储存、处置的设施、场所以及生活垃圾处置场所必须采用无害化设施，符合环境保护标准，是避免固废储存、处置设施污染水环境的法律。《环境影响评价法》② 是以控制新污染源产生为目的的法律，规定了规划和建设项目的环境影响评价，以及违反环境影响评价的法律责任，是从源头控制水污染物的法律。《循环经济促进法》③ 是为了促进循环经济发展，提高资源利用效率，保护和改善环境，实现可持续发展而制定的法律。《土壤污染防治法》④ 是为了保护和改善生态环境，防治土壤污染，保护公众健康，推动土壤资源永续利用，推进生态文明建设，促进经济社会可持续发展而制定的法律。《环境保护税法》⑤ 是为了保护和改善环境，减少污染物排放，推进生态文明建设而制定的法律。《标准化法》⑥ 是为了加强标准化工作，提升产品和服务质量，促进科学技术进步，保障人身健康和生命财产安全，维护国家安全、生态环境安全，提高经济社会发展水平而制定的法律。《海洋环境保护法》⑦ 是为了保护和改善海洋环境，保护海洋资源，防治污染损害，维护生态平衡，保障人体健康，促进经济和社会可持续发展而制定的法律。《水法》⑧ 是为了合理开发、利用、节约和保护水资源，防治水害，实现水资源的可持续利用，适应国民经济和社会发展的需要而制定的法律。《清洁生产促进法》⑨ 是以促进清洁生产、提高资源利用效

---

① 《固体废物污染环境防治法》于 1995 年 10 月 30 日通过，自 1996 年 4 月 1 日起实施。于 2004 年 12 月 29 日修订，自 2005 年 4 月 1 日起施行。2020 年 4 月 29 日进行了最新修订，自 2020 年 9 月 1 日起施行。

② 《环境影响评价法》于 2002 年 10 月 28 日通过，自 2003 年 9 月 1 日起施行。现行版本于 2018 年 12 月 29 日修正通过。

③ 《循环经济促进法》于 2008 年 8 月 29 日通过，自 2009 年 1 月 1 日起施行。现行版本于 2018 年 10 月 26 日修正通过。

④ 《土壤污染防治法》于 2018 年 8 月 31 日全票通过，自 2019 年 1 月 1 日起施行。

⑤ 《环境保护税法》于 2016 年 12 月 25 日通过，自 2018 年 1 月 1 日起施行。现行版本于 2018 年 10 月 26 日修正通过。

⑥ 《标准化法》于 1988 年 12 月 29 日通过，自 1989 年 4 月 1 日起施行。现行版本于 2017 年 11 月 4 日修订通过，自 2018 年 1 月 1 日起施行。

⑦ 《海洋环境保护法》于 1982 年 8 月 23 日通过，1999 年 12 月 25 日修订通过，2013 年 12 月 28 日第一次修正，2016 年 11 月 7 日第二次修正，2017 年 11 月 4 日第三次修正。

⑧ 《水法》于 1988 年 1 月 21 日通过，2002 年 8 月 29 日修订通过，2009 年 8 月 27 日第一次修正，2016 年 7 月 2 日第二次修正。

⑨ 《清洁生产促进法》于 2002 年 6 月 29 日通过，自 2003 年 1 月 1 日起实施。2012 年 2 月 29 日修正，自 2012 年 7 月 1 日起施行。

率、减少和避免污染物的产生为目的的法律，规定了清洁生产的推行、实施、鼓励措施及违反清洁生产的法律责任等，是对污染产生过程实施控制的法律。以上法律形成了我国水环境保护的法律制度体系，为我国水环境保护政策的制定和实施提供了法律依据。

水环境保护政策框架体系还包括纵向的水环境保护和水污染防治相关的行政法规、部门规章、标准、规划、规范性文件以及技术导则等。为了落实和执行水环境保护、水污染防治的相关法律，国务院制定实施了一系列行政法规，主要包括 2020 年制定的《排污许可管理条例》（国务院令第 736 号）、2007 年制定 2019 年修订的《政府信息公开条例》（国务院令第 711 号）、2007 年制定 2019 年修订的《全国污染源普查条例》（国务院令第 508 号）、2017 年制定的《环境保护税法实施条例》（国务院令第 693 号）、2013 年制定的《城镇排水与污水处理条例》（国务院令第 641 号）、2009 年制定的《规划环境影响评价条例》（国务院令第 559 号）等。此外，针对一些重点流域的水环境保护和污染防治，国务院于 2011 年制定颁布了《太湖流域管理条例》（国务院令第 604 号），于 1995 年制定 2011 年修订了《淮河流域水污染防治暂行条例》（国务院令第 183 号）。除了国家立法之外，近年来地方立法也有了很大的进展。许多省、自治区、直辖市都制定了一系列相关的地方法规，如《浙江省水污染防治条例》《湖北省水污染防治条例》《山东省水污染防治条例》《河南省水污染防治条例》《江苏省太湖水污染防治条例》《江苏省长江水污染防治条例》等，这些地方性法规在各地水环境管理中都发挥了重要作用。水环境保护和水污染防治方面的综合性法规《水污染防治法实施细则》（2000）已于 2018 年废止，自《水污染防治法》修订至今，我们仍然没有制定一部与新的法律目标配套的执行细则。

水环境保护和水污染防治方面的部门规章是针对环境管理的主要制度和水环境保护的特定领域制定的，包括环境标准管理、环境监测、环评、限期治理、环境统计、排污申报、排污许可分类管理、环境信息公开、公众参与、行政执法后监督、畜禽养殖污染控制、饮用水源保护、突发环境事件等方面的规章。

环境保护标准是指环境质量标准、污染物排放标准、环境监测标准和基础标准等。水环境质量标准和污水排放标准是我国水环境保护标准体系的主要组成部分。水环境质量标准，简称水质标准，是以水环境质量基准为理论依据，在综合考虑自然条件和国家或地区的人文社会、经济水平、技术条件等因素的基础上，经过综合分析所制定的，是由国家有关管理部门颁布的水环境中目标污染物的管理阈值或限度，具有法律效力（刘征涛，2012）。它是设定流域水质目标、计算水环境容量和制定水污染物排放标准的依据，在水环境管理中具有极其重要的作用。我国现行水环境质量标准是 2002 年 4 月 28 日由原国家环保总局和国家质量监督检疫总局发布的《地表水环境质量标准》（GB 3838—2002）。水污染物排放标准是对污染源水污染物排放所规定的各种形式的法定允许值及要求（蒋展鹏，2005）。经过 30 多年的发展，我国现已形成以《污水综合排放标准》（1996）、《城镇污水处理厂污染物排放标准》（2002）和与纺织、兵器、造纸、合成氨、钢铁、磷肥、柠檬酸、电镀、制药等重点行业水污染物排放标准互为补充的国家水污染物排放标准体系。此外，为科学、规范地制定国家水质标准和水污染物排放标准，生态环境部制定了《流域水污染物排放标准制订技术导则》（HJ 945.3—2020）、《国家水污染物排放标准制订技术导则》（HJ 945.2—2018）、《淡水水生生物水质基准制定技术指南》（HJ 831—2017）、《湖泊营养物基准制定技术指南》（HJ 838—2017）、《人体健康水质基准制定技术指南》（HJ 837—2017）、《排污单位自行监测技术指南总则》（2017）等相关导则与指南。

防治水污染是保护生态环境的重点任务。与之相关的各类规划均是国民经济与社会发展规划的组成部分。一方面，此类规划是政府审批涉及水环境保护重大建设项目的依据，对建立水环境保护的目标体系、推动水污染防治具有重要意义；另一方面，此类规划是政府对涉及水环境保护事务实施社会管理的依据，对相关事务起法律约束作用。目前，与水环境保护相关的规划有《"十三五"生态环境保护规划》《重点流域水污染防治规划（2016—2020年）》《国家环境保护标准"十三五"规划》《"十三五"重点流域水环境综合治理建设规划》《水利改革发展"十三五"规划》《"十三五"全国城镇污水处理及再生利用设施建设规划》《水污染防治行动计划》《水质较好湖泊生态环境保护总体规划 2013—2020 年》等。

4.7　小结

改革开放 40 多年来，我国经济建设取得了举世瞩目的成就，产业结构也发生了持续、全面、影响深远的变化。三次产业的比例关系有了明显的改善，但第二产业仍在我国占据重要地位并长期保持刚性。我国水资源总量丰富，但人均水资源量不足世界人均水平的1/3，各地区水资源总量和人均水资源量分布不均衡。与此同时，我国废水排放量不断增加，工业废水达标排放率、城镇生活污水集中处理率、工业用水重复利用率均呈增长趋势。但我国工业用水量与排水量、生活用水量与排水量之间存在巨大差距。基于水平衡模型估算，我国工业和生活无处理排放量分别达到128.6亿吨和72.8亿吨，生态环境部门官方统计数据与实际状况存在一定偏差。我国已经建立了比较完备的水环境保护政策框架体系，全国十大水系和七大重点流域水质均有明显改善，但我国现行水质标准存在根本性缺陷，水质评价方法无法全面、准确地反映我国真实的水环境状况。同时地下水水质并未改善，甚至有逐步恶化的趋势。总体而言，我国水环境保护形势依然严峻。

第5章

污染者付费原则在我国工业水污染物排放标准中的应用

作为重要的命令控制型手段，水污染物排放标准在世界范围内被广泛应用。其本质是明确点源承担环境外部性内部化的责任边界，不断促进环保技术进步并实现水质达标。本章通过对我国工业水污染物排放标准制度进行分析和评估，识别其存在的主要问题。

5.1 我国水污染物排放标准制度发展进程

任何环境政策都是为了解决现实环境问题而制定的，必须经历不断制定、执行、实施效果评估和政策修订的过程。自我国意识到现代环境保护的重要性以来，环境保护政策经历了快速的发展，从计划经济到社会主义市场经济体制，水污染物排放标准的作用和地位也在逐渐变化，这个变化的过程决定了我国水污染物排放标准的体系现状（张震，2015）。

5.1.1 建立及主导阶段 （1973—1983 年）

该阶段从 1973 年《关于保护和改善环境的若干规定（试行草案）》（以下简称《试行草案》）颁布出台，以及《工业"三废"排放试行标准》（GBJ4-73）颁布施行开始，到 1983 年第二次全国环境保护会议召开之前。《试行草案》中规定了工业废水、废气和废渣的排放需要达到国家标准，项目建设要求也确定了排放标准的指导作用。由于处于计划经济时期，且环境保护制度刚刚确立，排放标准是当时唯一的污染控制手段，政策关注的是对社会的影响，即公众健康和技术发展。但随着污染问题逐渐加剧，排放标准的唯一控制作用被排污收费制度削弱，因为在守法成本低的情况下，相当于变相允许超标排放，只需要根据超标情况缴纳排污费即可。

5.1.2　发展及弱化阶段（1983—1988年）

从1983年第二次全国环境保护会议开始，经济效益被看重，社会效益和环境效益被相对置后，企业社会责任模糊。1984年颁布的《水污染防治法》明确了水污染物排放标准的制定机构、技术依据原则等内容。为了贯彻落实《水污染防治法》（1984），我国开展了系统的水环境标准体系研究，明确了国家统一标准、行业标准、地方标准的关系，提出了根据技术、经济条件适时修订的要求（周羽化，2016）。这一阶段水污染物排放标准的制定开始考虑经济发展、水环境质量、技术和经济合理性等因素，且排放标准不再是唯一的控制手段，随着环评、排污收费、限期治理等政策手段的出现，排放标准的基础作用逐渐弱化。

5.1.3　排放标准系统化与总量控制双轨制阶段（1988—1999年）

1988年《水污染物排放许可证管理暂行办法》、《地面水环境质量标准》（GB 3838—1988）、《污水综合排放标准》（GB 8978—1988）三项制度的出台，确定了新的水污染防治政策格局。将水污染物排放许可证和总量控制相结合，目的是根据水质来限定工业点源的污染物排放量，从浓度控制向总量控制转变，施行与总量控制并行的双轨制控制手段。这一阶段，排放标准目标虽然仍考虑水质、经济和技术等因素，但实际只起到统一技术标准的作用，管理手段开始向以许可证为载体的总量控制转移。在1996年《水污染防治法》的修订中，明确增加了实施重点污染物排放的总量控制制度的要求。随着污染源数量的大量增加，全国统一的排放标准开始与地表水质标准脱节。虽然排放标准的地位被弱化，但是统一技术标准也促进了排放标准的制定，这一阶段众多的行业排放标准、监测方法标准等被制定出来。

5.1.4　排放标准制度化及缓慢发展阶段（1999—2008年）

1999年《环境标准管理办法》出台，水污染物排放标准的管理正式制度化，该办法成为水污染物排放标准管理的直接依据。该办法明确规定，为实现环境质量标准，结合技术经济条件和环境特点，限制排入环境中的污染物或对环境造成危害的其他因素，制定污染物排放标准（或控制标准）。污染物排放标准的定义明确了技术经济条件和环境特点的重要性，即采取个案分析，针对每个企业不同的技术、环境和生产工艺单独制定。而这又与管理办法中明确指出的环境标准是统一的技术要求的规定相矛盾。该办法的出台使排放标准的地位得到巩固，但由于其限定技术要求，造成政策目标与执行的紊乱。与此同时，总量控制得到重视和发展，排污许可证制度进展和水污染物排放标准的制定较缓慢。

5.1.5　排放标准作用强化及迎接新发展的阶段（2008—2015年）

随着总量控制手段不断遭到诟病，水污染物排放标准的作用重新得到重视（李涛，2019）。《水污染防治法》（2008）第九条明确了水污染物排放标准的重要地位。另外，首次在法律中明确了排污许可制度，使排污许可证与总量控制手段脱离，但也只是强调了排污许可证制度的合法性，国家仍未出台具体实施细则。自2008年之后，水污染物排放标准的制定和修订速度加快。2011年的《"十二五"环境保护规划》对水污染物排放标准的制定和修订机制，以及管理机制的创新和发展提出了明确要求。随着我国工业化水平的全面提升，水污染的严峻形势非但没有得到缓解，水环境质量反而呈现出持续恶化的趋势。此外，涉及环境保护的其他法律规范在此期间也已经进行了诸多修订和调整，尤其是2014年颁布了新的《环境保护法》。其中，修订前的《水污染防治法》（2008）的诸多制度、规范和文本与环境基本法之间存在着诸多冲突。

5.1.6　排污许可证全面推行阶段（2015年至今）

排污许可证是世界各国控制点源水污染物排放的核心政策手段，也是落实排放标准最有效的政策手段。这一阶段，国家高度重视排污许可管理工作。2015年，国务院印发《水污染防治行动计划》对我国水污染防治工作进行了全面部署，确立了一系列防治水污染的制度和措施并提出全面推行排污许可证。2016年的《"十三五"环境保护规划》明确提出建立覆盖所有固定污染源的企业排放许可制度。2016年11月，国务院办公厅印发《控制污染物排放许可制实施方案》，明确了目标任务、发放程序等问题，排污许可制度开始正式实施。2017年，新修订的《水污染防治法》（2017）明确规定了点源污染排放应当取得排污许可证，并明确了污水种类、浓度和数量。2017年，环保部颁布了部门规章《排污许可管理办法（试行）》，这些都为我国实施排污许可证制度提供了法律基础，构建了排污许可证制度政策体系的基本框架，但法律的规定原则性较强，缺乏可操作性，部门规章级别仍显法律效力不足，排污许可证制度体系尚未完全建立起来（孙佑海，2016）。同时该办法既不是法律也不是行政法规，且行政审批、排污许可证核发和其他环境管理制度的协调与衔接等内容已远超部门规章应有的立法范围，法律效力不足（梁忠，2018）。2020 年 12 月，国务院常务会议审议通过了《排污许可管理条例》，其对规范排污许可证申请与审批、强化排污单位的主体责任、加强排污许可的事中事后监管等方面做出了明确的规定。2020 年底，全国按照"十三五"时期"建立覆盖所有固定污染源的企业排放许可制度"的要求，实现了排污企业发证"全覆盖"。虽然国家明确了排污许可证制度的法律地位及其作为固定污染源环境管理的核心制度，但是并没有明确排污许可证制度的核心载体——排放标准，而科学设计点源水污染物排放标准是排污许可证制度最重要的内容。我国水污染物排放标准的发展仍任重而道远。

近年来，我国与世界发达国家之间环境保护的技术差距逐渐缩小，已经无法继续用技术条件和经济发展阶段的国情限制搪塞我国水环境质量令人担忧的现状，问题的关键在于水污染物排放标准管理政策的设计层面。通过对我国水污染物排放标准政策发展进程的梳理，我们可以看出，我国水污染物排放标准的发展走了较大的弯路，从最开始唯一的主导政策，到与总量控制并行的双轨制，以及之后的缓慢发展，排放标准长时间以技术标准的角色发挥担末端控制的作用。虽然现在排放标准的作用已经逐渐显现，但是至今仍没有完善的政策设计保障点源水污染物排放标准的制定与执行。同时没有借鉴发达国家的先进管理经验尽早发展排污许可证制度，而是采用相反的总量控制手段，难以与具体点源对应，科学性不足。截至目前，点源水污染物排放标准的制定和执行仍面临挑战，对排放标准的重视不够，其执行仍缺乏有效的实施手段。

5.2 我国水污染物排放标准政策目标

5.2.1 政策目标体系

污染物排放标准是根据环境质量目标的需求、污染控制技术的发展，并考虑社会的经济承受能力，对排入环境的有害物质和产生污染的各种因素所做的限制性规定，是对污染源排放污染物的种类和最高允许排放量所规定的统一的、定量化的限值。污染物排放标准属于强制性标准，由政府相关部门强制执行，其法律效力相当于技术法规。这种法律效力来自环境法律法规的强制性，通过一系列围绕"达标排放"的政策发挥作用，如排污许可证制度等。

水污染物排放标准的管理对象是点源，其是为改善水环境质量，结合技术、经济条件和环境特点，对污染源直接或间接排入环境水体中的水污染物种类、浓度和数量等限值以及对环境造成危害的其他因素、监控方式与监测方法等做出的限制性规定。① 作为针对点源排放控制的一种环境规制手段，其实质是界定污染源排放控制的责任边界，或排放控制的内部化程度，保护公众健康与生态环境，最终实现"零排放"。因此，水污染物排放标准需要与保护地表水质目标挂钩，明确促进工业行业生产工艺和污染处理技术进步。水污染物排放标准制定和执行的最终目标是实现水环境质量达标，在保证水体充分安全的边界上，维护水体功能和价值。水污染物排放标准除了限值的规定外，还包括达标判据、监测要求及其他配套措施等，是一个整体、全面的管理要求集合。水污染物排放标准是对点源排放后，水体中化学、物理、生物或其他成分在数量、排放率和浓度上的限制，本质是确定点源污染物排放的"内部化"边界，这条内部化边界应当是"适度"的。排放标准的制定目标包括两个层次：第一个层次是在现有的技术、经济水平下，最大限度地削减水污染物的排放量；第二个层次是确保受纳水体的指定用途不受影响。排放标准的制定主要遵循三个原则：一是要与保护地表水水质、维护水体功能和价值的总目标一致；二是要有效率，即效益大于成本或者达到既定目标的成本有效，并对政策的选定方案和替代方案的潜在成本与收益进行分析；三是能够持续激励技术进步，激励被规制点源优化资源配置效率，改进技术，在抵消部分乃至全部"守法成本"的同时，提高生产率，技术的进步也是持续减排直至达到"零排放"的最终动力。

水污染物排放标准的分类和制定机制应当按照上述目标不断分解，根据客观约束条件，使各类排放标准相互协调，目标一致，激励技术不断升级。制定排放标准时要考虑成本、技术、能源、就业等限制性因素，因此第一级目标将被分解为考虑上述制约因素的基于技术的排放标准。但是，如果达到了基于技术的排放标准，仍然无法达到水环境质量标准，则需要进一步严格水污染物排放标准，确定未达标点源的基于水环境质量的排放标准。在标准

---

① 《国家水污染物排放标准制订技术导则》中对水污染物排放标准的定义。

的"强迫"下，受控点源将不断改进技术、加强管理，在实现达标排放的同时，技术也得到不断进步。

从政策发生作用过程的角度来讲，政策目标可被划分为直接目标、环节目标和最终目标。政府通过实施水污染物排放标准，促使工业企业改变其排放行为，降低排放水平。因此，改变企业的排放行为是政策的直接目标。但政策的目的并不是简单地降低排放水平，而是按照先进技术和水质标准的要求降低排放水平。具体而言，基于技术的排放标准必须按照该阶段可行的最先进的技术制定，基于水质的排放标准必须按照该阶段的水质标准制定。随着技术的发明创新和社会对水体功能需求的提升，基于技术的和基于水质的排放标准都将进一步严格，企业面临的排放标准也会降低，其不得不采用更先进的生产技术和污染处理技术。在这一过程中，企业的环境保护技术水平将持续提高。因此，政策的环节目标是促进工业企业采取先进的环保技术并且通过持续的技术升级保持先进性。最终，通过技术的进步，企业的排放水平持续下降，进入水体的工业污染物逐步减少，在城市生活污水控制政策和农业面源污染控制政策的配合下，水体水质得到改善。作为一项水环境保护政策，无论是致力于降低企业排放还是刺激企业技术进步，其最终目标都是改善水环境质量。

5.2.2 排放标准体系

理想的排放标准包括基于技术的排放标准和基于水质的排放标准。基于技术的排放标准是考虑到在一定阶段下的社会经济条件，按照当时的先进技术水平制定的工业点源排放限值或技术要求。其目的是促使企业的技术达到行业先进水平。一般来说，基于技术的排放标准是按照行业制定的，在全国范围或一定区域内应是统一的。基于水质的排放标准是指基于一定阶段下社会对水体功能的需求，根据该时期实施的水质标准制定的工业点源排放限值。基于水质的排放标准的目的是保证点源的排放不影响下游水质；基于水质的排放标准是对污染源逐一制定的，对每个污染源的控制要求都不同。

基于技术的排放标准严格按照最先进的技术制定，因此，为了满足排放标准的要求，企业不得不采用先进的生产技术和污染处理技术。从长期来看，随着技术的创新和发展，基于技术的排放标准不断严格，企业的排放水平也随之下降；基于水质的排放标准严格按照水质标准制定，保障水体水质达标。在一个较长的时期内，伴随着社会对水体要求的提高，水质标准也逐步提高，基于水质的排放标准也会越来越严格，促使企业的排放水平下降。最终，随着基于技术的和基于水质的排放标准的修订和更新，工业点源排放接近"零排放"，进入水体的污染物数量接近零，水体恢复到接近天然的状态，恢复化学、物理和生物的完整性。

5.3　我国水污染物排放标准政策框架体系

我国工业点源水污染物排放标准是依据《环境保护法》（2014）和《水污染防治法》（2017）来制定和执行的，其他相关法律法规也对水污染物排放标准的使用做出了详细规定。《环境保护法》（2014）明确规定："国务院环境保护主管部门根据国家环境质量标准和国家经济、技术条件，制定国家污染物排放标准。"①《水污染防治法》（2017）明确规定："国务院环境保护主管部门根据国家水环境质量标准和国家经济、技术条件，制定国家水污染物排放标准。国务院环境保护主管部门和省、自治区、直辖市人民政府，应当根据水污染防治的要求和国家或者地方的经济、技术条件，适时修订水环境质量标准和水污染物排放标准。"②《生态环境标准管理办法》（2020）明确规定："为改善生态环境质量，控制排入环境中的污染物或者其他有害因素，根据生态环境质量标准和经济、技术条件，制定污染物排放标准。"③

《生态环境标准管理办法》（2020）是我国生态环境标准工作的统领与指南，规定了生态环境标准体系构成、各类标准制定原则与基本要求及实施方式，地方生态环境标准管理要求，以及标准实施评估和信息公开等方面的总体要求。《国家生态环境标准制修订工作规则》（2020）是针对国家生态环境标准制修订工作的专项管理规定，是落实《生态环境标准管理办法》（2020）的相关配套性管理文件，主要规定了国家生态环境标准制修订的基本原则、相关主体责任、制修订工作程序与要求以及工作质量和进度管理及处罚措施等内容。《国家水污染物排放标准制订技术导则》（2018）是为贯彻《环境保护法》（2014）、《水污染防治法》（2017）、《海洋环境保护法》（2017），规范国家水污染物排放标准制修订而制定的。该导则规定了制定行业型国家水污染物排放标准的基本原则和技术路线、主要技术内容的确定、标准实施的

① 《环境保护法》（2014）第二章第十六条。
② 《水污染防治法》（2017）第二章第十四条、第十五条。
③ 《生态环境标准管理办法》（2020）第四章第二十条。

成本效益分析、标准文本结构和标准编制说明主要内容等规则。《流域水污染物排放标准制订技术导则》（2020）是根据特定流域的水环境质量改善需求，针对流域范围内污染源制定的水污染物排放标准。

截至目前，我国正在执行的水污染物排放标准，基本涵盖了常见的污染行业，配套执行的还包括相关监测标准、方法标准以及其他标准。从表 5-1 中可以看出，我国工业点源水污染物排放标准政策框架体系具有较为清晰的脉络，涵盖了工业水污染控制的各个方面；同时具有明确的层次性，与其他水污染防治政策手段之间也有紧密联系。

表 5-1 我国水污染物排放标准政策框架体系

项目	政策名称	颁布机关	实施机构
法律	标准化法（2017）	全国人大常委会	标准化行政主管部门
	水污染防治法（2017）	全国人大常委会	生态环境行政主管部门
	海洋环境保护法（2017）	全国人大常委会	海洋、海事、渔业行政主管部门
	环境保护法（2014）	全国人大常委会	生态环境行政主管部门
行政法规及部门规章	排污许可管理条例（2020）	国务院	生态环境行政主管部门
	生态环境标准管理办法（2020）	生态环境部	生态环境行政主管部门
	国家生态环境标准制修订工作规则（2020）	生态环境部	生态环境行政主管部门
	固定污染源排污许可分类管理名录（2019）	生态环境部	生态环境行政主管部门
	排污许可管理办法（试行）（2017）	生态环境部	生态环境行政主管部门
	《国家水污染物排放标准制订技术导则》（HJ 945.2—2018）	生态环境部	生态环境行政主管部门
	《流域水污染物排放标准制订技术导则》（HJ 945.3—2020）	生态环境部	生态环境行政主管部门
	《排污单位自行监测技术指南总则》（2017）	生态环境部	生态环境行政主管部门
	控制污染物排放许可制实施方案（2016）	国务院	生态环境行政主管部门
	排污许可证管理暂行规定（2016）	国务院	生态环境行政主管部门
	国家污染物排放标准实施评估工作指南《试行》（2016）	生态环境部	生态环境行政主管部门
	水体达标方案编制技术指南《试行》（2015）	生态环境部	生态环境行政主管部门

《水污染防治法》（2017）中明确指出，排放水污染物不得超过国家或者

地方规定的水污染物排放标准，可以理解为，水污染物排放标准的目标就是控制所有点源的任何水污染物的排放。《生态环境标准管理办法》（2020）规定生态环境标准是统一的各项技术规范和技术要求，水污染物排放标准属于该范畴，归类于强制性环境标准，必须执行。但根据颁布的办法与导则来看，我们还需进一步完善对国家水污染物排放标准管理制度的针对性设计。

根据水污染物排放标准的政策目标，水污染物排放标准必须保证排入的受纳水体水质达标，因此其制定和执行必须以水质标准为依据，满足地表水质标准的要求。同时在一定技术经济条件下约束工业点源水污染物排放浓度，并且通过不断严格的技术标准来刺激技术进步。然而我国现有的水污染防治政策体系并没有树立起以保护水质为核心的目标。《水污染防治法》（2017）第一条提出我国水环境保护的总目标"保护和改善环境，防治水污染，保护水生态，保障饮用水安全，维护公众健康，推进生态文明建设，促进经济社会可持续发展"。其表述中只是指出了水环境保护的大概方向，并没有对什么是"可持续发展的水环境"给予明确的界定，也没有明确指出改善水环境到什么程度。同时《水污染防治法》（2017）对水质标准的制定和适用情况也做了规定，但是有关法律法规并没有明确水质达标的具体时间，也没有规定对水体水质不达标的行政区域采取何种制裁手段。另外，水污染物排放标准需要结合技术经济条件和流域环境特征来制定。

从整体来看，我国法律法规并没有明确水污染物排放标准在点源排放控制政策中的核心地位及其绩效标准的政策定位，没有规定水污染物排放标准的明确载体。《生态环境标准管理办法》（2020）提出了我国新时期生态环境标准工作的总体思路和方向，但总体来看仍较为粗糙，缺乏对排放标准规划、定期审核修订的详细规定，排放标准制定也没有明确对排放控制技术的评估要求，难以保障水污染物排放标准管理制度的核心地位。水污染物排放标准并非简单的限值数字，而是点源水污染物排放控制的核心，上承水环境保护目标，下启工业环境保护技术进步。同时2016年国家决定对点源采用排污许可证制度，这是市场经济体制国家普遍采用的环境政策手段，并且是基础和核心的污染物排放控制政策手段，这标志着我国环境管理正遵循中央依法治国的决定快速前进。排污许可证制度具有"依法行政、提供守法证据、依守法证据和核查依据执法"的自然优势。排污许可证制度是点源水污染物排放标准的载体，排污许可证制定的关键就是确定科学、有效、可操作的水污染物排放标准。可是，目前我国水污染物排放标准仍存在与我国经济、技术发展不协调，标准与运行成本不适应，难以保障水环境质量的问题，水污染物排放标准的制定和执行与国家采取的排污许可证管理的政策发展方向不适应。

5.4 我国水污染物排放标准政策问题分析

5.4.1 利益相关者问题分析

利益相关者也被称为"干系人"，是指某项事务涉及的所有利益主体（宋国君，2010）。有效的利益相关者分析是进行政策设计的前提，同时也是政策分析与评估的重要内容。水污染物排放标准政策涉及标准制定、修订、实施、执行、评估等多个环节，利益相关者众多，主要包括决策制定机构、管理机构、生态环境管理部门、制定标准的科研机构或高等院校、行业协会、非政府组织、工业企业、公众等。不同的利益相关者由于不同的利益倾向，面对水污染物排放标准政策的态度、行为、取向都有所不同，甚至某个利益群体内的个体行为也不一样。

《生态环境标准管理办法》（2020）对利益相关者的权利、责任和义务进行了明确规定。国家生态环境部负责统筹管理，法规与标准司是排放标准综合管理部门，负责组织开展标准制修订等基础性、综合性、协调性工作；生态环境部环境标准研究所是主要的标准管理技术支持单位，负责组织开展标准研究性、服务性、协助性工作；省级人民政府依法制定地方生态环境质量标准，作为对没有国家污染物排放标准的特色产业、特有污染物，或者国家有明确要求的特定污染源或者污染物的针对性补充，一般主要是委托给科研机构或高等院校；地方各级生态环境主管部门在各自职责范围内组织实施生态环境标准；工业企业事业单位是水污染物排放标准的执行单位；公众是水污染物排放标准制定过程中的信息反馈者和工业企业水污染物排放标准实施过程中的监督者。可以看出，我国工业点源水污染物排放标准采用的是自上而下的管理体制，具有一定弹性的管理仅仅表现在委托制定和征询意见的过程中。① 比如，《标准化法》（2017）明确规定，"制定强制性标准，可以委托

---

① 我国于最近几年陆续发布了《国家水污染物排放标准制订技术导则》（2018）、《流域水污染物排放标准制订技术导则》（2020）、《生态环境标准管理办法》（2020）。由于颁布时间很短，这些办法与标准的实施效果尚不得知，因此本书对我国工业点源水污染物排放标准政策问题的分析主要是针对之前所颁布的政策。

相关标准化技术委员会承担标准的起草、技术审查工作"，[①]　"相关技术单位可以受标准制定机关委托，对标准内容提供技术咨询"。[②]《生态环境标准管理办法》（2020）明确规定："制定国家生态环境标准，应当根据生态环境保护需求编制标准项目计划，组织相关事业单位、行业协会、科研机构或者高等院校等开展标准起草工作，广泛征求国家有关部门、地方政府及相关部门、行业协会、企业事业单位和公众等方面的意见，并组织专家进行审查和论证。"[③]

综合来看，《生态环境标准管理办法》（2020）只是简单规定了生态环境部和地方政府不同级别排放标准的制定工作范畴，以及标准的作用定位及其管理要求、标准分类和执行范围、标准实施评估与标准的严格程度和从属关系，仅仅是对生态环境行政管理部门简单的权利归属界定。同时由于标准制定机构采用委托形式，使单一企业或相关事业单位在制定全国水污染物排放标准的过程中缺乏监督机制，容易存在地方和利益集团的干扰。且多数工业企业只是水污染物排放标准的执行者，并没有真正被纳入决策体制中来。

5.4.2　决策机制问题分析

《生态环境标准管理办法》（2020）明确规定，"根据生态环境质量标准和经济、技术条件，制定污染物排放标准"，[④]　"国务院生态环境主管部门应当加强对地方污染物排放标准制定工作的指导"，[⑤]　"制定地方生态环境标准，或者提前执行国家污染物排放标准中相应排放控制要求的，应当根据本行政区域生态环境质量改善需求和经济、技术条件，进行全面评估论证，并充分听取各方意见"。[⑥]《国家水污染物排放标准技术导则》（2018）明确了水污染物排放标准制修订应当遵循合法与支撑、绿色与引领、风险防控、客观公正、体系协调、合理可行等基本原则。但从总体来看，我国水污染物排放标准的决策主体并不是多元的，仍然是比较单一的，仅仅强调了政府的主导作用，明确的内容主要是具体的行政流程。2018年之前，排放标准的制定被放权于

---

① 《标准化法》（2017）第二章第十六条。
② 《生态环境标准管理办法》（2020）第九章第五十二条。
③ 《生态环境标准管理办法》（2020）第一章第七条。
④ 《生态环境标准管理办法》（2020）第四章第二十条。
⑤ 《生态环境标准管理办法》（2020）第八章第四十条。
⑥ 《生态环境标准管理办法》（2020）第八章第四十二条。

授权的制定机构，而在制定环节中并没有具体的实施要求，导致制定方式和方法较为随意，难以保证排放标准的效率和公平。

同时，我国在工业点源水污染物排放标准的制定过程中存在过分注重排放标准严格程度的误区，将行业内先进水平或者国际先进水平作为标准制定的指导值；且部分地区利用制定地方水污染物排放标准形成产能淘汰倒逼机制，忽视企业承受能力，使排放标准从一个市场经济体制下的命令控制型手段变成了计划经济色彩浓厚的行政干预工具（张震，2015）。在排放标准的更新和修订方面，《生态环境标准管理办法》（2020）明确规定："为掌握生态环境标准实际执行情况及存在的问题，提升生态环境标准科学性、系统性、适用性，标准制定机关应当根据生态环境和经济社会发展形势，结合相关科学技术进展和实际工作需要，组织评估生态环境标准实施情况，并根据评估结果对标准适时进行修订。"① 但仅仅采用"适时修订"一词，并没有具体的实施细则，"适时修订"的表达含混不清，缺乏常态机制，决策显得较为随意，没有对未来先进生产工艺和污染治理技术进行推广和指导。这使得工业企业在愿意以技术改造来满足污染源排放管理要求时，可能错误地选择了即将被淘汰的工艺，在国家或地方政府制修订了更为严格的水污染物排放标准后，不得不再一次进行技术改造来实现达标排放的管理要求，导致工业企业和社会资源的部分浪费。比如造纸行业水污染物排放标准，虽然国家在2008年之前进行过数次更新，但是并没有实质性趋严，基本上起不到促进工业企业技术进步的作用。但《制浆造纸工业水污染物排放标准》（GB 3544—2008）大幅度提高了排放标准要求，给造纸行业带来了较大冲击，部分企业被淘汰。标准缺乏计划性和规律性的更新，给造纸行业带来损失。

根据美国的经验，美国环保署以两年为一个周期颁布排放限值导则的制定规划，主要包括初审规划和最终规划。初审规划是对每年排放限值导则审核后公开的规划，其内容是对年度排放限值导则审核筛选报告进行公布，以及说明正在制定过程中的排放限值导则的进度；第二年同样继续进行年度审核，在初审规划的基础上根据最终审核结果总结颁布最终规划。即每年均出台一次初审规划，每两年出台一次最终规划，最终规划中包括了年度审核和修订的时间表。美国环保署认定初审规划和最终规划的颁布，会为有意愿参与进来的行业协会、工业企业、公众等提供周期性的评论和建议的机会，使

---

① 《生态环境标准管理办法》（2020）第八章第四十八条。

整个过程更加透明和公开。同时，每年公布初审规划的周期性努力，能够给第二年年度审核和最终规划提供更加详细的数据。美国环保署认为，排放限值导则的有效性必须依赖于与所有利益相关者合作收集、分析排放限值导则的相关数据。在决策过程中，几乎所有信息都会被记录和公开，这确保了利益相关者在决策过程中做到最大限度的透明。

5.4.3　点源排放数据问题分析

（1）点源存在大量偷排漏排现象

近年来，我国废水偷排和超标排放事件普遍存在且日益严重。本书通过百度搜索引擎搜索了工业企业偷排废水及超标排放事件，涉及网页、资讯、文章、问答等形式，新闻来源网站种类丰富、覆盖面广、涉及事件齐全。通过关键词查找，如偷排废水、企业超标排放、暗管排放、未经处理直排等与企业非法排污事件相关性较高的关键词，从而精确匹配所需资料。依照时间排序搜索，逐个记录 2010—2020 年的相关新闻，整合内容包含：时间、地点、主要污染物、排放方式、事件概况、来源网站等内容。准确简洁地纵向展示了我国近 10 年来企业偷排、超标排放的新闻事件。

2010—2020 年，我国主流媒体总共报道了 208 起企业偷排废水新闻事件，其中 2010 年 28 起、2011 年 5 起、2012 年 64 起、2013 年和 2014 年均为 12 起、2015 年 9 起、2016 年和 2017 年均为 12 起、2018 年 22 起、2019 年和 2020 年均为 16 起。偷排废水的这些工业企业涉及 27 个省、自治区、直辖市，主要位于广东（45 起）、浙江（35 起）、江苏（22 起）、山东（12 起）和湖北（10 起）等地，这些地区的工业企业偷排废水事件约占总报道量的 60%。同一时期，我国主流媒体共报道了 111 起工业企业超标排放废水事件，2010 年 1 起、2011 年 4 起、2012 年 3 起、2013 年 6 起、2014 年 7 起、2015 年 19 起、2016 年 15 起、2017 年 16 起、2018 年 13 起、2019 年 12 起、2020 年 15 起，工业企业超标排放废水现象较为严重。这些工业企业超标排放废水事件主要发生于江苏（21 起）、浙江（14 起）、北京（11 起）、广东（8 起）四个地区，这些地区的工业企业超标排放废水事件约占报道总量的 49%，如图 5-1 所示。

（2）案例分析

水环境污染包括点源和非点源两大来源。点源污染主要是指工业点源、城镇污水处理厂、垃圾处理厂和规模化畜禽养殖场，非点源污染就是除点源之外的其他所有污染源（耿润哲，2014）。非点源污染正在成为世界各国水体污染的主要原因，目前在我国水体质量未彻底好转的前提下，越来越多的数据和研究也将水质恶化的原因归结于非点源污染排放（韩洪云，2016）。由于点源瞬时排放量大、排放集中、毒性较强，可在短时间内对人体健康和水生态安全造成重大损害。同时从外部性内部化的角度来看，点源污染排放控制更具成本有效性，因此点源排放控制管理是世界各国水污染防治工作的核心。考虑到非点源污染的排放特征，非点源是否为水体污染的主要原因这一问题急需科学的回答。基于此，本节基于 4 个流域进行实证研究，讨论水体污染的主要原因。

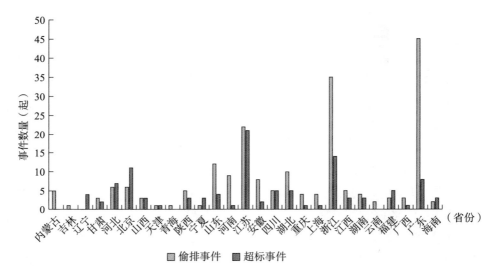

图 5-1　2010—2020 年我国主流媒体报道的工业企业废水偷排和超标排放事件

①GC、T、GT 三大流域案例分析。

社会经济概况。GC、T、GT 流域分别地处江苏南京、安徽黄山、河北张家口。三大流域人口数量分别为 37.19 万人、22.51 万人、348.98 万人，其中农业与非农业人口比例分别为 3∶2、13∶7、3∶2，农业人口均多于非农业人口，但占比相差不大。经济发展水平有所不同，GC、T、GT 流域国内生产总值分别为 335.78 亿、60.09 亿、992.50 亿元，人均国内生产总值分别为 90 283 元、26 647 元、28 440 元，GC 流域远高于 T、GT 流域，分别是后两者的 3.4 倍、3.2 倍。产业结构也各不相同，三大流域产业结构比例分别为 8.35%∶53.26%∶38.39%、12.90%∶34.70%∶52.40%、13.23%∶42.11%∶44.66%。对比各流域三产结构，可以看出三大流域经济发展侧重点有所不同：

GC 流域主要以第二产业为主；T 流域则以第三产业为主；GT 流域的第二产业和第三产业占比相差不大。三大流域位于全国不同区域，人口数量和经济发展状况差别较大，唯一的相同点可能是第一产业在产业结构中的占比均为最低，如图 5-2 所示。

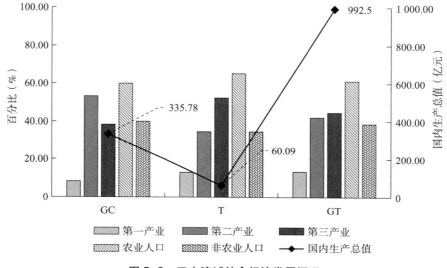

图 5-2 三大流域社会经济发展概况

污染源排放清单问题分析。污染源排放清单是流域水环境问题分析的基础，同时流域水环境管理也需要建立在准确的污染源排放清单分析之上。根据前期调研、三个流域的现场踏勘以及数据获取情况，构建三大流域水污染源排放清单，点源主要包括工业废水和城镇生活，非点源主要包括农村生活、种植业、水产养殖、畜禽养殖和上游来水。各类污染源排放信息的收集渠道包括生态环境部门的环境统计数据，农业农村部门的化肥施用量、水产养殖量、畜禽养殖量，生态环境部门和水利部门的水质浓度和流量等。然后结合相关研究提供的化肥流失系数核算化肥施用量，并进一步根据其他研究得到的入河系数核算农业面源入河量，通过水产养殖量和畜禽养殖量核算污染物产生量、排放量和入河量。对不同污染源排放情况进行分析，三大流域各类污染物排放量各不相同，GC、T、GT 三大流域化学需氧量排放量分别为 4 054.61 吨、6 787.63 吨、10 297.82 吨，总氮排放量分别为560.70 吨、1 370.94 吨、2 031.22 吨，总磷排放量分别为 77.61 吨、174.68 吨、199.90 吨。

三大流域各污染源污染负荷占比差异明显。在化学需氧量方面：GC 流域各污染源占比从高到低依次为水产养殖 26%、工业废水 20%、上游来水 20%、农村生活 16%、种植业 12%、城镇生活 4%、畜禽养殖 1%；T 流域依次为城镇生活 37%、农村生活 26%、种植业 21%、水产养殖 8%、上游来水 4%、畜禽养殖 2%、工业废水 1%；GT 流域依次为城镇生活 30%、农村生活 30%、工业废水 23%、畜禽养殖 16%。在总氮方面：GC 流域各污染源占比从高到低依次为水产养殖 41%、农村生活 37%、上游来水 5%、城镇生活 5%、畜禽养殖 1%、种植业 1%；T 流域依次为种植业 35%、城镇生活 30%、农村生活 23%、畜禽养殖 10%、水产养殖 1%、上游来水 1%；GT 流域依次为种植业 32%、农村生活 27%、城镇生活 26%、畜禽养殖 14%、水产养殖 1%。在总磷方面：GC 流域各污染源占比从高到低依次为水产养殖 54%、农村生活 20%、种植业 12%、上游来水 7%、畜禽养殖 4%、城镇生活 3%；T 流域依次为种植业 61%、城镇生活 17%、畜禽养殖 12%、农村生活 8%、水产养殖 1%、上游来水 1%；GT 流域依次为畜禽养殖 52%、城镇生活 18%、种植业 16%、农村生活 12%、水产养殖 2%，如图 5-3 所示。

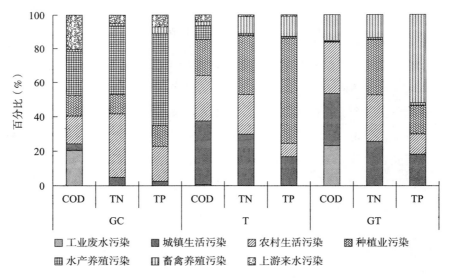

图 5-3　三大流域水污染源排放清单

综合分析三大流域污染负荷构成、点源和非点源污染物排放量占比情况，我们得到的初步结论是：三大流域各类污染物排放量及其主要来源均有所不同，但非点源污染均比点源污染严重。具体来看，在化学需氧量方面，GC、

T、GT 流域点源和非点源比例分别为 24%∶76%、38%∶62%、53%∶47%；在总氮方面，GC、T、GT 流域点源和非点源比例分别为 5%∶95%、30%∶70%、26%∶74%；在总磷方面，GC、T、GT 流域点源和非点源比例分别为 3%∶97%、17%∶83%、18%∶82%。那么以此为依据，我们似乎可以推断非点源是三大流域水体污染的主要原因。

由于点源排放集中，一般都是通过排污口直接排入水体，因此准确的点源污染物排放量大致等于其入河量。在现场调研过程中，与点源污染排放量信息相关的有环境影响评价、排污申报、排污收费、环境统计、污染源普查等多套数据，涉及环评与"三同时"、监测核查、排污许可证、环境统计等多项环境管理制度。但排污许可证制度在案例流域地区尚未完全建立，同时排污许可证缺乏与环评、排污申报、排污收费、环境统计等制度的协调与配合。不同来源途径的统计数据彼此之间缺乏良好衔接，且由于统计口径与方法不同，各套数据存在着一定程度的差异，无法形成一套准确的点源污染排放数据。除此之外，点源的其他信息，比如污染防治设施的建设和运行情况、自行监测方案等项目内容几乎空白。企业自行公开的产排污信息量极少，几乎无法为流域水环境管理提供任何有价值的信息。非点源的产排污情况，更多的是依靠系数来进行估算，但对于如何确定排放系数并没有可靠的依据，也难以反映真实的入河情况。因此，我们不能武断地认为非点源排放量过大即等同于其入河量过大。

通过对生态环境部门提供数据的统计和分析发现，并没有证据可以保证工业点源污染物排放数据的准确性和可靠性。以 GC 流域为例，生态环境部门提供了废水排放量在 10 万吨以上的重点污染物排放企业污染源普查数据和排污申报数据（主要包括工业企业名单、废水排放量、主要污染物排放量以及主要污染物排放浓度）。污染源普查和排污申报数据中工业废水、化学需氧量、氨氮的最高排放比能够达到 350 倍以上（20 号企业），最低排放比为 1.5 倍（21 号企业），21 个企业排放比平均值为 45 倍左右，见表 5-2。污染源普查是环境管理人员根据企业环境影响评价报告、用水量和排水量、生产工艺类别、污染治理设施处理效率等进行现场核查和逻辑判断得出的企业污染物排放结论，具有较好的完整性、整体性和逻辑性。由此可以看出，尽管点源排放信息数出多门，但是大部分排放数据缺乏实际依据，并且与点源真实排放情况（以污染源普查数据为准）差距较大。因此，上文中虽然通过 GC、T、GT 流域污染负荷构成看出非点源污染比点源污染严重，但因为点源真实排放情况难以核实以及非点源实际入河量难以确定，我们得到的水污染源排放清单和污染负荷构成与真实情况有一定的差距。

表 5-2　GC 流域重点工业污染源污染物排放情况

企业序号	污染源普查数据					排污申报数据		
	工业废水排放量（吨）	化学需氧量排放量（吨）	氨氮排放量（吨）	化学需氧量浓度（mg/L）	氨氮浓度（mg/L）	工业废水排放量（吨）	化学需氧量排放量（吨）	氨氮排放量（吨）
1	180 000	27.00	2.85	150.0	15.8	3 000	0.45	0.05
2	1 170 000	94.93	5.93	81.1	5.1	200 000	16.23	1.01
3	320 000	35.04	1.51	109.5	4.7	3 200	0.35	0.02
4	561 101	45.99	7.89	82.0	14.1	16 000	1.31	0.22
5	815 000	60.72	6.71	74.5	8.2	37 300	2.78	0.31
6	108 000	32.00	6.48	296.3	60.0	3 000	0.89	0.18
7	720 000	61.50	8.50	85.4	11.8	23 000	1.96	0.27
8	63 000	18.90	3.78	300.0	60.0	3 000	0.90	0.18
9	300 000	54.36	4.43	181.2	14.8	23 000	4.17	0.34
10	132 500	11.34	0.74	85.6	5.6	36 000	3.08	0.20
11	460 000	45.60	2.85	99.1	6.2	12 500	1.24	0.08
12	144 000	36.00	2.30	250.0	16.0	1 500	0.38	0.02
13	280 000	22.80	1.35	81.4	4.8	17 600	1.43	0.08
14	260 000	20.44	3.84	78.6	14.8	27 000	2.12	0.40
15	306 000	28.30	1.09	92.5	3.6	2 400	0.22	0.01
16	360 000	7.30	0.80	20.3	2.2	3 000	0.06	0.01
17	360 000	40.17	1.32	111.6	3.7	13 000	1.45	0.05
18	110 000	12.48	0.74	113.5	6.7	10 000	1.13	0.07
19	140 000	12.96	0.56	92.6	4.0	5 400	0.50	0.02
20	620 000	63.12	2.52	101.8	4.1	1 800	0.18	0.01
21	440 000	59.81	4.64	135.9	10.5	290 000	39.42	3.06

②H 流域案例分析。

20 世纪 70 年代以来，H 流域不断有水污染事故发生。基于现场踏勘，H 流域主要污染源包括稳定的工业废水、城镇生活等点源污染，还包括不稳定的非点源污染。根据生态环境部《全国主要流域重点断面水质自动监测周报》显示，H 流域干流断面基本实现达标，支流超标严重。但以上评估结果是基于生态环境部的周均值，而周均值是已经经过处理的数据，难以反映污染物浓度的真实波动情况。周均值不符合《地表水环境质量标准》（GB 3838—2002）中监测值不得有一次超过标准限值的环境管理要求。因此，课题组采用 H 流域 B 市自来水厂水质监测数据的日均值来讨论水质具体变化情况，较周均值更具代表性。根据 B 市自来水厂日均值监测数据，H 流域 B 市断面高锰酸盐指数 7 月、8 月、9 月的超标率较高，7 月超标率接近 40%，氨氮在 1 月的超标率也接近 50%，显然不能得到周均值"基本实现达标"的结论，如图 5-4、图 5-5 所示。氨氮浓度高峰出现在枯水期，符合污染物的稀释降解规律：枯水期水体流量小，对污染物的稀释能力下降，同时冬季低温条件还会在一定程度上阻碍氨氮的降解，导致氨氮浓度上升，枯水期氨氮超标概率高于丰水期。但是高锰酸盐指数变化趋势出现异常，浓度高峰恰好相反，在丰水期出现过两次高峰。

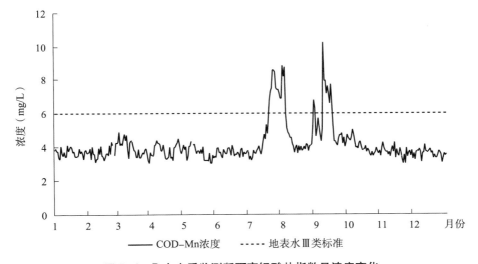

图 5-4　B 市水质监测断面高锰酸盐指数日浓度变化

　　H 流域季节性特征非常明显，丰水期与枯水期径流量差距极大。为了排除水量波动的影响，我们引入污染物通量的概念，通过对比污染物浓度与通量来解释高锰酸盐指数发生的反常现象。一般来说，某个断面的通量来自该断面附近的污染源或上游水体所携带的污染物，然而无论污染物是来自本地源还是上游源，通量都是污染源排放的结果，由此可以用通量的高低来反映污染源排放污染物的多少。为了更准确地解释 B 市水质监测断面高锰酸盐指数浓度的反常现象，我们将对比分析污染物浓度和通量日变化趋势图，深入讨论其原因。B 市水质监测断面高锰酸盐指数通量变化规律与其浓度变化规律类似，都是丰水期通量高，而枯水期与平水期通量低，如图 5-6 所示。高锰酸盐指数通量分别于 7 月底 8 月初、9 月出现了两次高峰，7 月、8 月、9 月三个月的通量之和占全年通量的近 70%。同时比较两者走势，高锰酸盐指数通量

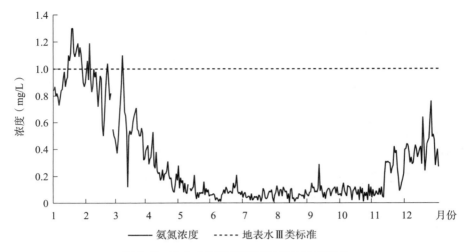

图 5-5　B 市水质监测断面氨氮日浓度变化

与流量变化趋势基本一致，通量的高峰与流量的高峰几乎完全重合，这表示存在某种原因导致在流量增大的时刻高锰酸盐指数排放量也会随之增大。氨氮通量在 8 月、9 月中旬虽然有一定的增加，但是幅度不大，对水体污染物的浓度影响微乎其微，如图 5-7 所示。这说明在此阶段，氨氮排放量虽有所增加，但增幅不大。基于此，可以推断出：某种类型污染源在水量增大时增加了排放量，而这种类型的污染源主要引起高锰酸盐指数升高，氨氮排放量并不高。

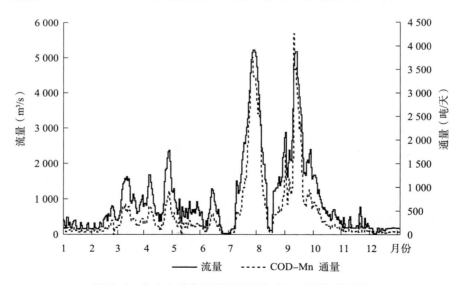

图 5-6　B 市水质监测断面流量与高锰酸盐指数通量

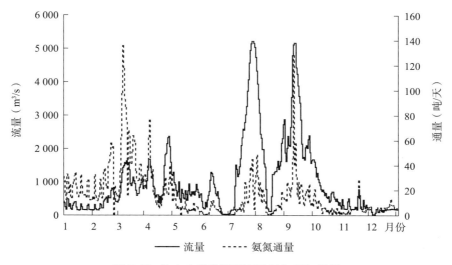

图 5-7 B 市水质监测断面流量与氨氮通量

丰水期污染物排放量突然增高有 3 种可能：①由于城市污水处理厂污水进水量过多或处理设备效率低下，处理厂无法处理全部污水，部分污水将直接进入水体；②在降雨量非常大时，农业面源污染、地表无序径流污染等非点源随地表径流进入受纳水体；③工业点源污染物的排放。第一种可能，是由于污水处理厂无法处理全部污水，未经处理的生活污水中的氨氮浓度较高，流入水体后导致氨氮浓度上升；如果是第二种可能，是农业面源和地表无序径流污染等非点源，那么在农业氮肥的影响下，水体的氨氮浓度也会随着地表径流的高浓度氨氮而大幅度增高。由此可以推断，高锰酸盐指数在丰水期排放量增大主要是由工业点源引起的。

5.4.4 排放标准促进环保技术进步问题分析

工业企业水污染物排放的削减是逐步的。即在开始阶段，工业企业水污染物排放种类多、数量大，随着工业企业污染治理技术的进步，水污染物排放持续减少，直至"零排放"；另外，地表水质污染也是从无污染、污染严重到污染减轻，最后达到地表水质标准。我国是一个工业大国，并且还在工业化的进程中，工业总量仍在迅速增长，局部地区工业非常密集。在我国实现水质的严格达标不可能是一个短期的事情，不是简单的一道禁令就可以制止工业企业的排放。工业水污染物排放控制不能依靠临时性的行政命令，而要依赖有法律基础的长期制度，通过长期不断、持续地刺激企业研发和应用更清洁的生产技术，借助生产技术的创新和扩散来降低污染水平。

实证研究在一定程度上证明，环境管制可以刺激企业进行技术创新，甚至提高企业竞争力。在持续严格的环境压力下，部分企业会增加清洁技术的研发投入，以便在未来的环境管制中占有优势。这种举动虽然减少了企业当期的生产投入，但是从长期来讲，将通过研发的新技术带来回报。在通过环境规制促进企业技术进步方面，美国有着成熟的管理操作。美国的排放限值导则就是严格按照技术水平制定的，每种排放标准都对应着一套现实中存在的技术组合，保证排放限值导则的可行性。并且排放标准始终与最先进的技术同步更新，持续对企业施加刺激（朱璇，2013）。

因此，本书认为技术进步是工业污染控制的现实途径，环境管理制度必须能够持续不断地刺激企业研发，或至少使其采用先进的生产技术。排放标准必须与技术保持匹配关系，并且要保持先进性，按照现实中最先进的技术水平制定，但同时要具有现实性，不能脱离我国现实的技术水平。

（1）排放标准严格程度分析

目前我国已形成以《污水综合排放标准》（1996）和重点行业水污染物排放标准互为补充的国家水污染物排放标准体系。通过查阅相关排放标准文本，可以看出，我国水污染物排放标准基本上以水污染物排放浓度限值（mg/L）和单位产品基准排水量为单位。[①] 同时区分直接排放、间接排放以及特别排放限值，排放标准对现有企业和新建企业区别对待，包括达标期限以及对应水污染物排放监测和监控要求。经过几十年的发展，我国水污染物排放标准的文本形式已基本确定，但是在不同时期颁布出台的排放标准规范形式还是存在较大区别。

本节主要通过对1999年《环境标准管理办法》颁布出台之后修订的标准进行对比。[②] 由于存在多项污染物，本书粗略地将排放标准的严格程度区分为5种情况：较低、基本一致、变化不大、严格、明显严格。较低是指最新标准比未修订之前的执行值更加宽松；基本一致是指最新标准与未修订之前的执

[①] 《国家水污染物排放标准制订技术导则》（2018）明确规定，标准中应规定手工监测和自动监测的水污染物排放达标判定要求。水污染物排放浓度应折算为水污染物基准排水量排放浓度，无法确定单位产品基准排水量的，可暂以实测浓度作为达标判定的依据。

[②] 排放标准的修订对比将最新标准和未修订之前的执行值进行对比，且所有对比均只针对直接排放。由于每个行业对标准水污染物排放控制的指标要求并不相同，但基本都包括化学需氧量、五日生化需氧量、氨氮、总氮、总磷等指标，其他污染物指标变化相对较小，因此不作为主要对比分析的研究对象。

行值基本一致或稍有变化；变化不大是指最新标准中仅有某一项指标比未修订之前的执行值下浮30%以内；严格是指有一项或多项指标比未修订之前的执行值下浮30%以上；明显严格是指有一项或多项指标比未修订之前的执行值下浮50%以上。

根据我国目前的水污染物排放标准修订间隔年限来看，修订间隔分布在5~20年，平均年限为12年。其中合成氨、柠檬酸、纺织染整、炼焦化学、钢铁、弹药装药、磷肥、制浆造纸等工业是基于已有行业水污染物排放标准的修订，其他均是基于《污水综合排放标准》（1996）的修订。从基于已经出台的对应行业水污染物排放标准修订来看，钢铁、弹药装药、制浆造纸工业修订之后均明显严格。制浆造纸工业一共修订了5次，最新一次修订间隔为7年，最新标准中五日生化需氧量从100mg/L严格到30mg/L，化学需氧量从450mg/L严格到120mg/L；弹药装药工业一共修订了2次，最新一次修订间隔为9年，最新标准中五日生化需氧量从60mg/L严格到30mg/L，化学需氧量从150mg/L严格到100mg/L；纺织染整、炼焦化学、钢铁工业均是2020年后首次修订，纺织染整和炼焦化学工业修订后排放标准基本保持一致，钢铁工业最新标准较未修订之前的执行值有较大幅度的提高。由此可见，排放标准的严格程度与修订次数有绝对的关系，修订次数越多变化越明显，但同时修订间隔年限与排放标准的严格程度关系不大。从基于《污水综合排放标准》（1996）的修订来看，多数标准的修订间隔已经超过10年，但如此之长的修订间隔仍然存在44%的标准落后于原有的一级标准水平，甚至部分标准还低于原有二级标准的水平，仍有37%的排放标准基本一致或变化不大，仅有20%的排放标准严格或明显严格，如图5-8所示。这说明水污染物排放标准基本上是停滞不前的，没有真实反映实际的技术进步水平和社会发展变化，甚至无法适应目前我国水环境逐渐恶化的情形。

如前文所述，水污染物排放标准要保持先进性，以便持续不断地促进工业企业环保技术进步。但同时也要具有现实性，不能脱离我国现实的技术水平。通过查阅已经发布的行业水污染物排放标准编制说明文件，可以看出，我国行业水污染物排放标准基本上普遍严格于美国、欧盟、日本等发达国家和地区。我国纺织染整工业现行标准中五日生化需氧量的排放标准为20mg/L，美国纺织染整工业五日生化需氧量的要求是22.4mg/L，日本是120mg/L，德国是25mg/L，欧盟是25mg/L。我国柠檬酸工业现行标准中五日生化需氧量排放标准为40mg/L，而美国是55mg/L，我国新建标准20mg/L也严格于欧盟标准。其他标准类似。基于《污水综合排放标准》（1996）的修订中，钒工业六价铬和总铬标准低于德国，陶瓷工业总铬、总铅、总镍标准低于德国，发酵酒精和白酒工业标准低于世界银行，电镀工业标准普遍低于法国和德国，味精工业标准普遍低于美国、日本和欧盟。综合来看，基于已经出台的对应工业行业水污染物排放标准更新中，100%行业均严格于发达国家的技术水平标准；基于《污水综合排放标准》的修订中，71%的行业高于发达国家的排放限值水平（张震，2015）。由此可以看出，我国水污染物排放标准的技术水平已经能够达到或接近发达国家，几十年间均处于国际水平，这与实际的社会发展和技术现状是不吻合的，也从侧面验证了我国水污染物排放标准的制定和管理的混乱及低效率。如果在技术落后或经济成本无法承受的情况下，一味严格化技术要求将导致排放标准缺乏技术支持和适用性，导致环境保护技术市场和研发的混乱，甚至对工业企业偷排漏排产生负向激励。

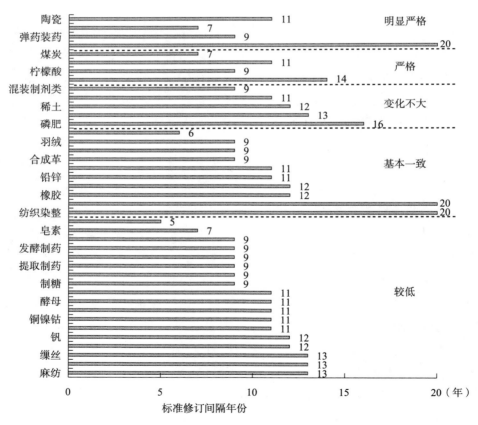

图 5-8　基于已有排放标准修订的严格程度与修订间隔

（2）子类别划分问题分析

《钢铁工业水污染物排放标准》（GB 13456—2012）较上次的修订间隔为20年，在新标准没有修订之前，部分钢铁企业甚至不需要经过任何污水处理设施就可以达到其规定。根据2007年12月公布的《钢铁工业水污染物排放标准编制说明》（征求意见稿），为完善国家钢铁行业水污染物排放标准体系，引导我国钢铁行业可持续发展，规范和加强钢铁生产企业污染物排放管理，原国家环保总局于2003年以环办函〔2013〕517号文《关于下达钢铁行业污染物排放系列国家标准制订任务的通知》，向中钢天澄环保科技股份有限公司等单位下达了制定《钢铁工业污染物排放系列国家标准》的任务，按工序分别制定钢铁企业生产过程的污染控制排放标准。自2003年开始，原国家环保总局召开了多次研讨会和论证会，分别于2007年5月和12月形成了第一稿和第二稿，但最终颁布的时间是2012年，从立项到执行之间经过了近10年的时间。美国排放限值导则的制定选择标准考虑行业技术在7年以上存在技术进步的可能性增大，而钢铁工业长达10年的排放标准制定，已经超过了该年限。根据美国钢铁工业排放限值导则的制定历史，其最早的排放限值导则颁布于1982年，并于1984年进行了修订。2000年制定规划决定修订钢铁工业排放限值导则，2002年颁布了最新的钢铁工业排放限值导则，并于2005年进行了重新修订。我国《钢铁工业水污染物排放标准》（2012）的制定参考了美国2002年排放限值的规定，实施时已经滞后10年。

我国《钢铁工业水污染物排放标准》（2012）将钢铁行业分为两大类：钢铁联合企业和钢铁非联合企业，其中又将钢铁非联合企业细分为烧结、炼铁、炼钢、冷轧、热轧等子类别，但排放标准限值基本一致。而在美国钢铁工业排放限值导则中，具体细分为13个工业子类别。不同子类别生产工艺不同，导致污染物排放标准在不同子类别之间有较大差距。以悬浮物为例，我国现执行指标是基于《钢铁工业水污染物排放标准编制说明》（征求意见稿）的要求，悬浮物排放限值为0.541kg/kkg（年均值）。而美国钢铁工业排放限值导则中设置了最大日均值和最大月均值。与美国钢铁工业排放标准最大月均值相比，我国悬浮物排放标准是美国钢铁炼焦子类别的4倍、烧结子类别的21倍、炼钢行业的52倍、真空除气子类别的104倍、冷轧子类别的864倍等。可以看出，我国钢铁工业水污染控制技术水平远远低于美国，且子类别划分较为粗糙，科学性不足。如图5-9所示。

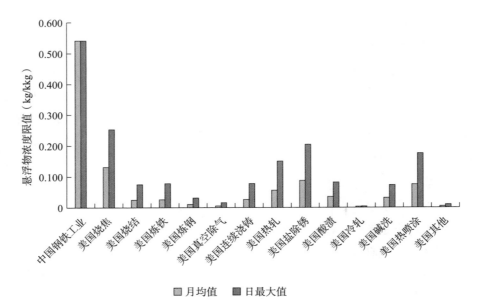

图 5-9　中美钢铁工业悬浮物排放标准对比

（3）排放标准制修订适时性问题分析

如果排放标准制定和修订更加规律，技术选择更加合理，工业企业或第三方技术研发企业就能够更好地把握市场方向。当然，排放标准的制定和修订也并非越频繁越好。因此，排放标准的制定和修订年限应当适度，能够反映出排放标准对技术创新持续不断的促进作用。①

如前文所述，我国水污染物排放标准修订的平均年限为 12 年，是适宜审核和修订标准（5 年）的 2.4 倍。具体来看，在已有行业水污染物排放标准的更新中，标准修订的平均年限为 14 年，其中纺织染整、炼焦化学、钢铁工业等行业水污染物排放标准的修订年限达到 20 年，磷肥工业排放标准修订年限为 16 年，合成氨工业排放标准修订年限为 14 年，即使是修订时间较短的弹药装药、制浆造纸工业也均超过 5 年。基于《污水综合排放标准》（1996）修订的水污染物排放标准的平均年限为 10 年，且标准制修订较为集中，其中 2008 年和 2010 年出台了 60%以上的排放标准。

与排放标准的制修订情况一样，现有企业和新建企业执行标准之间同样

---

① 适度与否并没有统一的评判标准，因为每种工业行业的技术发展情况各不相同。但每 5 年我国都会发布"环境保护标准五年规划"和"环境保护科技发展五年规划"，结合美国排污许可证更新时间间隔，评估标准以 5 年为基准。

存在一定的时间间隔①。通常情况下，现有企业在排放标准颁布出台一段时间后便不再执行现有企业水污染物排放标准，转而执行新建企业水污染物排放标准。这被视为对现有企业的一个缓冲，但通过查阅相关排放标准文本可以看出，现有企业和新建企业排放标准之间的平均间隔为 20~24 个月，而严格程度则相对排放标准修订平均年限（12 年）要严格不少，也就是说，在 20~24 个月的时间内排放标准相对 12 年要大幅度提升。这意味着在如此短的时间内，工业企业将面临较大规模的技术改造。另外，新建企业排放标准也没有明确制度内涵，仅仅通过"国际先进的污染控制技术"这一模糊概念，难以保证排放标准的科学性。

技术进步是解决水污染问题的根本力量，排放标准必须与现有技术水平相适应，低于现有水平会严重制约水污染控制技术的发展，高于现有水平则会受制于技术方面的不可操作性而形同虚设。随着环保技术进步，旧产品、工艺和设备逐渐被淘汰，而新产品、工艺和设备逐渐被采用，因此定期制订计划、修订排放标准是必然选择。目前，我国工业行业技术数据库、水环境质量评估方法、标准修订社会经济影响评估仍不完善，如美国一样，每两年对排放标准进行审查和修订很难做到，建议国家生态环境部以 5~7 年为周期对排放标准进行定期规划和审核，不断严格污染控制技术标准，为工业企业和技术研发单位提供技术创新和技术扩散的正向激励，不断促进环境保护技术进步直至实现"零排放"。

（4）排放标准技术可行性问题分析

排放标准制修订，技术可行性是关键。我国在制修订水污染物排放标准的过程中，都会适当对技术条件进行评估与总结，选择适当的排放标准。排放标准的修订主要依据国内已经成熟的或者行业内先进的经验，同时参考国际标准，在部分排放标准制定过程中对技术水平进行了粗略的评估或者调研。比如对国内 10 余家大中型钢铁企业进行了调研，并对这些工业企业的水污染物排放进行了统计分析，取最大值、最小值和平均值来确定排放标准，排放标准的确定依据并不明确。美国的钢铁工业排放限值导则制定文件共 1 045 页，收集了 822 家钢铁企业数据，问卷调查 399 家，实地调查 69 家。我国钢

---

① 现有企业是指标准实施之日前已建成投产或环境影响评价文件已通过审批、审核或备案的排放源；新建企业是指自标准实施之日起，环境影响评价文件通过审批、审核或备案的新建、改建和扩建的排放源。

铁工业水污染物排放标准的编制说明只有 25 页，数据的缺乏使得排放标准制定的科学性难以保证。在其他行业水污染物排放标准的编制说明中调研样本和实地调查企业数量同样严重不足，也没有明确对实际工业企业的水污染物排放浓度进行调查，基本上没有对技术水平进行评估，主要是通过对技术的认识以及已有标准的情况，根据旧标准来进行调整。因此，在对技术水平的评估和确定过程中，往往使用"增强环境管理能力""过渡期""仍有很大潜力""应该能够达到"等模糊概念进行界定。

基于《污水综合排放标准》（1996）修订的排放标准存在的问题更多。与修订的行业水污染物排放标准相同，大部分新制定的工业行业水污染物排放标准中指出现有技术水平已经较《污水综合排放标准》时有大幅度提高，原有的排放标准已经对技术发展产生了阻碍。但修订的排放标准却更多的是对旧标准要求的重复。大部分排放标准的制定并未进行实际的调研，也没有对样本收集和实地调查情况进行明确说明，往往只是对某种工艺的评价或者是对特定污染物均值进行数据处理。同时大部分企业只提供了单一浓度值作为依据，无系统监测数据支持，也没有任何统计规律的分析，排放标准制定科学性不足。部分水污染物排放标准修订过程中调研情况见表5-3。

表5-3　部分水污染物排放标准修订过程中调研情况

行业类别	颁布时间	调研样本（家）	实地调查（家）	标准制定时行业状况	调研总数（项）	污染源排放数据
合成氨工业	2013 年	9	4	585	13	单一值
纺织染整工业	2008 年	无明确说明	2	39 000	2	无
炼焦化学工业	2010 年	89	61	1 000	150	实测数据
钢铁工业	2007 年	15	10	落后实际技术水平	25	单一值
制浆造纸工业	2007 年	无明确说明	无明确说明	3 600		年鉴数据
麻纺工业	2008 年	32	无明确说明	448	32	单一值
毛纺工业	2008 年	21	无明确说明	1 271	21	单一值
缫丝工业	2008 年	42	无明确说明	700	42	单一值
橡胶工业	2008 年	无明确说明	10	2 991	10	单一值
发酵酒精工业	2005 年	38	无明确说明	100	38	单一值
汽车维修业	2008 年	无明确说明	6	337 000	6	单一值
钒工业	2009 年	10	4	污染事故频出	14	实测数据

行业类别	颁布时间	调研样本（家）	实地调查（家）	标准制定时行业状况	调研总数（项）	污染源排放数据
稀土工业	2009 年	无明确说明	2	规模以上 160 家	2	单一值
硫酸工业	2009 年	60	3	590	63	单一值
硝酸工业	2008 年	36	5	70	41	单一值
镁、钛工业	2006 年	无明确说明	36	120	36	单一值
铜、镍、钴工业	2007 年	61	12	437	73	单一值
铅、锌工业	2007 年	18	4	732	22	单一值
铝工业	2007 年	47	18	200	65	单一值
陶瓷工业	2008 年	117	无明确说明	130 000	117	单一值
油墨工业	2007 年	无明确说明	4	400	4	单一值
羽绒工业	2005 年	31	无明确说明	3 000	31	单一值

5.4.5　排放标准无法保障地表水质达标

（1）整体状况分析

水污染物排放标准应该在水质标准的基础上制定，确保水质达标。当水体自净能力或水环境容量很大时，水污染物排放标准可以低于水质标准；反之，如果受纳水体水质已经低于水质标准，天然来水水质也低于水质标准或者没有天然来水，则排放标准也低于水质标准，达到排放标准的废（污）水必然会对水环境造成污染，无法实现水质达标（李涛，2020）。

《水污染防治法》（2017）第十四条规定，"国务院环境主管部门根据水环境质量标准和国家经济、技术条件，制定国家水污染物排放标准"。尽管法律要求排放标准的制定要考虑水环境质量标准，但这并不等于现有排放标准的制定都是以国家水质标准为重要依据的，更不等于执行现有的排放标准就能够使水环境满足其功能的要求。事实上我国的排放标准基本上都是以经济、技术条件为主要依据而制定的。比如，原国家环保总局在 2007 年发布的《加强国家污染物排放标准制修订工作的指导意见》第五条规定，"国家级水污染物排放标准的排放控制要求主要应根据技术经济可行性确定"；2008 年发布的《编写国家污染物排放标准编制说明暂行要求》规定了编制说明的内容至少应包括的几方面内容,[1] 也完全没有考虑水环境质量的要求。

可以看出,我国现有排放标准的制定仅考虑了经济、技术条件,与特定水体的水环境功能和保护目标没有实质上的联系,因此是不能保护水环境功能的。我国排放标准中分级标准与不同类别的水体看似有一些表面的联系,但由于这些标准值定得太高,所以并不能真正地保护水体的饮用水源和水生态环境功能。从图 5-10 和表 5-4 中可以看出,《污水综合排放标准》的化学需氧量排放限值是排入水体水质标准限值的 5~6.7 倍;《城镇污水处理厂污染物排放标准》的化学需氧量排放限值是排入水体水质标准限值的 2.5~3 倍,几种重金属污染物排放限值是排入水体水质标准限值的 2~10 倍;《造纸工业污染物排放标准》的化学需氧量排放限值在 2008 年提高标准前是排入水体水质标准限值的 8.8~17.5 倍,2008 年提标后仍是排入水体水质标准限值的 2~4 倍。

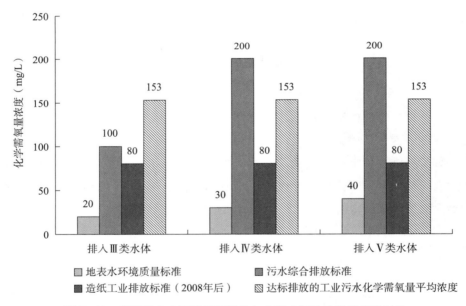

图 5-10　我国地表水环境质量标准与主要水污染物排放标准对比

---

① 《撰写国家污染物排放标准编制说明暂行要求》规定编制说明至少应包括以下内容:排放标准适用行业目前的基本情况;排放标准适用企业污染物排放和治理的基本情况;对排放标准草案主要内容的说明;实施排放标准的环境 (减排) 效益、达标成本、可达性分析;标准污染物排放控制水平的横向比较情况;标准征求意见和技术审查情况;标准行政审查情况。

表5-4　城镇污水处理厂污染物排放标准和地表水环境质量标准对比

单位：mg/L

项目	汞	镉	铬	砷	铅
城镇污水排放	0.001	0.01	0.1	0.1	0.1
Ⅲ类水限值	0.0001	0.005	0.05	0.05	0.05
城镇污水/Ⅲ类水	10	2	2	2	2

　　因此，我国现有排放标准与水质达标没有直接联系，没有符合水环境保护目标的、能够真正保护水体水质的排放标准。尽管统一的排放标准规定了污染物排放限值，但是缺乏基于水质的排放标准使得污染源达标排放与水质达标没有直接关系，即使流域内所有的污染源达标排放，也无法保证水环境质量目标的实现。[1] 比如我国海河流域很多地区已经没有水环境容量且无地表径流，在这样的情况下如果仍不断向现状已为劣Ⅴ类的水体中"合法且达标"地排放劣Ⅴ类污水，那么国家和地方政府在流域水环境保护工作中投入再多的资金也无法改善水质（马中，2013）。

　　（2）流域案例分析

　　我国现有水污染物排放标准在某些区域或流域是无法实现水质达标的，根源在于缺乏基于水质的排放标准。本节以H流域为例，进一步验证排放标准和水质之间的脱钩关系。该流域水质达标规划的目标是恢复饮用水源地功能和生态属性，即能够达到饮用水水源地二级保护区、水产养殖等要求。点源X地处该流域某断面上游不远处，且直接将污染物排入河流。该点源2015年之前执行的是《污水综合排放标准》，2015年之后执行最新的该工业行业水污染物排放标准，同时在标准中规定了水污染物特别排放限值的要求。根据该点源废水排污口流量数据，排污口平均流量可以达到下游断面枯水期和丰水期水量的82%和36%左右，可见，该点源废水排放直接影响H流域水环境质量。从该点源化学需氧量日均值连续监测数据可以看出，如果基于最新标准要求60mg/L，则该点源达标率为86.6%；如果基于水污染物特别排放限值要求50mg/L，则该点源达标率为81.1%；如果基于地表水Ⅳ类水标准要求30mg/L，则该点源达标率为29.1%；如果基于地表水Ⅲ类水标准要求20mg/L，则该点源达标率仅为16.2%，如图5-11所示。如果不考虑稀释和混合，则该

---

[1] 国家环保总局科技标准司标准处. 建立适应新世纪初期环境标准体系的初步设想［J］. 环境保护，1999（1）：7-8.

点源达标排放无法保证实现水环境质量保护目标。因此，需要进一步采取措施控制该点源水污染物排放。

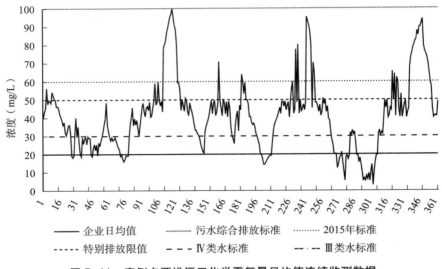

图 5-11　案例点源排污口化学需氧量日均值连续监测数据

（3）特别排放限值与水质之间关系不明确

美国 NPDES 之排污许可证系统通常基于日最大污染负荷计划或者直接根据水质目标制定基于水质的排放标准。区别于排放标准中的一般排放限值，水污染物特别排放限值仅在水环境极其恶劣的地区实行，[①] 其政策含义很明确：加大力度解决水污染问题，改善水质。但基于手段设计的天生缺陷，特别排放限值并不能确保水质达标。

首先，特别排放限值的制定与水质没有直接关系。特别排放限值是行业排放标准中的一类特殊规定，虽然在数值上比该行业的一般排放限值要低得多，但是其制定思路与一般排放限值相同，都是从技术的角度考虑。比如，《制浆造纸工业水污染物排放标准》（GB 3544—2008）中明确规定，一般地区造纸企业的排水量限值是 20 吨/吨浆，执行特别排放限值的地区是 10 吨/吨浆。考虑到 2008 年颁布该标准时，国内最先进大型造纸企业的平均取水量在 8.41 吨/吨浆

---

① 《国家水污染物排放标准制订技术导则》（2018）中明确规定，水污染物特别排放限值是根据环境保护工作的要求，在国土开发密度已经较高、环境承载能力开始减弱，或环境容量较小、生态环境脆弱、易发生严重环境污染问题而需要采取特别保护措施的地区，为严格控制企业的污染物排放行为而制定的水污染物排放限值。

左右①，可以看出，特别排放限值的要求相当严格，一旦某区域执行特别排放限值，只有最先进的造纸企业才能立足。

其次，特别排放限值的作用是推进一定区域或流域内工业排放水平的普遍降低。我国 2008 年开始对太湖流域实施特别排放限值，也就意味着太湖流域的工业企业在当时都必须达到最先进的技术水平。在这个严格的条件下，不能达标的现有企业将被关闭，现有污染源数量将减少，而符合条件的新建企业也有限，区域的总体排放水平应当下降。但是，排放水平的普遍降低却未必能够实现水质达标。每个污染河段的污染源、主要超标污染物和降解条件都是不同的，统一的特别排放限值很难达到各个水体各项因素的要求，因而很难实现水质达标。太湖流域自 2008 年 7 月开始实施水污染物特别排放限值，但截至目前太湖水质总体上仍没有达到水功能区的要求。

同时，目前特别排放限值的适用范围并不广，生态环境部仅要求其在我国备受关注和曾引发过严重水污染事故的流域实施，其他地区是否实施则取决于省政府的决定。因此，并非所有水质不达标的流域都被要求实施特别排放限值。美国要求所有的超标水体都必须实施日最大污染负荷计划和基于水质的排放标准，并把这两项手段作为应对超标水体的常规手段，力图在全国范围消除超标水体。相比之下，我国实施的特别排放限值不能视为对水质不达标地区的一种常规管理措施。总之，水污染物特别排放限值是在严重污染流域实施的、以减轻污染为目的的管理制度。但是其制定的依据仍然是可行的技术，由于水环境的复杂性，即使按照最严格的技术水平来要求企业，也未必能够保障水质达标。因此，特别排放限值虽然在水质恶劣的地区得以实行，但是其对水质改善的作用并不确定。

5.4.6　达标判据和监测方案科学性分析

（1）达标判据科学性分析

排放标准的基本元素除了排放限值之外，还包括达标判据和监测方案，缺一不可。达标判据是对是否遵守排放限值规定的解释，限值是确定的，但如何执行则需要由达标判据来决定。因此，排放限值与达标判据是密不可分的统一整体，达标判据的制定甚至比排放限值更加重要，同时达标判据也是监测方案制定的基础（张震，2015）。

---

①　数据来源于《中国造纸年鉴》。

2002 年之前，水污染物排放按照地表水环境质量标准执行不同的排放标准；2006 年之前，不同行业水污染物排放标准中的达标判据有所差别；[①] 2008 年之后，所有行业水污染物排放标准的达标判据要求均相同。[②] 截至目前，我国水污染物排放标准的限值规定比较单一，通常采用"最高允许""不得大于"等禁止性规定，缺乏对时间尺度、使用条件等因素的考虑。在什么样的监测频率下"不得大于"？在什么样的数据处理方法下"不得大于"？瞬时值、日均值、周均值还是月均值"不得大于"？法律并没有解释这些问题。水污染物排放标准文本中要求企业"在任何情况下"遵守排放标准的控制要求。按照字面意思，"任何情况下"都遵守的含义也就是任何情况下都不允许超标。同时，标准文本中规定各级生态环境主管部门在对企业进行执法检查时，可将现场即时采样或监测的结果作为判定排污行为是否符合排放标准的依据。由此可见，工业企业在任何时候都不能超过排放标准规定的限值，这在很大程度上容易造成管理执行的巨大漏洞。

污染物排放是具有统计规律的，每一种污染物在不同的工艺下都具有不同的统计规律，目前统一以最大值来规定排放标准限值要求，并不符合科学实际。在实际生产中，企业排放状况会因为原料、工序、治理工艺的变化而波动，要求企业一次都不超过某个固定浓度是非常困难的。而排放标准的目的应当是要求污染物浓度围绕着某一个中心波动，不出现过度偏离的现象。假设企业的污染物排放浓度符合正态分布，则浓度值波动应当围绕着均值波动，我们称其为长期均值，那么排放标准中的排放限值应当在与长期均值有一定距离的位置上。比如，如果排放限值设定在 95% 的置信区间上，则意味着企业的排放浓度只有 5% 的概率超过这一排放限值。当然，无论排放限值设成多大，企业仍然有可能超过这一限值，只是概率越来越低。因此，排放限值的意义并不是一次不能超过，达标判据也不是简单地记录超过排放限值的次数。相反，应该通过企业超标的次数、频率、浓度值来判定企业是否偏离了标准要求的长期均值。

我国的情况是，达标判据对监测频率没有要求，往往利用一季度一次的

[①] 比如煤炭工业达标判据要求日最高允许排放浓度，啤酒工业达标判据要求日均值，皂素工业达标判据要求月均值。

[②] 《国家水污染物排放标准制订技术导则》（2018）明确规定，标准中应规定手工监测和自动监测的水污染物排放达标判定要求。水污染物排放浓度应折算为水污染物基准排水量排放浓度，无法确定单位产品基准排水量的，可暂以实测浓度作为达标判定的依据。

数据和一月一次的数据判定企业超标，在发现超标后，也不会增加监测频率来观察排放规律。因此，我国的达标判定方法只能判断企业该时刻的排放浓度是否达到或超过排放限值，但无法了解排放的长期均值，无法判断企业是偶然超标还是由排放规律变动导致的长期超标。

达标判据的不明确将直接导致执法的随意，造成管理混乱。由于即时的紊乱值或者测度的不准确，可能会存在短时间超标，而大部分的达标或者瞬时值符合统计学规律的情况，在实际的超标判定中需要考虑到这些因素。目前，一次也不能超标的硬性规定就导致了实际应用的达标判据的不确定，在日常的监管和企业自测评估中所使用的达标判据也就参差不齐。截至目前，我国并没有具体的行政规定确定水污染物排放标准的达标判据，而是沿用固定模式，这种固定模式也就默认了执行过程中的弹性。达标判据可行性差直接削弱了水污染物排放标准的管理能力，如果不按照水污染物排放的统计学规律设计达标判据，那么排放标准限值的制定和修订也只不过是数字游戏。

（2）监测方案科学性分析

针对工业点源水污染物排放的监测是环境监测工作的重点。目前，我国出台了多项针对水污染源排放监测的技术规范，对水污染源的监测在水样类型、采样方法、数据缺失处理、监测频次、操作技术要求、流程规范等方面都做了明确的规定。监测主要分为企业自行监测和政府监督性监测。排污申报是我国传统企业上报排放信息的制度，是指由排污者向县以上环境保护行政主管部门申报其污染物的排放和防治情况，申报的内容包括污染治理设施基本情况、原材料、生产工艺、生产流程、污水排放情况等。污染源自动监测与传输是国家自"十一五"以来推行的排放信息收集制度，借助了企业安装和维护的自动在线连续监测设施，实际上也是一种企业上报自身排放信息的制度。监督性监测是政府亲自取样、化验得到的企业排放信息，属于政府监测行为，目前监督性监测也是我国环境执法的主要依据。

我国法律规定污染源有自我监测废水排放情况的义务。《水污染防治法》（2017）明确规定："实行排污许可管理的企业事业单位和其他生产经营者应当按照国家有关规定和监测规范，对所排放的水污染物自行监测，并保存原始监测记录。"但是法律并没有规定监测频率等相关事项，国家层面的法规也基本没有涉及企业自测（不包括自动监测）的规定。《排污单位自行监测技术指南总则》（2017）规定："排污单位应查清所有污染源，确定主要污染源及主要监测指标，制定监测方案。"同时对废水监测指标的最低监测频次做了简要说明，但监测频次过低。[①] 《国家重点监控企业自行监测及信息公开办法（试行）》（2013）对重点监控企业做了明确说明，但也仅仅是对化学需氧量、氨氮每日排放量开展监测，对废水中其他污染物每月至少开展一次监测。与达标判据的时间表一致，我国 2008 年之后的水污染物排放标准规定的监测和实施要求中，对水污染物监测要求基本一致。[②] 不同工业的排放标准和监测频率需要根据设备的情况进行制定，而目前执行的排放标准并没有明确具体行业需要执行的监测方案，而是统一要求根据《环境监测管理办法》，相关法律和办法中也没有明确规定具体的监测方法和频率，只粗放地规定每月或每年至少监测一次等空洞条文，不具有实际执行意义。

在地方环境管理工作中，企业的排放信息是通过排污申报的形式上报的。排污申报不仅需要排污者提供准确的排放信息，还应当提供相关的证据。但目前我国的排污申报并没有此方面规定，只要求提供排放数据，且多是以月或季度甚至是年为尺度的总量数据。但排污申报既可以依据监测报告上报，也可以依据物料衡算或排放系数估算。用估算数据代替监测数据显然降低了对企业自测的要求，企业完全可以减少自测频率甚至不开展监测工作。另外，对排污申报数据的核查工作也难以开展。国家要求地方生态环境部门利用监测数据及工商、技术监督、水利、能源、统计等部门的资料对排污申报数据进行审核，必要时进行现场核查。但我国基层生态环境保护行政主管部门往往管辖着数百家甚至上千家工业企业，并且负责环境影响评价、"三同时"竣工验收、监督性监测等多项工作，对每家企业都进行现场核查几乎是不可能的。即使依靠材料审核的方式，以目前的人员力量核查所有的排污申报数据也是不可能的。在缺乏自测数据和政府核查的情况下，排污申报的数据质量难以保证。

"十一五"以来，我国大力普及污染源自动监测设备，自动监测设备的安装和使用得到了较大范围的推广。目前，自动监测数据逐步成为除排污申报外企业进行自我监测并上报排放数据的重要途径。从监测责任的角度来看，

[①] 《排污单位自行监测技术指南总则》（2017）中明确规定，重点排污单位的主要监测指标最低监测频次为日—月，其他监测指标的最低监测频次为季度—半年；非重点排污单位的主要监测指标的最低监测频次为季度，其他监测指标的最低监测频次为年。

[②] 企业应当按照有关法律和《环境监测管理办法》等规定，建立企业环境监测制度，制定监测方案，对污染物排放状况及其对周边环境的影响按要求开展自行监测，保存原始监测记录。新建企业和现有企业安装污染物排放自动监控设备，按有关法律和《污染源自动监控管理办法》的规定执行。

自动监测设备由企业安装和维护、运行，企业对自动监测数据的真实性负责，生态环境部门仅通过审核和抽查的方式判定数据的有效性，因此污染源自动监测应被视为企业自我监测制度的一部分。同时，自动监测设备能够获得海量监测数据，为更准确的违法判定提供数据基础。自动监测数据频率高、数据量大，必须采取一定的分析处理才能用于环境管理。比如，自动监测数据密度很高，监测设备每10分钟监测一次废水污染物浓度，一天144组监测数据，如何将这些数据应用到环境管理中？以超标判定为例，应当采取什么时间尺度的监测值——小时值、瞬时值、日均值、月均值？如果用于总量控制或征收环境税，又该如何核算排污总量？这些问题，自动监测数据管理规范都没有回答。虽然《国家重点监控企业污染源自动监测数据有效性审核办法》（2009）关于自动监测设备的安装、调试、记录、数据传输等方面做了明确的规定，《国控重点污染源自动监控信息传输与交换管理规定》（2010）也提出了下级环保部门向上级报告的数据密度——排放小时均值、日均值、月均值、年均值等都必须要向上级报告，但这只是对数据的简单处理，如果衔接到环境管理上还需要专门的数据筛选、核定、汇总方法。需要明确的是，自动在线监测成本过于高昂，且带来的监测数据是接近于总体的样本，多数超出了管理的需要，大规模安装自动监控设施会造成管理成本的浪费。

目前我国的环境执法，尤其是达标判定，仍然是以政府主导的监督性监测为依据。在这种体制下，监督性监测数据的质量将极大地影响达标判定的准确性。可以进一步将监测数据的质量分解为规范性和代表性，规范性是指取样、化验、分析等过程是否规范，是否按照有关标准进行；代表性是指监测次数、监测时间等抽样方式能否准确反映企业的排放状况。但我国监督性监测的代表性不足。在抽样理论中，代表性是样本代表总体的程度，是指可据以判断的、很典型的代表总体特征的样本的特性。样本的代表性一方面受抽样方案影响，另一方面由样本量决定。对于监测来说，监测全部水样获得的分析结果就是样本，而企业的真实排放情况是总体。对于365天连续排放废水的企业来说，一月一次或一季度一次的监督性监测抽样比不足4%，样本量较低。从监测方案的设计来讲，监督性监测期望获得的是企业废水排放的浓度，而排放浓度与原料状况、生产连续状况、产量等都有关联，为了获得有代表性的样本，监测方案的制订应当考虑到生产状况。但是我国的监测方案仅仅是机械性的一季度一次，对于如何制订监测方案缺乏指导规范，完全取决于地方生态环境部门的水平，监督性监测数据的代表性进一步被削弱。

此外，监督性监测对象主要是主要污染物占工业排放量 65% 的国控重点企业，样本框不能覆盖全部污染源。监督性监测频率过低、方案缺乏设计、难以囊括所有污染源，造成监督性监测数据代表性不高，导致对污染物排放行为执法基础不牢，降低了执法的准确性。

借鉴美国经验，监测方案需要科学设计。设计监测方案的目的是确定是否达标，其实质是通过监测样本反映水污染物排放总体状况，是统计学方法在环境管理中的应用。监测方案设计需要考虑精度和成本，通过抽测获得的监测数据能够反映总体污染排放状况。目前，我国大规模成本高昂的自动监测设备的安装，会导致政府和企业将注意力集中到自动连续监测的主要常规污染物，而对人体健康和生态安全具有重大负面影响的非常规污染物缺乏重视，依赖自动监测设备，忽视企业人工监测和政府监督性监测。在美国，在监督性监测中通过小样本数据应用统计的方法估计总体排污状况，同样能够反映样本总体和起到监测作用。美国环保署基于污染物排放统计分布规律及变异系数的应用设计了专门的统计学方法，用有限的数据估计排放的最大浓度，进而对比适用的水质基准来确定是否有潜在的超标可能性（张震，2018）。

5.5　造纸工业水污染物排放标准案例分析

造纸行业是我国国民经济的基础产业，在我国甚至全球都居于重要地位，也是我国水污染物排放量最大的行业之一。根据《中国环境统计年报》，我国造纸工业废水排放量和化学需氧量排放量连续多年位居我国重点工业行业前三。2015 年，造纸工业废水排放量为 23.7 亿吨，占全国重点行业废水排放量的 28.7%，造纸工业废水排放量居前 5 位的省份依次是广东、浙江、山东、湖南和江苏；造纸工业化学需氧量排放量为 33.5 万吨，占全国重点行业化学需氧量排放量的 26.0%，造纸工业化学需氧量排放量居前 5 位的省份依次是广东、湖南、广西、河北和浙江。为有效控制造纸工业水污染物的排放，淘汰落后产能、推动产业结构优化升级，国务院及生态环境行政主管部门颁布出台了一系列产业及环保政策，目的是加强对造纸行业水污染物排放量的控制。其中，2015 年发布实施的《水污染防治行动计划》将造纸工业列为施行专项整治的十大重点行业之一；2016 年，国务院在发布的《控制污染物排放许可制实施方案》（2016）中也将造纸工业列为率先全面实施排污许可证管理的两大行业之一。造纸工业是我国最早制定行业水污染物排放标准的工业行业，其排放标准经历大大小小 5 次修订，是目前我国行业水污染物排放标准修订次数最多的行业。因此，本节以造纸工业作为水污染物排放标准评估的案例行业，能够较好地观察和分析我国水污染物排放标准体系的特点和问题。

5.5.1　造纸工业水污染物排放标准发展历程

1983 年，原国家环保总局发布《造纸工业水污染物排放标准》（GB 3544—1983）（以下简称"1983 年标准"），作为对制浆造纸企业的排放管理依据，这是该标准的首次发布；之后在 1988 年又发布了综合性排放标准——《污水综合排放标准》（GB 8978—1988）（以下简称"1988 年标准"），取代了 1983 年的行业排放标准，1988 年标准单独列出了制浆造纸企业的排放限值；1992 年，环保部门对 1983 年标准进行了修订，发布了《造纸工业水污染物排放标准》（GB 3544—1992）（以下简称"1992 年标准"），取代了 1988 年标准。之后，我国对造纸工业的排放管理一直基于行业排放标准，在 1999 年、2001 年、2003 年、2008 年分别对造纸工业水污染物排放标准进行了 4 次修订，分别为《造纸工业水污染物排放标准》（GWPB 2—1999）（以下简称"1999 年标准"）、《造纸工业水污染物排放标准》（GB 3544—2001）（以下简称"2001 年标准"）、《制浆造纸工业水污染物排放标准》（GB 3544—2008）（以下简称"2008 年标准"）。其中，2003 年的修订仅在 2001 年标准的基础上增加和删改了个别条款，基本内容保持不变，因此没有单独发表标准文本，见表 5-5。

表 5-5　造纸工业水污染物排放标准发展历程

造纸工业标准	发布或修订年份
《造纸工业水污染物排放标准》（GB 3544—1983）	1983
《污水综合排放标准》（GB 8978—1988）	1988
《造纸工业水污染物排放标准》（GB 3544—1992）	1992
《造纸工业水污染物排放标准》（GWPB 2—1999）	1999
《造纸工业水污染物排放标准》（GB 3544—2001）	2001
《制浆造纸工业水污染物排放标准》（GB 3544—2008）	2008

注：2003 年没有单独发布标准文本。

（1）国家排放标准

我国首个包含工业废水的排放标准是《工业"三废"排放试行标准》（GBJ 4—73），但该标准没有对造纸工业废水做出规定。1983 年标准首次单独规定了对造纸工业废水的排放要求，标志着我国对造纸工业废水实施专门控制的开端。

1983 年标准按照制浆工艺划分为 8 个部分，按照新、老企业分为两类，每类又按照产量分为三档，原料按木浆和草浆区分，规定了造纸工业企业的最高允许排水量和最高允许污染物排放浓度。1983 年标准基本奠定了造纸工业水污染物排放标准的基本框架：既包括浓度限值又包括排水量限值；新、老企业区别对待，对新企业施加更严格的要求；将制浆工艺按原料区分为木浆和非木浆，对化学制浆、半化学制浆等工艺。1988 年标准取消了对工艺的划分，并简化了指标。在排放要求上，1988 年标准对 1983 年标准规定的最高允许排水量有所放宽。非木浆本色制浆企业排水量限值从 1983 年标准的 110m³/t 和 130m³/t 上升到 1988 年标准的 190m³/t 和 230m³/t。有学者认为，这是对当时造纸技术实际情况做出的妥协（朱璇，2013）。1992 年标准再次对排放标准进行了降级，对 1988 年之后立项的造纸工业企业排放要求降低，单位产品化学需氧量排放量限值从 66.5kg/t 上升到 85.5kg/t。总体来看，1983—1992 年，造纸工业水污染物排放标准基本停滞不前，加上这一阶段的环境监管能力有限，造纸工业企业超标排放，甚至未经处理直接排放的现象较为普遍，排放标准没有起到促进企业技术进步的作用（朱璇，2013）。

1999 年标准对现有企业和新建企业统一提高了要求，这种变化主要体现在排水量限值和单位产品化学需氧量排放限值上。对非木浆本色制浆企业的排水量要求从 190m³/t 和 230m³/t 下降到 100m³/t，降低约 50%。虽然浓度限值变化不大，但是单位产品排放量降幅较大，非木浆本色制浆企业的单位纸浆化学需氧量排放量从 103.5kg/t 和 85.5kg/t 下降到 40.0kg/t。可以说是明显提高了对非木浆造纸企业的要求。但是令人惊讶的是，在 1999 年标准仅仅实施一年之后，原国家环保总局就再次修订了造纸工业排放标准，并且在新修订的标准中全面放松了要求。仍以非木浆本色制浆企业为例，新建企业恢复到 230m³/t，对 1988 年之前建设的企业的排水量要求甚至宽松于 1992 年标准（270m³/t）。

2008 年，国家发布了《制浆造纸工业水污染物排放标准》（GB 3544—2008）（以下简称"2008 年标准"），一反之前多次修订却没有实质性提高的做法，2008 年标准大幅度提高了对排放限值的要求，对现有企业分两个阶段规定了污染物浓度限值，2009—2011 年，制浆造纸企业化学需氧量执行 100~200mg/L 的浓度限值，自 2011 年 7 月 1 日起化学需氧量执行 80~100mg/L 的浓度限值。相比 2001 年标准，化学需氧量浓度限值下降一半以上。2008 年标准对排水量的要求也远远严于 2001 年标准，对第一阶段降至 20~80m³/t，第二阶段降至 20~50m³/t。按照污染物浓度限值和排水量限值计算单位产品污染物排放量，2009—2011 年，规定制浆企业单位产品化学需氧量排放量要控制在 16kg/t 以下，2011 年 7 月 1 日后控制在 5kg/t 以下，相比 2011 年标准的 85.5kg/t 下降了 90% 以上。具体见表 5-6、表 5-7、表 5-8。

表 5-6　非木浆本色制浆、制浆造纸企业化学需氧量排放浓度限值　单位：mg/L

标准文号	实施时间	立项时间				
		1988 年之前	1988 年 1 月 1 日至 1989 年 1 月 1 日	1989 年 1 月 1 日至 1992 年 6 月 30 日	1992 年 7 月 1 日至 2008 年 7 月 30 日	2008 年 8 月 1 日至今
GB 3544—1983	1983 年	—	—	—	—	—
GB 8978—1988	1988 年 1 月 1 日	450	350			
GB 3544—1992	1992 年 7 月 1 日	450				
GWPB 2—1999	2001 年 1 月 1 日	400				
GB 3544—2001	2002 年 1 月 1 日	450				
GB 3544—2008	2008 年 8 月 1 日至 2009 年 5 月 1 日	—	—	—	—	90~100
	2009 年 5 月 1 日至 2011 年 6 月 30 日	120~200				90~100
	2011 年 7 月 1 日至今	90~100				

表 5-7　非木浆本色制浆企业排水量限值 100t/d 以上企业　单位：m³/t

标准文号	实施时间	立项时间				
		1988 年之前	1988 年 1 月 1 日至 1989 年 1 月 1 日	1989 年 1 月 1 日至 1992 年 6 月 30 日	1992 年 7 月 1 日至 2008 年 7 月 30 日	2008 年 8 月 1 日至今
GB 3544—1983	1983 年	130	110			
GB 8978—1988	1988 年 1 月 1 日	230	190			
GB 3544—1992	1992 年 7 月 1 日	230	190			
GWPB 2—1999	2001 年 1 月 1 日	100				
GB 3544—2001	2002 年 1 月 1 日	270		230	190	

续表

标准文号	实施时间	立项时间				
		1988 年之前	1988 年 1 月 1 日至 1989 年 1 月 1 日	1989 年 1 月 1 日至 1992 年 6 月 30 日	1992 年 7 月 1 日至 2008 年 7 月 30 日	2008 年 8 月 1 日至今
GB 3544—2008	2008 年 8 月 1 日至 2009 年 5 月 1 日	—	—	—	—	50
	2009 年 5 月 1 日至 2011 年 6 月 30 日	80				50
	2011 年 7 月 1 日 至今	50				

表 5-8　非木浆本色制浆单位产品化学需氧量排放限值　　　单位：kg/t

标准文号	实施时间	立项时间				
		1988 年之前	1988 年 1 月 1 日至 1989 年 1 月 1 日	1989 年 1 月 1 日至 1992 年 6 月 30 日	1992 年 7 月 1 日至 2008 年 7 月 30 日	2008 年 8 月 1 日至今
GB 3544—1983	1983 年	—	—	—	—	—
GB 8978—1988	1988 年 1 月 1 日	103.5	66.5			
GB 3544—1992	1992 年 7 月 1 日	103.5	85.5			
GWPB 2—1999	2001 年 1 月 1 日	40				
GB 3544—2001	2002 年 1 月 1 日	121.5		103.5	85.5	
GB 3544—2008	2008 年 8 月 1 日至 2009 年 5 月 1 日	—	—	—	—	5
	2009 年 5 月 1 日至 2011 年 6 月 30 日	16	16	16	16	5
	2011 年 7 月 1 日 至今	5	5	5	5	5

（2）地方排放标准

2000 年，各地方政府开始针对造纸工业废水排放制定地方标准，地方标准先于国家标准推动企业技术进步。比如 2001 年，浙江省实施《浙江省造纸工业（废纸类）水污染物排放标准》，对废纸造纸企业的排放要求远严于国家要求，化学需氧量由 2001 年标准的 450mg/L 降低为 100mg/L。我国造纸第一大省——山东省在 2003 年也发布了《山东省造纸工业水污染物排放标准》，分

2003—2006 年、2007—2009 年、2010 年以后 3 个阶段实施逐步严格的排放标准，标准要求也显著严于 2001 年标准。以非木浆本色制浆造纸企业为例，3 个阶段的化学需氧量排放浓度限值和单位产品化学需氧量排放限值分别为 380mg/L 和 38kg/t、250mg/L 和 25kg/t、120mg/L 和 12kg/t，比 2001 年标准的 450mg/L 和 85.5kg/t 要严格得多。我国制浆第一大省——河南省在 2005 年发布了《河南省造纸工业水污染物排放标准》，分 2005—2010 年、2010 年以后两个阶段实施逐步严格的排放标准，加强了对造纸业的控制，两个阶段的化学需氧量排放浓度限值和单位产品化学需氧量排放限值分别为 300mg/L 和 30kg/t、150mg/L 和 15kg/t，也严格于 2001 年标准限值。陕西省在 2006 年发布了《陕西省造纸工业水污染物排放标准》，分 2006—2010 年、2011 年以后两个时段实施逐步严格的排放标准，其化学需氧量排放浓度限值和单位产品化学需氧量排放限值也显著严于 2001 年标准，见表 5-9。

表 5-9　地方标准中非木浆本色制浆企业排放限值

地方标准	实施时间	化学需氧量浓度限值（mg/L）	单位产品排放量限值（kg/t）
山东省	2003 年 5 月 1 日至 2006 年 12 月 31 日	380	38
	2007 年 1 月 1 日至 2009 年 12 月 31 日	250	25
	2010 年 1 月 1 日至今	120	12
河南省	2005 年 7 月 1 日至 2010 年 12 月 31 日	300	30
	2011 年 1 月 1 日至今	150	15
陕西省	2006 年 10 月 20 日至 2010 年 12 月 31 日	400	32
	2011 年 1 月 1 日至今	350	21

由以上分析可知，在国家 2008 年大幅度提高造纸工业水污染物排放限值之前，一些造纸大省已经开始未雨绸缪，纷纷出台了较为严格的地方标准，分阶段、有计划地提高对造纸工业水污染排放的要求。从理论上讲，这一举措能够使以上省份造纸工业的排放水平超前于国家标准。地方标准代替国家标准促进企业技术进步，有助于加快落后产能淘汰，推动企业转型升级，促进清洁生产工艺技术的研发和进步，有效减少了污染。

纵观 1983 年至今造纸行业排放标准的变化，前 20 余年国家标准没有进步，虽然在具体数值上反复修改，但是排放限值始终没有实质提高。2008 年标准突然变得严格，化学需氧量等污染物排放限值降低 90% 以上，政策的突然变化使企业措手不及，使造纸工业面临极大的技术改造压力和淘汰风险。

根据 2010 年以来的相关文献，为了满足 2008 年标准要求，造纸工业普遍需要进行技术改造。尤其是当时的草浆企业，技术改造的建设成本和运行成本都较高，很多企业难以盈利，中小企业普遍因资金困难而被淘汰。同时新标准的实施往往都会有一个过渡期，给工业企业达标改造的时间。国际上较为普遍的做法是 6~7 年过渡期（比如北欧规定的过渡期为 7 年，欧盟为 6 年）。我国 2008 年标准的过渡期只有 3 年，面对困难的技术改造任务，相对短暂的技术改造时间更加重了工业企业的负担。2008 年标准的实施在当时预示着一部分企业将会被淘汰，这给社会带来了一定影响，造成了固定资产损失和失业等社会经济问题。但是，在 2008 年标准修订更新之前，部分省份的地方排放标准已经逐步严格，引导企业有计划地降低排放水平，起到了一定的缓冲作用。

5.5.2 造纸工业清洁生产和技术进步评估

（1）原料结构

2001—2018 年，我国纸浆生产的总体趋势是：木浆产量整体呈增长趋势，由 200 万吨增长为 1 147 万吨；占总产浆比重由 8.03% 增长为 15.81%，但占总产浆比重依然不高。非木浆产量整体呈先增长后下降的趋势，2007 年达到最高（1 302 万吨），之后逐渐降低，2018 年为 610 万吨；占总产浆比重由 39.36% 下降到 8.41%。废纸浆生产大幅度增加，由 1 310 万吨增长为 5 444 万吨；占总产浆比重由 52.61% 上升为 75.79%，见表 5—10。造纸原料结构的变化说明：① 我国以麦秆、麻类、芦苇等对环境污染较严重且利用率较低的非木浆为主导的制浆历史已经结束，逐步被市场所淘汰，而废纸浆作为造纸行业主要原料已经成为主流。木浆造纸在我国多年积极推行林纸一体化、扩充木纤维原料的背景下有所发展，但相对于快速上升的纸浆需求量，仍存在较大缺口。总体而言，自 2001 年以来，我国已经大大降低了污染严重的非木浆生产比重，实现了《造纸工业发展"十二五"规划》中提到的"推进林纸一体化项目，提高国内木浆和废纸的供给能力，改善原料结构"。可以看出，排放标准的制定和执行对造纸行业的原料结构没有产生负面影响。但同时我们也要看到，我国的纸浆生产和消费结构与发达国家"木浆 60% 以上，废纸浆 30% 以上，非木浆用量极微"的状况仍有差距。如果想从根源上解决造纸行

---

① 文中统计的废纸浆包括进口废纸制浆，如果不考虑进口废纸制浆，2001 年非木浆占总产浆的比重为 49.5%，国内废纸浆占比为 40.4%。根据国内数据，2001 年前后我国造纸行业是以非木浆为主导的。

业污染的问题，还是需要提高木浆占总产浆的比重。

表 5-10　2001—2018 年我国造纸行业制浆原料结构变化情况

年份	木浆		非木浆		废纸浆	
	产量（万吨）	占比（%）	产量（万吨）	占比（%）	产量（万吨）	占比（%）
2001	200	8.03	980	39.36	1 310	52.61
2002	214	7.27	1 110	37.70	1 620	55.03
2003	217	6.56	1 170	35.38	1 920	58.06
2004	238	6.39	1 180	31.69	2 305	61.91
2005	371	8.35	1 260	28.37	2 810	63.27
2006	526	10.12	1 290	24.83	3 380	65.05
2007	605	10.21	1 302	21.98	4 017	67.81
2008	679	10.58	1 297	20.22	4 439	69.02
2009	560	8.32	1 176	17.47	4 997	74.22
2010	716	9.78	1 297	17.72	5 305	72.49
2011	823	10.66	1 240	16.06	5 660	73.29
2012	810	10.30	1 074	13.65	5 983	76.05
2013	882	11.53	829	10.84	5 940	77.64
2014	962	12.17	755	9.55	6 189	78.28
2015	966	12.10	680	8.52	6 338	79.38
2016	1 005	12.68	591	7.46	6 329	79.86
2017	1 050	13.21	597	7.51	6 302	79.28
2018	1 147	15.81	610	8.41	5 444	75.79

（2）产业发展

2001—2018 年，我国造纸生产企业规模以上企业数量总体呈先增长后下降的趋势，由 2001 年的 2 620 家变化为 2018 年的 2 657 家，其中 2010 年规模以上企业数量最多（达到 3 724 家）。主营业务收入呈稳步增加趋势，由 2001 年的 1 137 亿元增长为 2018 年的 8 152 亿元。利税总额、利润总额和总资产也呈稳步增长趋势，分别由 104.5 亿元、48.4 亿元、2 147 亿元增长为 611 亿元、466 亿元、10 505 亿元。企业平均资产增长明显，由 2001 年的 8 195.0 万元增长为 2018 年的 39 537.1 万元，企业平均资产年增长率在 0.55%~67.43%（见表 5-11）。可以看出，随着排放标准的逐渐严格，造纸生产企业规模以上企业数有所减少，但企业规模扩张明显，造纸行业的产业集中度得到了提高。尤其是 2008 年新国标出台之后，企业规模出现了一次飞跃式提升。

表 5-11 2001—2018 年我国造纸行业产业发展情况

年份	A	B	C	D	E	F	G
2001	2 620	1 137	104.5	48.4	2 147	8 195.0	—
2002	2 587	1 318	140.1	72.8	2 240	8 658.7	5.66
2003	2 766	1 661	161.5	85.1	2 537	9 172.1	5.93
2004	3 009	2 009	185.3	99.6	2 775	9 222.3	0.55
2005	3 342	2 546	225.2	123.2	3 228	9 658.9	4.73
2006	3 388	3 038	271.0	151.0	3617	10 675.9	10.53
2007	3 465	3 374	321.6	194.2	4 076	11 763.3	10.19
2008	3 494	3 970	364.1	228.2	4 697	13 443.0	14.28
2009	3 686	3 998	341.3	210.0	5 016	13 608.2	1.23
2010	3 724	5 162	458.4	299.4	5 934	15 934.5	17.09
2011	2 620	6 714	557	362	6 990	26 679.4	67.43
2012	2 748	6 888	554	343	7 868	28 631.7	7.32
2013	2 934	7 575	617	374	9 015	30 726.0	7.31
2014	2 962	7 879	594	362	9 432	31 843.3	3.64
2015	2 791	8 003	611	373	9 940	35 614.5	11.84
2016	2 757	8 725	—	486	10 037	36 405.5	2.22
2017	2 754	9 215	—	666	10 317	37 461.9	2.90
2018	2 657	8 152	—	466	10 505	39 537.1	5.54

注：为简便起见，用 A 表示造纸生产企业规模以上企业单位数（家），B 表示主营业务收入（亿元），C 表示利税总额（亿元），D 表示利润总额（亿元），E 表示资产总计（亿元），F 表示企业平均资产（万元），G 表示企业平均资产年增长率（%）。

（3）污染物排放强度

污染物排放强度可以反映排放标准的执行效果。总体来看，在最近的十几年里，随着环保政策和排放标准的严格，我国造纸行业废水排放量、造纸行业废水化学需氧量排放量以及万元工业产值化学需氧量排放强度均呈下降趋势，这说明我国造纸行业环境管理绩效在逐步提高，结构调整、节能减排取得了显著进步。具体来看，2002—2007 年，我国造纸行业工业废水排放量逐渐增长，在 2007 年达到最大（42.5 亿吨），说明由于 2001 年标准对排放标准宽松的要求和造纸行业的扩张使得减排效果微乎其微；自 2008 年开始，新的造纸行业水污染物排放标准（GB 3544—2008）开始实施，造纸行业废水排放量和废水中化学需氧量排放量开始出现大幅度下降，其中造纸废水排放量由 2007 年的 42.5 亿吨下降为 2015 年的 23.7 亿吨，造纸废水化学需氧量排放量由 2007 年的 157.4 万吨下降为 2015 年的 33.5 万吨，说明排放标准的提高起到了控制企业污染物排放的作用。造纸行业万元工业产值化学需氧量排放强度自 2002 年开始就一直在明显下降，由 2002 年的 121 千克/万元下降为 2015 年的 4.7 千克/万元。从造纸行业废水排放量占比的角度来看，2002—2015 年，我国造纸行业废水排放量占工业废水排放量的比重从 15.40% 下降为 11.88%，仅下降了 3.52%；造纸行业废水化学需氧量排放量占工业源化学需氧量排放量的比重由 2002 年的 28.07% 下降为 2015 年的 11.41%，2008 年标准的出台导致 2008 年以后下降尤为明显，见表 5-12。

表 5-12　2002—2015 年我国造纸行业废水排放量、化学需氧量排放量及排放强度

年份	A	B	C	D	E	F	G
2002	207.2	31.9	15.40	584.0	163.9	28.07	121.0
2003	212.4	31.8	14.97	511.9	152.6	29.81	94.0
2004	221.1	31.9	14.43	509.7	148.8	29.19	75.0
2005	243.1	36.7	15.10	554.7	159.7	28.79	69.0
2006	240.2	37.4	15.57	542.3	155.3	28.64	54.0
2007	246.6	42.5	17.23	511.0	157.4	30.80	40.0
2008	241.7	40.8	16.87	457.6	128.8	28.15	25.0
2009	234.5	39.26	16.74	439.7	109.7	24.95	25.0
2010	237.5	39.4	16.58	434.8	95.2	21.90	18.0
2011	230.9	38.2	16.54	354.8	74.2	20.91	11.0
2012	221.6	34.3	15.48	338.5	62.3	18.40	9.0
2013	209.8	28.5	13.58	319.5	53.3	16.68	8.0
2014	205.3	27.6	13.44	311.3	47.8	15.35	7.0
2015	199.5	23.7	11.88	293.5	33.5	11.41	4.7

注：为简便起见，用 A 表示工业废水排放量（亿吨），B 表示造纸行业废水排放量（亿吨），C 表示造纸行业废水排放量占工业废水排放量比重（%），D 表示工业源化学需氧量排放量（万吨），E 表示造纸废水化学需氧量排放量（万吨），F 表示造纸废水化学需氧量排放量占工业源化学需氧量排放量比重（%），G 表示造纸行业万元工业产值化学需氧量排放量（千克/万元）。

（4）循环经济

1 吨优质废纸大约可以得到 800 千克的造纸，可以节约 2~3 吨的木材，节约 1 000 度的用电，节省 50 吨的用水（王斌，2019）。加强对废纸的回收和利用有利于减少木材原料的使用与水污染物的排放并降低能耗。我国造纸行业木材原料等资源的缺乏使原料的可再生和可回收变得十分重要，废纸的回收和利用对水污染物排放有着非常重要的影响。

2001—2018 年，我国废纸回收与利用的总体趋势是：废纸回收量大幅度增长，从 2001 年的 1 013 万吨增长为 2018 年的 4 964 万吨，废纸回收率也由 27.50% 增长为 47.55%；废纸的消耗量也上升明显，从 2001 年的 1 310 万吨增长为 2018 年的 6 678 万吨，废纸的利用率由 43.96% 增长为 64.00%。《造纸工业发展"十二五"规划》把加大废纸回收和利用力度作为主要任务，并明确要求：将国内废纸回收率由 43.8% 提高至 46.7%，将废纸利用率由 71.5% 提高至 72.1%。由表 5-13 可知，2015 年，废纸回收率为 46.76%，废纸利用率为 72.61%，显然已经达到了"十二五"的要求。可以看出，排放标准的出台在一定程度上促进了我国废纸的回收和利用。虽然目前废纸的回收和利用取得了较大的进步，但是废纸的回收量一直低于其消耗量，仍然无法满足造纸行业的需要，依然需要从他国进口废纸。为使进口的废纸更加优质，我国出台了《禁止洋垃圾入境推进固体废物进口管理制度改革实施方案》，加之受 2018 年中美贸易战的影响，我国增加了从美国进口商品的关税，所以 2018 年我国的造纸行业受到了一定影响（苗成，2019）。

表 5-13　2001—2018 年我国造纸行业废纸回收和利用情况

年份	A	B	C	D	E	F
2001	3 683	1 013	27.50	2 980	1 310	43.96
2002	4 332	1 338	30.89	3 470	1 620	46.69
2003	4 806	1 462	30.42	4 300	2 400	55.81
2004	5 439	1 651	30.35	4 950	2 881	58.20
2005	5 930	1 809	30.51	5 600	3 513	62.73
2006	6 600	2 263	34.29	6 500	4 225	65.00
2007	7 290	2 765	37.93	7 350	5 021	68.31
2008	7 935	3 128	39.42	7 980	5 549	69.54

年份	A	B	C	D	E	F
2009	8 569	3 424	39.96	8 640	6 246	72.29
2010	9 173	4 016	43.78	9 270	6 631	71.53
2011	9 752	4 348	44.59	9 930	7 075	71.25
2012	10 048	4 473	44.52	10 250	7 479	72.97
2013	9 782	4 451	45.50	10 110	7 425	73.44
2014	10 071	4 841	48.07	10 470	7 593	72.52
2015	10 352	4 841	46.76	10 710	7 776	72.61
2016	10 419	4 964	47.64	10 855	7 813	71.98
2017	10 897	5 286	48.51	11 130	7 858	70.60
2018	10 439	4 964	47.55	10 435	6 678	64.00

注：为简便起见，用A表示纸和纸板消费量（万吨），B表示废纸回收量（万吨），C表示废纸回收率（%），D表示纸和纸板生产量（万吨），E表示废纸消耗量（万吨），F表示废纸利用率（%）。

（5）产品生产和消费

1996—2016年，我国纸和纸板的生产量稳定增长，由1996年的2 600万吨增长为2016年的10 855万吨；消费量也保持稳定增长，由1996年的3 028万吨增长为2016年的10 419万吨。2007年以前，我国纸和纸板的生产量要小于消费量，2007年以后基本实现供需平衡。1996—2016年，我国的纸和纸板生产量与消费量在全世界所占比重总体呈增长趋势，分别由1996年的占比9.22%和10.84%增长为2016年的占比26.42%和25.19%，其中2000—2009年增长速度较快，之后增长速度减缓。

纸和纸板人均年消费量方面，1996—2016年，世界纸和纸板人均年消费量由1996年的48.5千克增长为2016年的56.5千克，总体上呈略微增长趋势（除了2005—2007年变化幅度较大之外）；我国纸和纸板人均年消费量增长趋势较为明显，由1996年的24.7千克增长为2016年的75千克，自2008年开始，我国人均消费量开始超过世界平均水平（见表5-14）。

表 5-14　1996—2016 年我国与世界纸和纸板生产量及消费量变化情况

年份	A	B	C	D	E	F	G	H
1996	28 197.0	27 940.0	48.5	2 600	3 028	24.7	9.22	10.84
1997	29 904.0	29 690.0	50.8	2 744	3 270	26.5	9.18	11.01
1998	30 101.0	29 852.0	50.4	2 800	3 347	26.8	9.30	11.21
1999	31 571.0	31 439.0	52.8	2 900	3 525	27.8	9.19	11.21
2000	32 329.0	32 338.0	53.8	3 050	3 575	28.0	9.43	11.06
2001	31 815.0	31 802.0	51.8	3 200	3 683	29.0	10.06	11.58
2002	33 070.0	33 076.0	53.7	3 780	4 332	33.0	11.43	13.10
2003	33 881.5	33 912.5	51.7	4 300	4 806	37.0	12.69	14.17
2004	35 959.9	35 752.7	55.6	4 950	5 439	42.0	13.77	15.21
2005	36 702.5	36 639.8	56.3	5 600	5 930	45.0	15.26	16.18
2006	38 200.0	38 176.0	70.8	6 500	6 600	50.0	17.02	17.29
2007	39 430.0	39 418.0	59.2	7 350	7 290	55.0	18.64	18.49
2008	39 090.0	39 133.0	57.8	7 980	7 935	60.0	20.41	20.28
2009	37 069.0	37 074.0	57.5	8 640	8 569	64.0	23.31	23.11
2010	39 390.0	39 500.0	57.0	9 270	9 173	68.0	23.53	23.22
2011	39 898.0	39 900.0	56.8	9 930	9 752	73.0	24.89	24.44
2012	39 999.0	40 150.0	57.2	10 250	10 048	74.0	25.63	25.03
2013	40 260.0	40 364.0	56.9	10 110	9 782	72.0	25.11	24.23
2014	40 645.0	40 752.0	56.8	10 470	10 071	74.0	25.76	24.71
2015	40 760.0	41 070.0	56.6	10 710	10 352	75.0	26.28	25.21
2016	41 088.0	41 358.0	56.5	10 855	10 419	75.0	26.42	25.19

注：为简便起见，用 A 表示世界纸和纸板生产量（万吨），B 表示世界纸和纸板消费量（万吨），C 表示世界纸和纸板人均年消费量（千克），D 表示我国纸和纸板生产量（万吨），E 表示我国纸和纸板消费量（万吨），F 表示我国纸和纸板人均年消费量（千克），G 表示我国纸和纸板生产量占世界比重（%），H 表示我国纸和纸板消费量占世界比重（%）。

5.6　小结

本章对我国水污染物排放标准制度的发展进程进行了梳理，并对我国工业水污染物排放标准制度进行了初步的分析和评估，识别其存在的主要问题。通过本章的研究，得到如下结论：基于污染者付费原则，企业需承担环境外部性内部化标准的责任，内部化的程度一般用排放标准（或排放限值）来表达。水污染物排放标准的制定需要基于技术、水质和社会经济的考虑，在促进工业行业生产工艺和污染处理技术进步的同时保障地表水质达标。但实际上我国水污染物排放标准不仅没能有效地促进技术进步，也没能缓解水环境的恶化。排放标准的制定和执行既脱离了水环境质量，又脱离了技术水平的逐步更新。

第6章

污染者付费原则在我国环境税（费）中的应用

　　环境税（费）是控制污染的一项重要的环境经济政策，是我国绿色税收体系的重要组成部分，同时也是落实税收法定原则、环境保护相关法律法规的重要抓手，其目的是运用经济手段要求污染者承担污染造成社会损害的责任，促使环境外部成本内部化，倒逼高污染、高耗能产业转型升级，推动经济结构调整和发展方式转变。本章通过对我国环境税（费）① 制度进行分析和评估，识别其存在的主要问题。

6.1　我国环境税（费）制度发展进程

6.1.1　排污收费制度的提出和建立

　　同许多国家一样，污染者付费原则是我国开始寻求通过征收税（费）的方式解决环境问题的契机。我国环境税（费）制度的前身是排污收费。作为基于价格信号实施调节的环境政策手段，排污收费制度是我国实施时间最长的环境经济政策之一。在第一次全国环境保护工作会议召开之后，国务院成立了环境保护领导机构。该机构基于当时我国环境保护工作实际面临的问题以及对国外先进经验的吸收，在 1978 年提交的《环境保护工作汇报要点》中提出了在我国建立排污收费制度的设想，该设想得到了环保相关人士的充分讨论和肯定。1979 年，《中华人民共和国环境保护法（试行）》提出建立排

---

　　① 理论上环境税和排污费的依据都是庇古税原理，虽然环境税相对排污费在一定程度上具备强制性、严肃性和权威性，提高了政策执行力度，但是《环境保护法》本身并无太多亮点，基本上沿袭和套用了排污收费政策的基本要素（征收对象、计税依据、税额设置等），同时也承接了后者的诸多遗留问题。考虑到环境税刚刚开征，且数据缺乏，故本章以污水排污费政策为研究对象进行分析和评估。

污收费制度,① 使该制度从法律上得到了确认，各地政府对于这一新的环境政策的推行十分踊跃。1982 年，在《征收排污费暂行办法》（已失效，简称《暂行办法》）正式出台之前已经有 27 个省、自治区、直辖市开展了试点工作。《暂行办法》第二条指出，排污收费制度的建立是为了"促进企业、事业单位加强经营管理，节约和综合利用资源，治理污染，改善环境"。即通过收费的方式改变企业的行为从而节约能源、改善环境是其政策目标。

《暂行办法》的出台，标志着环境经济手段正式成为我国环境保护的政策工具。当时出台该办法的主要背景是环境管理过程中存在直接管制手段不灵活和污染治理资金短缺的问题，征收排污费一方面能够刺激排污者减少污染排放，另一方面也能够筹集环境治理资金。但以现在的眼光来看，当时的《暂行办法》存在很多问题。比如在排放标准较低的情况下，只对超标排放进行收费，并且费率很低。在资金管理方面，《暂行办法》同样存在着漏洞，如征收的排污费属于专项资金等。当时规定环境保护补助资金应当专款专用，而专用的范围包括重点排污单位的治理，这为企业获取排污费资金留下了空间。这一使用比例可以达到其所缴纳的排污费的 80%。这些问题的存在使得当时的排污收费制度很难如其被期望的那样改变企业行为，进而改善环境。

6.1.2　排污收费制度的修订和完善

随后出台的环保政策开始从各个方面对排污收费制度进行修正和补充。1984 年《水污染防治法》首次区分了排放收费和超标排放收费的概念。认定直接向水体排放污染物的企业都应该缴纳排污费，而超标排放的则缴纳超标排放费。作为法律，1984 年的《水污染防治法》的效力高于《暂行办法》，将排污费征收范围扩大到排放的所有污染物上。直到在 1993 年国家计委、财政部颁布的《关于征收污水排污费的通知》中才制定了污水排污费的征收标准，规定企业在未超标时，需缴纳不超过每吨污水 0.05 元的排污费。但因为以污水量作为计征单位，实际上不会对企业的排放行为产生较大影响。

1996 年，新修订的《水污染防治法》确立了城市污水集中处理设施有偿使用的原则。规定缴纳了污水处理费的企业，无须再缴纳排污费。征收污水

---

①　1979 年，第五届全国人大常委会第十一次会议通过的《中华人民共和国环境保护法（试行）》第十八条明确规定"超过国家规定的标准排放污染物，要按照排放污染物的数量和浓度，根据规定收取排污费"，该法规已失效。

处理费是为了维持污水处理厂的正常营运。但在实际征收中，存在污水处理费标准过低、难以补偿运行费用的问题。欠费、漏收以及截留挪用的问题也十分严重。虽然同样是针对污染物排放征收的费用，但我国污水处理费是基于用水量征收的，因此并不具备激励企业减排的作用。一些企业故意混淆概念，在缴纳污水处理费后，排放大量的超标污水，随后既不缴纳排污费，也不缴纳超标排污费。为此，2001 年原国家环保总局在《关于征收污水排污费和超标排污费法律界定的复函》中进一步明确了企业向城市污水集中处理设施排放污水的收费标准。

从《暂行办法》开始，排污费就被作为专项资金来使用。1984 年的《水污染防治法》明确指出，征收的超标准排污费必须用于污染防治。同样地，收取的污水处理费必须用于城市污水集中处理设施的建设和运行，不得挪作他用。但即使是用于污染治理，直接返还给企业的做法仍然遭到了很多质疑。因此，1988 年国务院出台了《污染源治理专项基金有偿使用暂行办法》，提出将抽取排污费的 20%～30% 作为专项基金，以贷款的方式有偿提供给企业使用。提供的范围为：重点污染源治理项目；"三废"综合利用项目；污染源治理示范工程；为解决污染而实行并、转、迁企业提供污染源治理设施。把排污费由拨款改为贷款，改变了原来排污费资金无偿使用的局面，在一定程度上贯彻了污染者付费原则（吴健，2015）。

2003 年，《排污费征收使用管理条例》（已失效）的出台标志着我国排污收费制度进入新的阶段，这是我国排污收费制度历史上最重要的一次改革。在新的排污费征收中，全面使用污染物当量的概念，污染物当量与各污染物的危害程度相匹配。征收额的计算完全基于排放总量而不是超标量进行，对于超标的排放还将加征一倍的收费。对于污染物的收费也从单一污染变为按当量数从高到低不超过 3 项。同时，对于排污费的征收，中央给予了地方一定的自主权。国家排污费征收标准中未做规定的，省、自治区、直辖市人民政府可以制定地方排污费征收标准，并报相关主管部门备案。此外，政府对于排污费的管理使用也进行了调整，采取"收支两条线"的方式统一上缴财政，收取的排污费不再直接返还给企业，同时也不再用于环境执法的相关支出。从制度上尽可能地保证排污费用于环境污染治理。

《排污费征收使用管理条例》构建了我国排污收费制度的基本框架，但该条例仍然存在较大缺陷，没有弄清排污费率标准的设定原理。按照《排污费征收使用管理条例》第十一条规定，排污费收费标准是基于污染治理产业化发展的需要、污染防治的要求和经济、技术条件以及排污者的承受能力制定的，但在实际制定过程中考虑这么多因素是不现实的。因此政府以当时污染治理的平均减排成本作为基准，减半作为排污费的征收标准。按照减排成本制定排污费率本身相当于将排污收费这一经济手段当作实现排放标准的辅助工具，失去了作为环境政策工具的独立性，完全破坏了其实现环境目标的机制。同时因为费率较低，对于大多数企业也不具有较强的经济激励作用。

政府很快认识到了费率偏低的问题。2007年《国务院关于节约能源保护环境工作情况的报告》指出，现在的排污费标准只有治理成本的一半，而实际征收标准则更低。污染者付费原则没有得到落实，环境的损害也无法得到抑制。同年在《国务院关于印发节能减排综合性工作方案的通知》中要求按照补偿治理成本的原则，提高主要污染物排污费征收标准。自2007年开始，多个省市不同程度地提高了地方排污费标准，并根据排放浓度试行差异收费。但因为不具有强制性，在2014年《关于调整排污费征收标准等有关问题的通知》出台之前，只有江苏、山西、上海、河北等17个省、自治区、直辖市人民政府提高了排污费征收标准。《关于调整排污费征收标准等有关问题的通知》是与排污收费相关的最后一个重要文件，它进一步提高了污染物的征收标准，该标准也成为环境税的基准税率。此外，该文件中首次提出了差异化费率的概念，对于实际排放浓度低于排放标准50%以上的企业，只征收一半的排污费。这一政策在环境保护税中得到了进一步细化和加强。

随着以上改革措施的实施和推进，排污收费制度在为我国环境管理增添灵活性、为污染减排提供激励机制的方向上逐步推进。

6.1.3　排污收费制度向环境税制度的过渡

按照欧洲环境署的解释，对于污染物的排放，收费和征税仍然是有所区别的。收费体现了一种服务购买的关系，而征税则是强制性的义务，并不一定要提供相应的服务。但从对环境影响的原理的角度来看，它们之间并没有什么区别，环境税和排污费的理论依据都是庇古税原理。计划经济时期，国家的财政收入基本上依靠国有企业的利润上缴，税收的作用和地位并不高。即使实行市场经济之后，在很长一段时间内人们的税收意识仍较为薄弱，因此政府习惯通过收费的形式解决问题。在当时，费强税弱、税源流失的问题较为严重。同时相对于征税，收费方式缺乏制度保障，法律层级较低，在一定程度上缺少权威性和强制性。加上地方政府拥有较大的管控权限，实际征收情况十分混乱。因此，正税清费的改革观念从 20 世纪末逐步成为共识。

就排污收费而言，对于调控力度不足、范围偏窄，征收、使用混乱的问题，政府同样希望通过费改税的方式予以解决。2000 年国家税务总局印发的《2000 年全国税收工作要点》指出要结合费改税的经验，研究开征环境保护税的可行性，这标志着我国排污费改税改革的正式开始。对于征收可行性的问题，当时学者的意见并不统一。但即使不支持开征环境税的学者，也没有否认环境税的优势。他们只是认为在当时的环境下，还不具备开征的条件。2007 年，《节能减排综合性工作方案》由国务院正式发布，首次明确表示要"研究开征环境税"，之后开始发布多项规定。2008 年，《关于 2008 年深化经济体制改革工作意见的通知》中明确了由财政部和税务总局牵头研究环境保护税的开征。2011 年 10 月，国务院发布了《关于加强环境保护重点工作的意见》，再次指出研究开征环境保护税，推进环境税费改革。同时考虑到客观环境条件，在 2011 年《中华人民共和国国民经济和社会发展第十二个五年规划纲要》中提出，选择技术标准相对成熟、防治任务相对繁重的税目开征环境保护税，并且应逐步扩大征收范围。随后 2013 年的《国务院关于化解产能严重过剩矛盾的指导意见》进一步强调了环境保护税对推动市场价格机制淘汰落后产能的积极作用。党的十八届三中全会明确提出将推动环境保护税费改革作为税制改革的重点任务之一。2015 年 1 月 1 日起实施的新环保法明确提出"依照法律规定征收环境保护税的，不再征收排污费"，预示着我国实施环境保护税成为必然趋势（葛察忠，2017）。中共中央、国务院印发《关于加快推进生态文明建设的意见》提出要完善经济政策，健全价格、财税、金融等政策，激励、引导各类主体积极投身生态文明建设，推动环境保护费改税。《生态文明体制改革总体方案》提出，要构建更多运用经济杠杆进行环境治理和生态保护的市场体系，加快资源环境税费改革，加快推进环境保护税立法。2016 年 12 月 25 日，正式表决通过《中华人民共和国环境保护税法》，历经十年研究和酝酿，就环境保护税开征达成共识，并于 2018 年 1 月 1 日正式开征。自此，我国的排污收费政策退出历史舞台，环境保护税时代正式开始。

依据《环境保护税法》所附《环境保护税税目税额表》，各省（自治区、直辖市）税额幅度为大气污染物每污染当量 1.2~12 元，水污染物每污染当量 1.4~14 元。各省（自治区、直辖市）应税大气污染物和水污染物的税额标准见表 6-1。从表 6-1 中可以看出，北京等 14 个地区的环境保护税较排污费提高了征收标准，上海等 18 个地区的环境保护税沿用了排污费的征收标准。河北、江苏税额标准实行区域差别化，上海、山东、湖北、浙江、福建税额标准实行污染物差别化。

表6-1　我国各省（自治区、直辖市）环境保护税税额标准

单位：元/污染当量

省份	大气污染物税额	水污染物税额	与排污费相比
北京	12	14	提高标准
天津	10	12	提高标准
河北	按区域分档。一档：主要污染物9.6，其他污染物4.8；二档：主要污染物6.0，次要污染物4.8；三档：4.8	按区域分档。一档：主要污染物11.2，其他污染物5.6；二档：主要污染物7，其他污染物5.6；三档：5.6	提高标准
上海	二氧化硫6.65，氮氧化物6，其他1.2	化学需氧量5.0，氨氮4.8，其他1.4	相同
江苏	南京8.4，无锡、常州、苏州、镇江6.0，其他4.8	南京8.4，无锡、常州、苏州、镇江7.0，其他5.6	提高标准
山东	二氧化硫、氮氧化物6.0，其他1.2	化学需氧量、氨氮、五项重金属污染物3.0，其他1.4	提高标准
河南	4.8	5.6	提高标准
四川	3.9	2.8	提高标准
重庆	2.4	3.0	提高标准
湖南	2.4	3.0	提高标准
贵州、海南	2.4	2.8	提高标准
湖北	二氧化硫、氮氧化物2.4，其他1.2	化学需氧量、氨氮、总磷、五项重金属污染物2.8，其他1.4	相同
广东	1.8	2.8	提高标准
广西	1.8	2.8	提高标准
山西	1.8	2.1	提高标准
浙江	1.8	1.4，五项重金属污染物1.8	相同
福建	1.2	五项重金属、化学需氧量、氨氮1.5，其他1.4	相同
内蒙古、云南、辽宁、吉林、黑龙江、安徽、江西、西藏、陕西、甘肃、青海、宁夏、新疆	1.2	1.4	相同

6.2 排污收费与环境税的关系

环境税与排污收费都是重要的环境经济政策,是运用市场机制调节市场经济主体的行为,以要求污染者付费的方式将其污染行为造成的外部成本内部化,目的是促使污染者进行污染治理与防控。环境税与排污收费在理论依据、政策目标、功能作用和征收管理等方面都具有一定的相似性。

6.2.1 理论依据相同

环境税与排污收费都是市场激励型的环境经济手段,其理论依据都是庇古税理论,即强调通过政府干预来解决环境问题。庇古认为,当厂商的边际私人成本小于边际社会成本时,会产生外部不经济性,此时仅依靠市场不能解决边际私人成本与边际社会成本的差额问题,即所谓的市场失灵,需要由政府对厂商进行收费或征税。庇古税理论要求政府在市场中为环境要素制定一个合理的价格,即给造成污染的外部不经济性确定一个合理的负价格,由外部不经济性的制造者承担全部的外部成本,实现外部效应的内部化。虽然排污收费与环境税在制度的形式和实施上有所不同,但是其原理都是基于庇古税理论。

6.2.2 政策目标相同

环境税与排污收费的政策目标相同,都是为了控制污染、保护环境。在根本上都是通过对污染物排放设立定价机制来提高企业排放的成本,促使企业进行污染治理与减排。根据污染者付费原则,污染者应当承担污染治理和环境损害的全部费用,排污收费和环境税都需要严格遵循此原则,因为污染的全部成本是制定收费和征税标准的依据,只有基于全成本定价,才能使边际私人成本等于边际社会成本,将外部成本完全内部化,最终实现环境保护的目标。

6.2.3 功能作用相似

环境税与排污收费都具有调节污染者行为和筹集污染治理资金的功能。在调节污染者行为方面,两者的作用机制是一样的,即通过对环境资源进行合理定价,来改变价格信号进而影响环境污染者的生产行为。污染者会根据自身的技术水平和治理成本,衡量成本效益,选择自己治理或通过缴费委托政府或第三方进行治理。在筹集污染治理资金方面，环境税和排污收费为实现特定的环境目标而对污染者的污染行为征收税（费），如果污染者的治理成本高于需缴纳的环境税（费），那么污染者就会选择缴纳税（费），于是政府部门便可以筹集污染防治资金用于集中治理，为国家公共财政筹集专项环境保护资金，从而发挥资金筹集的功能。

6.2.4 征收管理相似

环境税的征管虽然增加了税务征管，但是税务部门只负责收税，环境监测与监管工作仍属于生态环境部门的职责范围，因此环境税征管的重点还应该是环境监管。如果环境监管不严，税收便失去了计费依据，环境税的征收便无从谈起。因此，环境税与排污收费在征收管理方面具有一定的相似性。首先，两者的征收对象、征收范围一致。其次，两者在征收管理方面需要使用相同的征收管理力量，如环境监测、环境监察、环境执法等，为征管工作提供技术和组织保障。排污收费制度为环境税的实施提供了一定的征管基础，生态环境部门对污染物排放的环境监测也有一定的技术基础和管理经验。

6.2.5 环境税相比于排污收费的优势

排污收费制度缺乏强有力的法律保障，强制力较弱，更高的征收强度伴随着更高的征收阻力，因此在实施和改革过程中难以达到应有的环境保护效果。相比于排污收费，环境税的优势体现在：更具有法律的严肃性和权威性。一般而言，相对于收费，税收的法律程序更加系统、规范和严谨，且具有较高的透明度。虽然《排污费征收使用管理条例》在征收管理上设计了类似税收征收管理的制度，但"费"通常只是由国家某些行政部门或者事业单位收取的，并不具备《税收征管法》在法律层面上对"税"所赋予的强制力。因此，费改税使征收管理工作的严肃性和权威性得到提升，更有利于规避排污者进行违法排污的风险，同时伴随着更强的征管力度，征收标准的提高也指日可待。

同时，环境税在功能上更具有长效性。"费"作为一种行政政策，只能解决一时的资金问题，而"税"本身是国家的一个重要的经济政策手段，是长期可靠的，因此环境税的固定性更强。环境税可以对生产者和消费者的环境污染行为产生持续刺激作用，鼓励人们采用更有效的污染控制方法去减少污染；同时，税收差异或优惠政策可以扶持环保产业的发展，鼓励清洁生产和节能减排，从长期来看，有利于实现经济的可持续发展。

6.3　我国污水排污税（费）政策实施效果评估

6.3.1　收入效果评估

我国从 1979 年 9 月开始征收污水排污费。1990—2015 年，我国累计征收污水排污费达 584.03 亿元。以 2003 年排污收费政策改革为节点，1990—2002 年，污水排污费收入稳定增长，由 8.9 亿元增长至 21.7 亿元，年均增长率为 7.3%；2003 年国务院颁布《排污费征收管理使用条例》（以下简称《条例》），实行排污收费政策改革，污水排污费由"超标收费"转向"排污即收费"；2004 年的污水排污费征收额急速增加，由 2003 年的 21.3 亿元增加到 2004 年的 34.3 亿元，增长率高达 67.8%；2005—2007 年，污水排污费在 2004 年的水平上保持平稳，年均增长率仅为 1.9%；2008—2010 年，污水排污费收入呈现负增长，由 2007 年的 36.1 亿元下降到 2010 年的 22.4 亿元。2010 年之后增长缓慢，2015 年污水排污费征收额为 23.8 亿元。1990—2015 年，污水排污费占排污费总额的比重总体呈现下降趋势，从 1990 年的 53.2% 下降到 2015 年的 13.3%，如图 6-1 所示。

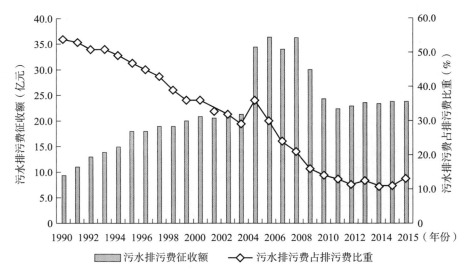

图 6-1　1990—2015 年我国污水排污费征收额及占排污费比重

工业污染源治理投资为污染治理成本的重要组成部分。根据排污费收入占工业污染源治理投资的比重可以看出排污费的征收规模和筹集环保资金的能力。2001—2015 年，我国排污费占工业污染源治理投资的比重呈现波动变化。2001—2005 年该比例呈现下降趋势，由 36.5% 降到 26.9%；2006—2010年，该比例呈现上升趋势，由 29.8% 上升到 47.4%；2011 年之后占比又有所回落。其间，污水排污费占工业污染源治理投资的比重一直呈现下降趋势，由 2001 年的 11.7% 降至 2015 年的 2.9%，如图 6-2 所示。这说明污水排污费对工业污染治理的作用不断减弱，靠排污费筹集资金直接治理污染是远远不够的，根本未能体现其筹集资金的功能。

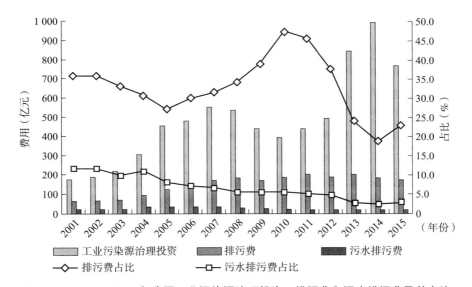

图 6-2　2001—2015 年我国工业污染源治理投资、排污费和污水排污费及其占比

6.3.2　征收效果评估

污水排污费政策征收率低、征收效果较差，部分工业企业存在漏缴情况。以 2015 年为例，我国工业废水达标排放率为 96.6%，所以超标收费或罚款的比例非常小，暂且忽略不计；同时由于污水处理费的征收，暂不考虑排入城镇污水处理厂的工业废水。依据当年污水排污费标准和我国工业废水、水污染物排放量、污水排污费费率估算污水排污费征收量。2015 年，我国工业排放化学需氧量 293.5 万吨，在全部达标排放的情况下，每吨化学需氧量收 700元排污费，应征 20.6 亿元，这基本等于当年征收的全部污水排污费。

仅化学需氧量一项征收的污水排污费就约等于统计的全部污水排污费。

根据政策规定，要对排污者排放的前3项污染物征收污水排污费；此外，部分省份已经大幅度提高了排污费征收标准，即使均按达标排放计算，当年实际收缴的污水排污费也远远低于应征的污水排污费。这表明地方政府没有足额征收污水排污费，部分工业企业存在漏缴情况。

如果考虑我国工业废水大量无处理排放，那么实际征收的污水排污费更是远远低于应征额。如果考虑前文分析的工业无处理排水，以化学需氧量为例，无处理排放的工业废水浓度是460.8mg/L，则无处理排放的工业废水漏缴的排污费为460.8×10^{-6}×128.6×1 400＝83.0（亿元），等于当年实际征收污水排污费的3.7倍。

6.3.3　减排效果评估

污水排污费政策提高了排污单位治理污染的积极性，促进了工业企业对废水的污染治理和减排。在我国工业经济保持大幅度增长的前提下，全国工业化学需氧量和氨氮排放量大体呈下降趋势，尤其是"十一五"以来下降幅度明显，2015年，工业化学需氧量和氨氮排放量分别比2001年下降了51.7%和47.5%。此外，我国工业用水重复利用率和工业废水达标排放率也逐年增加，分别由2001年的69.6%和85.6%增加至2015年的90.2%和96.6%，如图6-3所示。

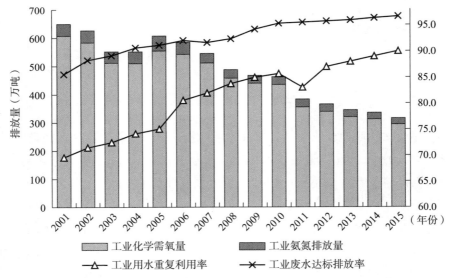

图6-3　2001—2015年我国工业主要污染物排放量、用水重复利用率、废水达标排放率情况

此外，工业废水中的污染物平均浓度也呈下降趋势。以化学需氧量为例，工业化学需氧量的平均排放浓度自 2001 年以来稳定处于纸浆、化工等行业的二级排放标准（300mg/L）之下，并呈现逐年下降的趋势，如图 6-4 所示。但是，工业化学需氧量的平均排放浓度仍然高于《污水综合排放标准》（1996）的一级标准（100mg/L）。工业废水的污染物排放浓度与水环境质量密切相关，这样的平均排放浓度相对于水环境功能要求来说仍然是偏高的。因为我国绝大部分地区水质已经低于水环境质量要求，北京、河北、陕西、山西等部分北方地区已经无常年地表径流，工业企业的排水水质就是当地的环境水质。这种情况下不仅不能改善水质，还会导致水环境进一步恶化，水环境质量并未得到改善就是证明。根据前文生态环境部、水利部、自然资源部、国家海洋总局发布的报告来看，虽然生态环境部门公布的地表水质在不断改善，但是地下水、近岸海域水质污染形势依然非常严峻，没有明显的证据证明我国的水环境质量得到了改善。

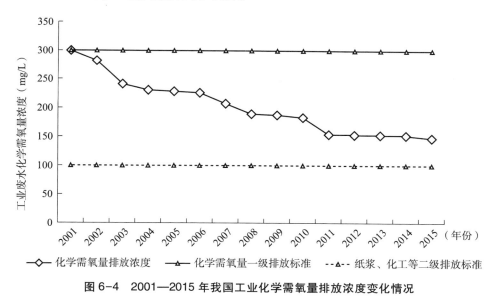

图6-4　2001—2015 年我国工业化学需氧量排放浓度变化情况

从以上分析可以看出，污水排污费政策虽然取得了一定成效，但是其筹集污染治理资金、调节污染者行为、改善水环境质量的功能并未完全实现。工业废水主要污染物排放量、排放浓度的下降以及工业用水重复利用率、工业废水达标排放率的提高是多种原因综合作用的结果，尚无法判断污水排污费政策在其中发挥了多大的作用。唯一能够确定的是，当且仅当工业企业的排放成本高于治理成本时，工业企业才可能减少污染排放或治理污染（李涛，2016）。

6.4 我国污水排污税（费）政策问题分析

污染者付费原则是制定和设计污水排污税（费）政策时应当遵循的基本原则。经济合作与发展组织（OECD）对污染者付费原则的界定是：污染者应承担为了确保环境处于可接受水平，由公共机构决定的污染防治措施的成本，并要求世界各国不应该对工业企业的污染控制和治理措施采取不当的补贴或税收优惠，否则就会造成国际贸易的扭曲。因此，污染者付费原则可以被解释为"非补贴规定"，即污染者应当承担污染控制和环境损害的全部费用。

污染者付费原则隐藏着两个含义：一是"污染者要基于全成本付费"；二是"不污染不付费"。判断是不是污染者的评判标尺就是排污主体排放的水污染物是否超过了水环境容量（自净能力），即水污染物排放标准是否导致水环境质量退化。如果排污主体的水污染物排放标准超过了环境无退化的排放标准，那么排放的污染物就会污染水环境，带来水质恶化、生态退化、人体健康损害等外部成本，此时污染者要承担治理污染和所造成环境损害的全部费用；如果排污主体的水污染物排放标准达到环境无退化标准，排污主体就不是污染者，排污主体排放污染物的外部成本已经全部内部化，即不污染不付费。

污染者付费原则并不仅仅局限于字面上的"付费"，只要污染者承担其所造成污染的全部成本即可。污染的全成本是制定税（费）征收标准的基础，但征收税（费）只是手段，治理污染才是结果，其目标是确保环境处于一种可接受的水平，即水环境质量不退化。因此，污染者付费原则的真正含义是"污染者治理"，在基于将废水排放处理到环境无退化标准时的全部治理成本的条件下，污染者根据环境无退化标准条件下的治理成本、自身环保技术水平和治理能力等情况，对不同的行为做成本—效益分析和比较，从而选择自己治理或委托他人治理，最终确保环境质量不退化。如果污染者不基于全成本进行付费，则不仅会产生外部成本，还会获得内部收益。

6.4.1 政策目标问题分析

污水排污税（费）最基本的理论依据是庇古税原理，即基于污染所造成的危害对污染者收费，以弥补私人成本和社会成本之间的差距，进而实现外部成本的内部化。污水排污税（费）的最终目的是内部化污染物排放者造成的外部不经济性，使污染者在进行生产决策时考虑污染水环境的成本，激励污染者减少排放、改善水环境质量，这是污水排污税（费）的真正定位。但之前我国污水排污费政策的定位已经偏离，财政部在 2010 年《关于印发 2010年全国性及中央部门和单位行政事业性收费项目目录的通知》中将排污费列为一种行政事业性收费，行政事业性收费是在向公民、法人和其他组织提供特定服务时收取的费用，即用于满足收费单位本身业务支出的需要。从资金的实际使用角度来看，我国的污水排污费主要用于各地方环保部门监测仪器购买、监督性监测、人员、信息等自身能力建设的支出，符合行政事业性收费的使用特征。在这种情况下，想要实现污水排污收费的污染物减排、调节污染者行为两方面功能已不合时宜。以庇古税原理为理论依据的污水排污费费率制定机制与行政事业性收费"以支定收"的定位是不一致的，要求以行政事业性收费为主要特征的污水排污收费达到污染物减排和改善水环境质量的目标几乎是无法实现的。

污水排污税（费）政策的目标应当是促进水污染防治、保护水环境、确保水环境质量不退化。作为一项环境经济政策，污水排污税（费）具有行为激励和筹集资金的双重功能，能够迫使污染者做出选择或者改变行为、减少排放、降低付费；或者支付全部费用，委托他人治理污染。无论污染者如何选择，都可以实现水防治污染、保护水环境的目标。但无论是《水污染防治法》（2017）、《排污费征收使用管理条例》（简称《条例》）（2003）抑或是《环境保护税法》（2018）均未明确"水环境质量不退化"的目标。例如，《水污染防治法》（2017）第一条规定"保护和改善环境，防治水污染，保护水生态，保障饮用水安全，维护公众健康，推进生态文明建设，促进经济社会可持续发展"，将促进经济可持续发展与保护和改善水环境并列为立法目标；《条例》（2003）规定国家排污费征收标准的制定需要兼顾 4 个方面：污染治理产业化发展的需要、污染防治要求、社会经济技术条件以及排污者的承受能力。然而，如果以盈利为目的的污染者以承受能力为借口不承担污染物排放所产生的全部成本，那么污染者对水环境造成的外部损害最终将由社会和环境承担。《环境保护税法》（2018）规定应税水污染物的具体适用税额的确定和调整需要考虑 3 个方面：本地区环境承载力、污染物排放现状以及经济社会生态发展目标要求。由此可见，我国污水排污税（费）政策缺乏明确的政策目标，没有体现行为激励的功能，没有实现全部外部成本的内部化，从而为低税（费）率的污水排污税（费）标准制定提供了"合法的"依据和条件（李涛，2016）。

6.4.2　征收标准未能覆盖全部成本

根据 OECD 提出的污染者付费原则，工业企业生产所致的污水排放治理的主要责任应归属企业本身，因此工业企业污水治理的资金主要由工业企业自身来承担。但根据我国目前的实际情况，工业企业自身承担的治理资金也仅仅满足了现有排放标准条件下的治理成本。考虑到我国的污水排放标准没有与水质达标直接连接，这就造成在某些地区（比如海河流域）即使达标排放也会造成环境污染和退化。尽管达标之后仍然要缴纳污水排污费，但是根据笔者的调研和分析，我国工业企业达标之后支付的污水排污费远低于环境无退化的治理成本。过低的收费标准不可能刺激排污者主动治污，使得排污者宁愿缴纳排污费也不愿主动治理污染。

根据笔者对 G 市的调研，部分行业（化工行业、印染行业）在现行排放标准下的化学需氧量平均治理成本分别为 6.99 元/千克和 3.81 元/千克，都远高于该地区当时的污水排污费征收标准 0.9 元/千克，如果基于环境无退化的排放标准来支付，则企业需要缴纳更多的治污费用，如图 6-5 所示。因此 0.9 元/千克的污水排污费征收标准根本无法覆盖目前企业达标排放的全部外部成本，由于征收标准太低，几乎不具备激励减排的功能。即使按照 2018 年 2.8 元/吨的环境税税率，相对于某些企业现行排放标准条件下的治理成本而言仍然是偏低的。工业企业排放污染物产生的外部成本最终要由社会和环境承担，这就相当于牺牲公共利益来补贴企业的盈利行为，造成了环境污染和公共利益的"双败"（马中，2012）。

根据前文所述，影响污水排污税（费）政策的关键因素是排放标准。排放标准决定了企业的治理成本，进而决定了税（费）水平。但治理成本只是一个概念，治理到 20mg/L 的治理成本和治理到 100mg/L 的治理成本是完全不同的，所以此处的治理成本应该是治理到环境无退化时的治理成本。在实际操作过程中，由于宽松的政策导致污染物排放标准与环境质量标准严重脱节，过低的污染物排放标准导致污水排污税（费）政策没有体现其行为激励功能。因此，过低的污染物排放标准是无激励的、低效率的，没有体现资源的配置作用。只有污染物排放标准达到环境无退化，才能调节污染者行为。

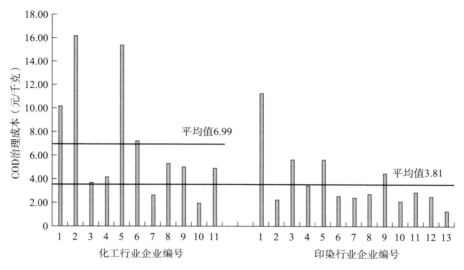

图 6-5 化工行业企业、印染行业企业编号及化学需氧量治理成本

6.4.3 征收标准与水环境质量不匹配

环境保护政策实施的最终目的是让环境得到改善，公众所关心的也正是环境质量水平。环境质量差的地区理应执行更加严格的环境标准，包括污染物排放标准和环境税征收标准。实际上，污染物排放标准从严就会导致污染治理成本提高，依据污染治理成本来制定的环境税征收标准也应该相应提高。但是，我国目前各省份的污水排污税（费）征收标准与本辖区的水环境质量状况存在比较明显的不匹配现象。

通过实证分析，对各省份污水排污税（费）征收标准与水环境质量状况进行比较，分别使用各省份化学需氧量的征收标准和本辖区河流中劣 V 类水（丧失水体基本功能）所占比重作为比较指标。结果发现，部分省份存在较明显的不匹配现象，如图 6-6 所示。例如，山西、内蒙古和宁夏等辖区内河流中劣 V 类水所占比重均超过了 10%，该指标甚至高于北京，但是这三个省份化学需氧量的征收标准却维持着全国最低水平（1.4 元/污染当量），而北京地区化学需氧量的征收标准已调整至 14.0 元/污染当量。分析其原因，可能与当地经济发展状况有关：北京地区经济实力雄厚，企业承受能力较强，污水排污税（费）征收标准也相对较高；而另外三个省份的经济实力相对较弱，省政府在制定环境税征收标准时可能更多地考虑了企业利益和企业承受能力，弱化了环境质量的要求。一味地迁就经济发展，轻视环境保护，短期内可能使经济迅速发展，但是从长期来看对环境的破坏是显著的，由于环境资源承载力下降，对经济的可持续发展也是有害的。

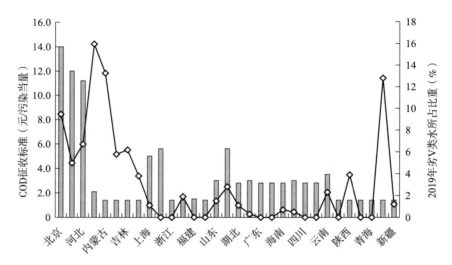

图 6-6　化学需氧量征收标准与本辖区河流中 2019 年劣 V 类水所占比重对比

6.4.4　污染不收税（费）和排放即收税（费）并存

根据现行法律、法规，对城镇污水处理厂达标排放的污水不征收污水排污税（费），这一规定的前提假定是"达标排放"的污水不会污染受纳水体。但是，由于城镇污水处理厂排放标准与环境质量标准脱节，在排入水体现状水质已经劣于法律规定的水环境功能要求而且排放标准等于和劣于现状水质的情况下，达标排放的污水依然会污染水环境，如图 6-7 所示。如果排水仍然污染环境，但因为已经"达标排放"而不收取污水排污税（费），就相当于污染者只支付了部分费用或没有支付费用，这就违背了污染者付费原则，在制度上"合法"降低了污染者的真实环境成本，实际上是通过牺牲环境帮助污染者获得经济收益。因此，一些地区污水处理厂也是污染者，也应当遵循污染者付费原则，按照排放污染物的种类、数量计征污水排污税（费），而不应该仅仅针对超标排放征收。在这种"达标也污染"的现象下，污水处理厂"达标排放不收税（费）"的政策体现了我国现有环境税政策存在着"即使有污染，也无须付费"的可能性，是污染者付费原则缺位的真实体现。

同时我国污水排污税（费）政策执行的是"排放即收税（费）"，这个规定看似合理，但没有把收税（费）、水污染物排放量和环境损害联系起来。实行污水排污税（费）政策应当遵循污染者付费原则，根据这一原则，只有造成水环境污染的污染者，才应缴纳税（费）；缴税（费）水平与污染程度相关；如果行为主体没有造成污染，则无须缴纳税（费），即"不污染不付费"。如果不论污染程度，不论污染与否，有排放就收税（费），这看似公允，实际上会打击企业治理污染的积极性。例如，某水环境功能区目标水质为Ⅲ类，该功能区内某工业企业污水排放达到地表水Ⅱ类标准，那么再根据排放污染物的种类、数量对其计征污水排污税（费）就没有实际意义了。

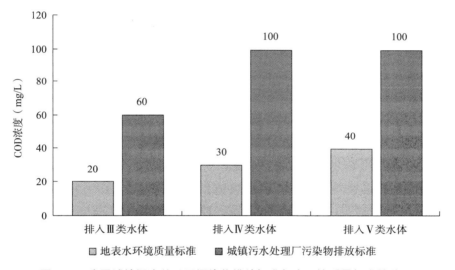

图6-7　我国城镇污水处理厂污染物排放标准与水环境质量标准的差距

6.4.5　存在区域性"污染天堂"

我国污水排污税（费）征收标准地区性差异较大，可能导致"污染天堂"的出现。以北京、天津、内蒙古和辽宁为例，四地污水排污税（费）征收标准分别为14.0元/污染当量、12.0元/污染当量、1.4元/污染当量、1.4元/污染当量，差距明显。污水排污税（费）征收标准应当依据污染者付费原则，按照排放水平达到环境无退化标准下的治理成本制定，而地区间环境现状不同，环境无退化标准不一，相应的治理成本也应有所差别。但是，在北京、天津、内蒙古和辽宁4个地区，拥有相似的环境现状，一致的环境诉求，却有如此显著的差别税（费），显然，税（费）标准并没有完全依据污染者付费原则。这样，就会促使污染企业从自身利益的角度出发，为了逃避高额的污水排污税（费），从京津地区迁移至附近的内蒙古和辽宁，造成当地更为严重的环境污染。

6.4.6 管理体制导致的不公平

根据法律规定，《环境保护税法》（2018）拟定《环境保护税税目税额表》，各地应税水污染物的具体适用税额的确定和调整，由各省、自治区、直辖市人民政府统筹考虑本地区环境承载能力、污染物排放现状和经济社会生态发展目标要求，在《环境保护税税目税额表》规定的税额幅度内提出，报同级人民代表大会常务委员会决定，并报全国人民代表大会常务委员会和国务院备案。从表 6-1 中可以看出，虽然部分地区污水排污税（费）率有所不同，但是内蒙古、云南、辽宁、吉林、黑龙江、安徽、江西、西藏、陕西、甘肃、青海、宁夏、新疆等地污水排污税（费）征收标准仍为统一的 1.4 元/污染当量。笔者调查分析了各省份工业企业污水治理设施的建设成本和运行成本，结果显示，各地的化学需氧量治理成本差异较大，仍有不少地区的税（费）征收标准小于本地的化学需氧量治理成本（李涛，2016）。由于不同地区经济发展水平、原材料价格、劳动力价格、水资源禀赋、水环境功能要求、水环境保护目标、环保技术水平各不相同，且同样的污染物或污染量在不同地区的边际社会损害也各不相同，所以应当根据各地实际情况分别制定污水排污税（费）率，否则会导致不公平、不合理和低效率。

即使是同一地区、同一流域，不同行业的工业企业由于废水污染物产生浓度、排放标准、废水处理工业、原材料价格、劳动力价格的不同，治理成本也会不同。根据笔者所在课题组对 G 市化工、印染等行业的调查发现，不同行业间甚至同一行业内不同工业企业的污染治理成本千差万别。如图 6-5所示，化工行业化学需氧量治理成本在 1.92 ~ 16.21 元/千克，印染行业化学需氧量治理成本在 1.35 ~ 11.29 元/千克，化工行业化学需氧量治理成本平均值约为印染行业的 2 倍，行业间无差别的污水排污税（费）征收标准不能确保对所有行业的污染减排产生经济刺激（吴健，2015）。

同时，针对城镇污水处理厂的污水排污税（费）征收标准在一定程度上也造成了地区之间的不公平。不同地区的污染物排放标准不同，即使面对相同的污水排污税（费）征收标准，由于污水处理设施自身的治理成本不同，仍可能造成地区间的不公平。例如，北京市 2014 年大幅度提高了城镇污水处理厂水污染物排放标准，对排入水体主要污染物指标（化学需氧量和氨氮）的浓度要求已经达到地表Ⅲ类和Ⅳ类水环境质量标准，这势必会给北京市污水处理厂带来治理成本的大幅度上升。但其他多数地区的污染物排放标准仍然维持在一级 A 或一级 B 的水平，这些地区污水处理厂的治理成本显然不足以与北京市相提并论，因而造成了地区间的不公平问题。

6.4.7　没有考虑环境损害的时间累积问题

经济收益和环境损害发生作用的时间并不同步也不对称，环境红利产生的超额收益具有即时性、短期性和私有性，而环境损害则具有滞后性、长期性和公共性。如图 6-8 所示，短时间内，经济总量增长快速而环境成本增长缓慢，单位时间内产生的社会净效益极大。但随着时间的推移，一方面，环境污染经过一段时间的累积超越环境阈值，产生了环境损害，这时的环境成本除治理成本之外，还将包括损害成本和修复成本；另一方面，经济总量也由于环境红利的边际效应递减而增速放缓。当时间到达 t，环境成本与经济总量相交于 s 点，此时全社会边际效益为零。当这种趋势持续下去，长期内经济总量就会小于环境成本，社会效益总量呈负增长。因此，若想达到可持续发展，为子孙后代留住碧水蓝天，从长远来看，应当通过制定合适的排污税（费）征收标准促使污染企业调整排污水平至不会造成环境退化。而事实上，目前的排污税（费）征收标准远没有达到这个效果，即便部分地区大幅度上调了排污税（费）征收标准，但之前已造成的环境损害并没有得到偿付，巨额的环境损害成本仍然由社会共同承担。

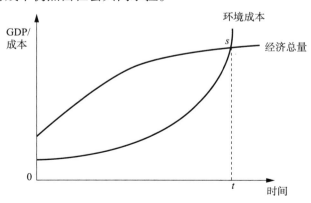

图 6-8　环境成本与经济总量在长时间内的变化

6.5 我国污水排污税（费）政策改革

6.5.1 案例分析

（1）研究方法

近年来，我国中小微企业发展迅速。截至 2017 年底，我国中小微企业已达 7 300 万户，占企业总数的 82.5%。中小微企业不仅为 80% 的劳动者提供了就业岗位，还成为各类产品和服务的主要贡献者，其上缴财税占全国的一半以上（林思宇，2016）。中小微企业在改善民生、促进经济稳步增长、实现高质量就业方面发挥了关键作用，但与此同时由于生产工艺和技术落后等原因产生的严重环境污染问题也引起社会各界的高度关注（陈帆，2014）。课题组的调查区域为中部六省之一的 H 省 Z 流域。采用实地调查的方法，选取 Z 流域污染较为严重的中小微企业探讨环境税征收与改革对工业企业的影响。

工业企业是水污染物排放的重要来源。基于此，课题组的主要调查对象为 Z 流域的重点工业企业。结合全国层面工业行业污染排放总体情况和 Z 流域实际现状，在调查区域内从化学需氧量排污大户中选取了造纸行业、化工行业、冶炼行业和食品加工行业等中小微企业，各行业抽样比例均在 10% 以上，样本具有一定的代表性。在考虑企业规模的基础上选取了 50 家企业进行问卷调查和实地踏勘，剔除缺失值和极端值，最终共获得 37 家工业企业的有效数据，其中造纸行业 16 家、化工行业 9 家、冶炼行业 6 家、食品加工行业 6 家。调查的所有工业企业的废水排放方式均为直接排入江河湖库，主要调查内容包括：工业企业利润和税收情况、工业总产值、生产工艺和产品；工业企业水污染治理设施数量和投资额、设计处理能力、管网建设费用、运行成本；工业企业主要水污染物产生及排放情况等。分析环境税对工业企业的影响，按照以下思路进行：①现状排放标准条件下工业企业实际治理成本核算；②现有污水排污税（费）是否具有行为激励作用；③环境税征收与改革对工业企业的影响。

（2）工业企业水污染物排放与经济效益对比

调查内容的第一部分是调查工业企业的基本情况，包括工业企业总产值，利税总额，生产产品；第二部分主要是工业企业污水处理厂设施的建设成本以及运行成本，包括污水处理设施数、总投资额、设计处理能力、管道建设费用以及年运行费用；第三部分主要是工业企业污水以及污染物产生及排放情况，主要包括工业废水产生量、处理量和排放量以及化学需氧量的产生量、削减量以及排放量。

根据问卷调查和数据分析，37 家工业企业的利润和税收总和为 1.62 亿元，占所调查区域工业企业利润和税收总额的 1.1%。37 家工业企业化学需氧量排放量达到 0.16 万吨，占所调查区域工业企业化学需氧量排放总量的 32.7%。可以看出，所调查的中小微企业经济效益小但水污染物排放量较大，因而是环境税征收和环境监管需要重点考虑的对象。从各工业企业经济效益和化学需氧量排放情况来看，食品加工行业的经济效益最好，冶炼和造纸行业次之，化工行业的经济效益最差；与此同时，造纸行业化学需氧量排放量最大。为了进一步对比分析中小微企业的水污染物排放和经济效益，课题组测算了各工业企业单位利税的化学需氧量排放①。从图 6-9 中可以看出，造纸行业单位利税的化学需氧量排放量最大，化工行业次之，即这两个行业产生单位经济效益所带来的水污染物排放较多，是造成水污染的两大主要行业。

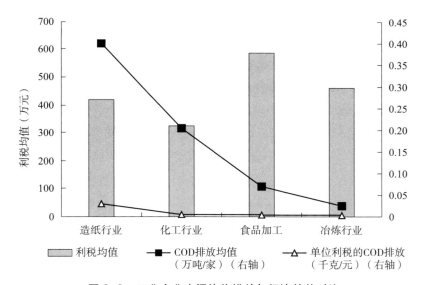

图6-9　工业企业水污染物排放与经济效益对比

（3）工业企业废水治理成本与排放标准对比

工业企业废水治理成本是指工业企业废水污染物从初始浓度处理到现状

---

① 单位利税的化学需氧量排放，即每单位经济效益所带来的水污染物排放，越低越好。单位：千克/元。

排放标准条件下每污染当量的治理成本。以废水污染物中的化学需氧量为例，工业企业废水治理成本主要包括废水治理设施建设成本（$C_{设施}$）、管网的建设成本（$C_{管网}$）以及治理废水的运行成本（$C_{运行}$）。因此，工业企业单位化学需氧量废水治理成本即总治理成本除以化学需氧量的削减量（$Q_{削减}$），即：

$$C = (C_{设施} + C_{管网} + C_{运行}) / Q_{削减}$$

根据工业企业治理成本的构成，对调查区域内各工业企业的治理成本进行分析，剔除了部分数据不齐全或者明显有偏差的样本，得到 4 个行业的污水治理成本。从图 6-10 中可以看出，各行业单位的化学需氧量治理成本存在较大差距，造纸行业、化工行业、食品加工行业、冶炼行业单位化学需氧量治理成本分别为 1.55 元/千克、2.64 元/千克、2.51 元/千克、1.98 元/千克。在行业治理成本差距较大的情况下，一致的污水排污税（费）标准 1.40 元/千克低于各行业治理成本，以盈利为目的的工业企业可以选择不治理直接缴纳污水排污税（费），因此 1.40 元/千克的污水排污税（费）征收标准并不能起到激励减排的作用。同时，为了分析工业企业治理成本产生差异的原因，课题组收集了调查行业的排放标准。从图 6-10 中也可以看出，化工行业和食品加工行业的排放标准较为严格，冶炼行业由于 H 省并没有出台相应的行业排放标准而采用了《污水综合排放标准》（1996），因而标准较低。据此可以推断出化工行业和食品加工行业的污水治理成本较高的原因之一是行业排放标准较高（林思宇，2016）。

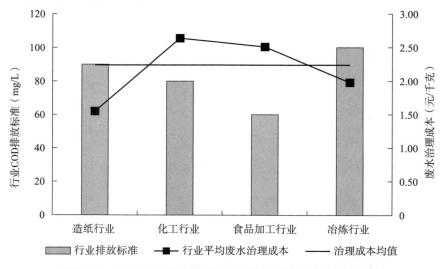

图 6-10　工业企业废水化学需氧量治理成本与排放标准对比

（4）征收污水排污税（费）对工业企业的影响分析

根据前文分析，中小微工业企业的经济效益小，但是水污染排放量大，因而是环境税征收需要重点考虑的对象。本节研究以环境无退化为目的征收环境税中小微工业企业是否可以承受。随着水污染物排放标准的逐渐趋严，治理成本也会相应提高，基于当地污水排污税（费）1.4元/污染当量、行业平均治理成本2.24元/污染当量、3元/污染当量、5.6元/污染当量，设置4档不同税率进行分析。

图6-11显示了在分别按照1.4元/污染当量、2.24元/污染当量、3元/污染当量、5.6元/污染当量征收污水排污税（费）的情况下，对所调查工业企业产生的影响。本书拟用利税影响率来分析污水排污税（费）征收与改革对工业企业的影响，综合世界银行研究报告，考虑我国经贸委和建设部研究实际情况，得出高耗水工业的水费支出占总产值的2.5%左右时，企业可以承受，经折算，当污水排污税（费）占工业企业利税的比重<5%时，工业企业可以承受（林思宇，2018）。

在按1.4元/污染当量征收污水排污税（费）情况下，只有5家企业的利税影响率占比大于5%，利税影响率<5%的占了绝大多数，达到86.48%，这些工业企业总产值为14.4亿元，占调查工业企业总量的94.3%，利税占调查工业企业总量的94.71%，但是化学需氧量排放量只有842.54吨，占调查工业企业总量的53.31%。

在按2.24元/污染当量征收污水排污税（费）的情况下，仍旧有30家工业企业的利税影响率<5%，占工业企业总数的72.22%，并且这些工业企业总产值占调查工业企业总量的81.08%，利税占调查工业企业总量的90.91%，但是化学需氧量排放量只有645.63吨，占调查工业企业总量的40.85%。

在按3元/污染当量征收污水排污税（费）的情况下，有25家工业企业的利税影响率<5%，占工业企业总数的64.86%，并且这些工业企业总产值占调查工业企业总量的79.85%，利税占调查工业企业总量的81.25%，但化学需氧量排放量只占调查工业企业总量的21.93%。

在按5.6元/污染当量征收污水排污税（费）的情况下，只有17家工业企业的利税影响率<5%，占调查工业企业总数的45.95%，虽然不足半数，但是这些工业企业总产值占调查工业企业总量的70.74%，利税占调查工业企业总量的73.77%。化学需氧量排放量只占调查工业企业总量的18.02%。这说明，基于治理成本征税时，大部分工业企业所受影响不大，只有极少部分高

排污企业受到较大影响。这从侧面反映出污水排污税（费）具有促进产业升级改造的功能。

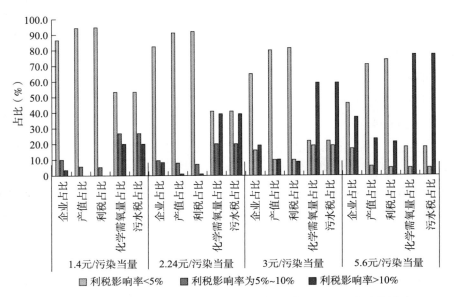

图 6-11　不同税率下化学需氧量污水排污税（费）对工业企业的影响

6.5.2　改革思路

根据前文分析可知，《环境保护税法》（2018）规定的应税水污染物税率较污水排污费费率在一定程度上有所提高，但与污染治理的全成本之间还有一定差距。依据污染者付费原则，排污者需要承担达到环境无退化标准条件下的全部治理成本。因此，作为污染者付费原则的具体体现，环境税税率的制定也应当依据全部治理成本。

污水排污税税率标准的制定要基于废水排放的全部成本，保证受纳水体的环境质量不退化。对于不同行业的企业来说，产生的废水中污染物的种类和浓度差别较大，废水的处理工艺也有所差别。另外，不同地区的水环境容量不同，满足环境无退化的排放标准也随之不同。这些因素共同导致水污染治理成本差异较大，因此，污水排污税税率应"分地区、分行业"制定。

污水排污税税率的制定思路如图 6-12 所示。首先，根据受纳水体的环境功能和水质现状，制定基于环境无退化的废水污染物排放标准。在一定的水量范围内，严格达到此排放标准的废水不会导致水环境质量退化。例如，南方部分地区水文条件优越，上游来水量大且水质较好，环境无退化的排放标准可以较为宽松。而北方大部分地区水文条件较差，部分地区河流污染严重、水量较少甚至河道干涸，导致废水排放水质即为河流水质，这些地区的环境无退化标准应当更加严格才能满足水环境的功能需求。其次，根据环境无退化的排放标准分别确定各行业废水污染物从初始浓度处理到环境无退化标准浓度时每污染当量的治理成本。最后，污水排污税税率设置应略高于此治理成本，从而激励排污者通过减排达到环境无退化的排放水平。

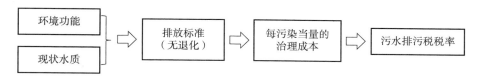

图 6-12　污水排污税税率的制定思路

污水排污税税率定价模型可以表示为：$t = P(C，T，q_1，q_2，\cdots，q_n) + \beta P$

式中，t 表示行业污水排污税税率；P 表示每污染当量的治理成本；C 表示行业废水排放初始浓度；T 表示行业废水处理的技术水平；$q_1，\cdots，q_n$ 表示不同水质指标的约束；β 表示使税率略高于污染治理成本的合适比率。

污水排污税的征收分为两种情况：其一，如果排污者排放的废水达到了环境无退化排放标准，就不再对其征收污水排污税，即体现"不污染不付费"。其二，如果排污者排放水平超过了环境无退化排放标准，造成了水环境污染，则应依据污染物排放的种类和数量，将污染当量数作为污水排污税的计税依据。具体来看，对某种污染物征收的污水排污税税额，由以下公式体现：

$$T_i = \frac{(C_{i排放} - C_{i无退化}) \times V_{排放}}{\beta_i} \times t_i$$

式中，T_i 为针对污染物 i 的污水排污税应纳税额；$C_{i排放}$ 为排放到天然水体中污染物 i 的浓度；$C_{i无退化}$ 代表污染物 i 的环境无退化排放标准；$V_{排放}$ 为排放到天然水体中的废水量；β_i 为污染物 i 的污染当量值；t_i 为设定的污染物 i 的税率。

通过上面公式可以看出，针对某种污染物征收污水排污税的对象并非排放该种污染物的全部污染当量数，而是全部污染当量数与环境无退化标准下的污染当量数之差。这样的设置更能准确体现污染者付费原则，即征收污水排污税的主要目的是促进排污者通过减排达到环境无退化排放标准，使外部成本内部化。如果排污者通过自身治理达到了环境无退化的排放标准，就无须再缴纳污水排污税。由于按照全成本收税，这部分税收应当满足委托第三方进行废水治理，使尾水排放达到环境无退化标准时所需付出的费用。这就展示了通过全成本征收污水排污税的真正意义，即让工业企业做出选择，是自身治理还是通过缴纳污水排污税由政府委托第三方治理。不论怎样选择，其最终目的都是治理污染，使排放水平达到环境无退化标准。另外，需要强调的是，污水排污税税率不应基于经济发展水平和程度以及企业支付能力来制定，因为这样会导致污水排污税偏离其改善与保护环境的初衷。责任是责任、义务是义务，不可彼此混淆。即便是要对经济落后地区补贴也要避免暗补而是要明补（张世秋，2015）。

考虑到政策的可操作性，污水排污税可以循序渐进，分阶段逐步提高税率水平。首先，依据达到现阶段排放标准下的治理成本来设置初始税率；其次，按照循序渐进的基本原则，结合技术和经济条件，确定环境无退化的达标进程时间表；最后，根据达标时间表，测算不同行业、不同时期的治理成本（边际治理成本递增）并设定税率，当期达标不收税。通过这一过程，最终使污水排污税的税率能够完全覆盖达到环境无退化排放标准所需的全部治理成本，真正起到激励企业"无污染"排放的作用。比如，假设某地受纳水体的环境无退化排放标准为Ⅳ类水，以化学需氧量为例，排放标准要达到30mg/L，可以设定8年内逐步达到此标准。其中，第3年达到70mg/L，第5年达到50mg/L，第8年达到30mg/L。税率制定按照如下思路：①第3年之前按照化学需氧量70mg/L达标，税率略高于从化学需氧量100mg/L（现行达标排放标准）到70mg/L的行业平均治理成本；②第4~5年按照化学需氧量50mg/L达标，税率略高于从化学需氧量70mg/L处理到50mg/L的行业平均治理成本；③第6~8年按照化学需氧量30mg/L达标，税率略高于从化学需氧量50mg/L处理到30mg/L的行业平均治理成本。

实际上，北京早前已经按照以上的设税思路进行了排污费改革，而且是一步到位。为了保护水环境，北京于2013年底几乎同时发布了最新的水污染物综合排放标准（DB11/307—2013）以及排污费征收标准。其过程可以说是对污染者付费原则的基本演绎，首先根据受纳水体水质制定环境无退化的排放标准，体现为：按照规定，对直接向地表水体排放污水的单位排入北京市Ⅱ、Ⅲ类水体及其汇水范围的污水执行A排放限值，对排入北京市Ⅳ类、Ⅴ

类水体及其汇水范围的污水执行 B 排放限值。其中，A 排放限值化学需氧量和氨氮等污染物均为地表水 Ⅲ 类水标准，B 排放限值也达到了地表水 Ⅳ 类水标准。根据边际治理成本递增规律，排放标准越严格，单位污染物治理成本就越高，相应的征收标准也应随之提高。自 2014 年 1 月 1 日起，北京市就大幅度提高了化学需氧量、氨氮等主要水污染物的排污收费标准，新标准是原标准的14～15 倍，收缴的排污费已经接近达到环境无退化标准下的治理成本。虽然这会在一定程度上增加工业企业的生产成本，但是必将有效激励工业企业寻求更好的治理技术，进而改善北京市水环境质量。

从各地发布的环境税征收标准来看，有部分省份已经根据自身的环境承载力和污染排放现状提高了环境税征收标准。但如前文所述，目前的地区间差别征税与地区间环境质量状况仍然不够匹配，还需要根据各地实际情况继续扩大差别征税的范围。另外，根据行业间污染治理成本差别明显的特征，还应当开展有关行业间差别征税政策的研究，以激励足够的减排行为。再有，各省份应当制定相应的环境税税率安排时间表，促使企业循序渐进地达到环境无退化排放标准，并承担相应的治理成本。

6.6　小结

本章对我国环境税（费）制度的发展进程进行了梳理，识别了环境税和排污收费在理论依据、政策目标、功能作用和征收管理等方面的相似性，并对我国污水排污税（费）政策进行了初步的分析与评估。结果表明：我国污水排污税（费）政策筹集污染治理资金、调节污染者行为、改善水环境质量的功能并未完全实现；污水排污税（费）政策没有明确水环境质量不退化的政策目标，没有体现行为激励的功能，没有实现全部外部成本的内部化，从而为低税（费）率的污水排污税（费）标准制定提供了"合法的"依据和条件；工业企业达标后支付的污水排污税（费）远低于环境无退化的治理成本，过低的税（费）标准未能覆盖水污染造成的全部成本，且部分地区税（费）征收标准与本辖区的水环境质量状况存在比较明显的不匹配现象；污染不收税（费）和排放即收税（费）现象并存，污水排污税（费）政策自身设计没有遵循污染者付费原则；污水排污税（费）征收标准地区性差异较大，在一定程度上导致了"污染天堂"的出现，同时部分地区"一刀切"的管理体制导致了不公平、不合理和低效率。通过案例分析，探讨了环境税征收与改革对污染较为严重的中小微企业的影响，可以发现工业企业水污染治理成本存在行业差距，且部分行业呈现经济效益低且污染物排放高的特征。基于样本调查结果，在现行征税标准基础上提高税率能够促进污染物的大幅度减少，同时按照国内外相关机构推荐的税率负担标准提高环境税率征收标准对于大多数工业企业影响较小。最后基于本章内容的分析，我们提出了污水排污税（费）政策改革的基本思路，依据污染者付费原则探索出的环境税制定思路可以为环境税费改革与完善提供参考。

第 7 章

污染者付费原则在我国城镇污水处理费中的应用

　　为了治理水污染和改善水环境，我国在借鉴国外经验的基础上开征污水处理费。自 1987 年国务院颁布《为了加强城市工作建设的通知》提出征收污水处理费以来，至今已有 34 年的历史。污水处理费属于市场激励型环境规制手段，收费不是目的，确保水环境质量不退化才是最终目标，其制定和设计的基本原则是污染者付费原则。根据污染者付费原则，全成本是制定污水处理费征收标准的根本依据，但目前我国对全成本的识别尚存在一定的偏差，污水处理费征收标准仍比较模糊。当污水处理费不能覆盖全成本时，必然会导致污水处理水平下降或需要财政补贴，影响政策效果。因此，本章基于污染者付费原则构建城镇污水处理厂全成本分析框架，评估我国污水处理费政策存在的问题，探究污水处理全成本支付不足的根源，从而为各地科学制定污水处理费提供理论依据。

7.1　我国城镇污水处理厂概况

7.1.1　全国污水处理设施建设及运行情况

　　我国污水处理事业始于 20 世纪 70 年代末，尽管起步较晚，但是在城镇化推进与环境保护需求的不断推动下得以迅速发展壮大。自 1978 年改革开放以来，我国进入了快速发展时期。伴随着经济的快速发展和城市化，城市污水的数量急剧增加，并且由于越来越多的工业废水进入下水道，废水的组成变得越来越复杂。随着环境中废水排放量的增加，加剧的环境污染直接威胁到城市水环境和粮食安全，从而迫切需要控制水污染。为了应对这一挑战，中国开始建设更集中的污水处理厂和补充设施。特别是过去 20 年，我国的污水处理设施建设进入飞速发展期，污水处理规模迅速增长、效率不断提高。与此同时，中国污水处理技术研发投入显著提升，先进工艺装备和技术不断涌现并得到推广应用，科研群体人数和创新能力持续提高，已进入全球前列。中国污水处理行业的快速发展和取得的瞩目成就为支撑中国的社会经济进步和城镇化进程提供了有力保障。

2010—2017 年，我国城镇污水处理厂数量、排水管网长度、设计规模、城市再生水生产能力均逐年递增，其中城镇污水处理厂数量由 2 496 座增长到 4 949 座，排水管网长度由 36.96 万公里增长到 63.00 万公里，设计规模由 1.25 亿吨/日增长到 1.87 亿吨/日，城市再生水生产能力由 1 082 万吨/日增长到 3 588 万吨/日。截至 2017 年底，全国共有城镇污水处理厂 4 949 座，总处理能力达 1.87 亿吨/日，全年固定资产投资为 1 816 亿元（排水 1 344.00 亿元、污水处理 421.05 亿元、污泥处置 21.10 亿元、再生水 29.7 亿元）。全年污水处理总量约为 562.0 亿吨，城市排放污水为 492.4 亿吨（供水总量为 593.8 亿吨，综合排放系数为 0.83），污水处理总量为 452.9 亿吨，城市污水处理率达到 94.54%，其中污水处理厂集中处理率达到 91.98%。全年城市污水处理厂产生干污泥量为 1 053 万吨，干污泥处置量为 951.4 万吨。排水管道长度为 63.0 万公里，其中污水管 26.5 万公里，雨水管 25.4 万公里，雨污合流管 11.1 万公里，建成区排水管道密度为 9.51 公里/平方公里。全国城市再生水生产能力为 3 588 万吨/日，年利用量为 71.3 亿吨，再生水管道长度为 12 893公里。具体如图 7-1、图 7-2 所示。

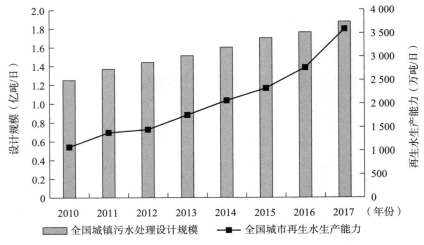

图 7-1　2010—2017 年我国城镇污水处理设计规模及再生水生产能力

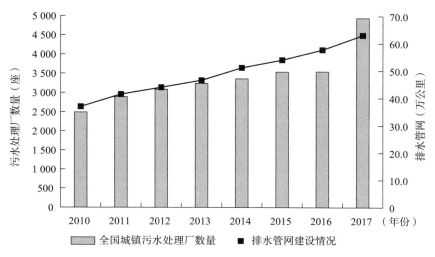

图7-2　2010—2017年我国城镇污水处理厂数量及排水管网建设情况

从数量上来看，我国处理规模为 4 万吨/日以下（含 4 万吨/日）的城镇污水处理厂数量最多，占全国的 77%，处理水量占比为 29%，年均负荷率为 77.3%；处理规模为 4~10 万吨/日的城镇污水处理厂数量占比为 13%，处理水量占比为 21%，年均负荷率为 82.6%；处理规模为 10~40 万吨/日的城镇污水处理厂数量占比为 9%，处理水量占比为 38%，年均负荷率为 87.6%；处理规模为 40 万吨/日以上（含 40 万吨/日）的城镇污水处理厂数量占比为 1%，处理水量占比为 12%，年均负荷率为 91.5%（见表7-1）。可以看出，目前我国城镇污水处理厂大多数为小型污水处理厂，年均负荷率最低，相反，大型污水处理厂数量虽然较少，但是处理水量占比高达 50%，年均负荷率也最高。

表7-1　2017年我国不同规模污水处理厂建设和运行情况

处理规模（万吨/日）	数量比例（%）	处理水量比例（%）	年均负荷率（%）
0~4	77	29	77.3
4~10	13	21	82.6
10~40	9	38	87.6
大于40	1	12	91.5

7.1.2　分区域污水处理厂建设及运行情况

按照 4 个区域经济带的划分方式，把我国各省、自治区、直辖市划分为 4

个区域。东部地区（10省份）：北京、天津、河北、上海、江苏、浙江、福建、山东、广东和海南；中部地区（6省份）：山西、安徽、江西、河南、湖北和湖南；西部地区（12省份）：内蒙古、广西、重庆、四川、贵州、云南、西藏、陕西、甘肃、青海、宁夏和新疆；东北地区（3省份）：辽宁、吉林和黑龙江。① 四大地区污水处理厂建设及运行情况见表7-2。

表7-2 四大地区污水处理厂建设及运行情况

	东部地区	中部地区	西部地区	东北地区
污水处理厂数量（座）	2 061	923	1 650	315
污水处理规模（万吨/日）	9 745	3 854	3 486	1 559
处理水量比例（%）	53	21	18	8
人均日处理水量（吨）	0.161	0.088	0.075	0.110
人均GDP（万元）	9.03	4.81	4.59	5.13
化学需氧量削减率（%）	86.5	89.1	86.4	84.1
氨氮削减率（%）	88.6	90.6	90.9	84.1
年均运行负荷率（%）	84.71	86.14	81.62	78.98
污泥产量（吨）	6.18	4.95	5.98	4.78

东部地区包含京津冀、长三角和珠三角等国家优化开发和重点开发的区域，是我国经济最发达的地区。该地区的污水处理设施建设也在四大区域中处于领先位置。截至2017年底，该地区共有2 061座城镇污水处理厂，处理能力达9 745万吨/日，年处理水量为301亿吨，在全国占比为53%；人均GDP为9.03万元，人均日处理水量为0.155吨，高于全国平均水平（0.108吨）；万吨水脱水污泥产生量为6.18吨/万吨。2010—2017年，东部地区城镇污水处理厂数量增加了1.73倍，处理能力提升了69.3%。

中部地区包括我国中部六省，地处我国中部，承东启西，接南连北。人口为3.88亿人，占全国人口的28%，其中农村人口为2.44亿人，占全国农村人口的近1/3。截至2017年底，该地区共有923座城镇污水处理厂，处理能力达3 854万吨/日，年处理水量为121亿吨，在全国占比为21%；人均GDP为4.81万元，人均日处理水量为0.088吨，低于全国平均水平（0.108吨）；

---

① 香港、澳门特别行政区及台湾地区污水处理厂信息不可得，暂不考虑。

万吨水脱水污泥产生量为 4.95 吨/万吨。2010—2017 年，中部地区城镇污水处理厂数量增加了 2.26 倍，处理能力提升了 94.9%。

西部地区属于我国欠发达地区，是我国区域发展的"短板"。截至 2017 年底，该地区共有城镇污水处理厂 1 650 座，处理能力为 3 486 万吨/日，年处理水量为 104 亿吨，在全国占比为 18%；人均 GDP 为 4.59 万元，人均日处理水量为 0.075 吨，低于全国平均水平（0.108 吨）；万吨水脱水污泥产生量为 5.98 吨/万吨。2010—2017 年，西部地区城镇污水处理厂数量增加了 4.69倍，处理能力提升了 100.0%。

东北地区是国家重型装备和设备制造业基地，也是全国性的专业化农产品生产基地。截至 2017 年底，该地区共有城镇污水处理厂 315 座，处理能力为 1 559 万吨/日，年处理水量为 44.9 亿吨，在全国占比为 8%；人均 GDP 为5.13 万元，人均日处理水量为 0.110 吨，与全国平均水平（0.108 吨）持平；万吨水脱水污泥产生量为 4.78 吨/万吨。2010—2017 年，东北地区城镇污水处理厂数量增加了 1.65 倍，处理能力提升了 61.7%。

7.1.3 各省污水处理厂建设及运行情况

截至 2017 年底，全国共有城镇污水处理厂 4 949 座，总处理能力为 1.87 亿吨/日，全年污水处理总量为 562 亿吨。2017 年全国各省份污水处理厂数量、处理规模及年污水处理量如图 7-3 所示。由图 7-3 可知，各省份城镇污水处理厂数量差异较大，最多的省份为广东（494 座），其次分别为四川（399 座）和山东（395 座），此外，贵州（379 座）、江苏（375 座）和浙江（304 座）污水处理厂数量也超过 300 座。重庆（67 座）、吉林（62 座）、上海（50 座）、天津（45 座）、北京（44 座）、青海（44 座）、海南（32 座）、宁夏（31 座）等城镇污水处理厂数量较少，最少的为西藏（7 座）。各省份城镇污水处理厂处理规模差异也较大，广东、江苏、山东、浙江等省份的污水处理规模均超过 1 000 万吨/日，其中广东省的污水处理能力超过了2 000 万吨/日，达到2 523万吨/日，为全国之最。甘肃、海南、宁夏、青海、西藏污水处理厂规模较低，分别为 181.0 万吨/日、116.0 万吨/日、100.0 万吨/日、60.7 万吨/日、14.2 万吨/日。各省份城镇污水处理厂年污水处理量与处理规模基本保持一致。

截至 2017 年底，全国总人口为 13.9 亿人，人均日污水处理量为 0.108 吨，人均 GDP 为 6.11 万元。各省份人均日污水处理量差异较大，分布在 0.029~

0.296 吨，平均值为 0.108 吨。其中，上海（0.296 吨）、浙江（0.207 吨）、广东（0.193 吨）、北京（0.190 吨）、天津（0.163 吨）、辽宁（0.154 吨）、江苏（0.149 吨）、山东（0.120 吨）等地人均日污水处理量高于全国平均水平（0.108 吨），其他地区基本上等于全国平均值。各省份人均 GDP[①] 差异也较大，分布在 2.91 万 ~ 12.90 万元，平均值为 6.11 万元。其中，北京（12.90 万元）、上海（12.46 万元）、天津（11.94 万元）、江苏（10.70 万元）等地人均 GDP 超过 10 万元。如图 7-4 所示。可以看出，首先，在经济发达的省市，污水处理能力也相应较高。这是由于经济发达地区城市化水平高，用水量大导致对污水处理的需求也较大，污水处理能力相对较高。比如北京、上海、天津等经济发达地区，污水处理厂数量虽然不多，但是人均日污水处理量较高。其次，污水处理设施建设与运行情况和地方政府对环境保护的重视程度也有一定关系，比如辽宁省的人均 GDP 为 5.48 万元，但其人均污水处理能力却远高于人均 GDP 水平相当的陕西、吉林、宁夏、湖南等省份。由此可知，各省份对污水处理厂的投入不同（投入力度与经济发展水平和政府对环保的重视程度有关），进而造成人均日处理水量区域差异较大。

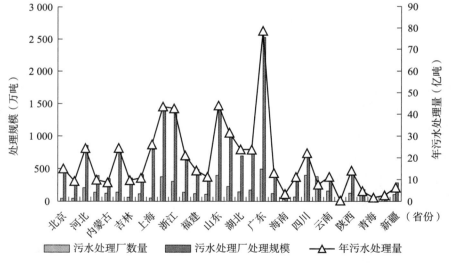

图 7-3　2017 年全国各省份污水处理厂数量、处理规模及年污水处理量

---

　① 特此说明：本节所采用数据均来源于《2018 年城镇排水统计年鉴》，这是目前该年鉴最新版本。为了保证本节数据分析时间的一致性，本节人均 GDP 数据使用 2017 年统计数据。

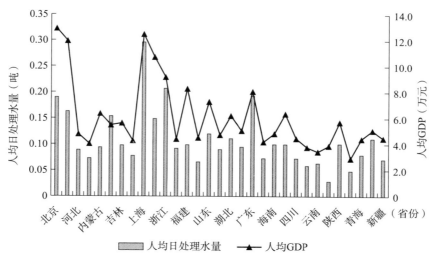

图 7-4　2017 年全国各省份人均日处理水量和人均 GDP

　　2017 年，全国城镇污水处理厂年均负荷率分布在 61.5%～103.9%，平均值为 83.39%。从区域上来看，中部地区城镇污水处理厂年均负荷率最高，为 86.14%；东部地区和西部地区城镇污水处理厂年均负荷率分别为 84.71% 和 81.62%；东北地区城镇污水处理厂年均负荷率最低，为 78.98%。从各省份负荷率来看，河北（79.0%）、山西（68.6%）、内蒙古（69.8%）、吉林（74.2%）、黑龙江（72.4%）、福建（80.5%）、海南（81.9%）、四川（83.1%）、贵州（79.9%）、西藏（75.9%）、甘肃（71.9%）、青海（80.0%）、宁夏（77.9%）、新疆（61.5%）等地低于全国平均水平，重庆（103.9%）是唯一超负荷运转的地区。2017 年，全国城镇污水处理厂电单耗分布在 0.21～0.53 度/吨，平均值为 0.32 度/吨。从各省份电单耗来看，北京（0.53 度/吨）地区污水处理厂电单耗最高，江西（0.21 度/吨）和湖南（0.21 度/吨）两地区污水处理厂电单耗最低，河北（0.37 度/吨）、山西（0.45 度/吨）、内蒙古（0.48 度/吨）、吉林（0.40 度/吨）、江苏（0.33 度/吨）、浙江（0.38 度/吨）、山东（0.34 度/吨）、陕西（0.36 度/吨）、甘肃（0.39 度/吨）、青海（0.42 度/吨）、宁夏（0.37 度/吨）、新疆（0.35 度/吨）等地年平均电单耗高于全国平均水平（0.32 度/吨），云南、西藏、江西、湖南、湖北等地污水处理电单耗处于较低水平。如图 7-5 所示。污水处理厂正常运转所依赖的能源主要包括电能、燃料以及药剂等，其中电耗占总能耗的 60%～90%。因此，要降低污水处理厂的总能耗，应将降低污水处理电耗作为重点。

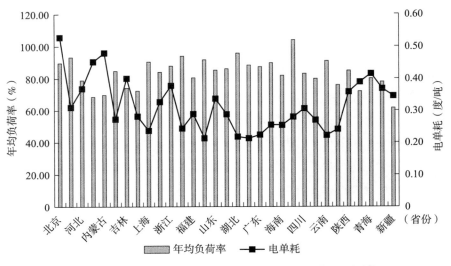

图 7-5　2017 年全国各省份污水处理厂年均负荷率和电单耗

2017 年，全国城镇污水处理厂吨水化学需氧量削减量分布在 0.079～0.462 公斤/立方米，平均值为 0.258 公斤/立方米。从各省份吨水化学需氧量削减量来看，北京（0.462 公斤/立方米）地区污水处理厂吨水化学需氧量削减量最高，西藏（0.079 公斤/立方米）地区污水处理厂吨水化学需氧量削减量最低，天津（0.325 公斤/立方米）、河北（0.287 公斤/立方米）、山西（0.330 公斤/立方米）、内蒙古（0.416 公斤/立方米）、吉林（0.270 公斤/立方米）、黑龙江（0.270 公斤/立方米）、上海（0.264 公斤/立方米）、浙江（0.276 公斤/立方米）、山东（0.314 公斤/立方米）、河南（0.264 公斤/立方米）、重庆（0.281 公斤/立方米）、陕西（0.362 公斤/立方米）、甘肃（0.440 公斤/立方米）、青海（0.308 公斤/立方米）、宁夏（0.383 公斤/立方米）、新疆（0.414 公斤/立方米）等地吨水化学需氧量削减量高于全国平均水平（0.258 公斤/立方米）。全国城镇污水处理厂万吨水氨氮削减量分布在 0.076～0.423 吨/万吨，平均值为 0.240 吨/万吨。各省份万吨水氨氮削减量基本上与吨水化学需氧量削减量保持一致，如图 7-6 所示。同时结合图 7-5 可以看出，污水处理厂电单耗越高，污染物削减量越大，污水处理效果就相对越好。

2017 年，全国城镇污水处理厂每处理万吨水产生的脱水污泥（含水量 80%）量分布在 2.27～9.95 吨，平均值为 5.73 吨。其中，浙江以每万吨水产生 9.95 吨的脱水污泥量居于榜首，北京（7.31 吨）、天津（5.95 吨）、河北

（8.26 吨）、山西（7.51 吨）、内蒙古（6.98 吨）、江苏（6.43 吨）、山东（7.85 吨）、河南（6.55 吨）、重庆（6.04 吨）、陕西（7.83 吨）、甘肃（9.92 吨）、青海（6.22 吨）、宁夏（7.55 吨）、新疆（7.91 吨）等地也高于全国平均水平（5.73 吨），其他 16 个省份低于全国平均值。全国 2 209 座城市污水处理厂产生干污泥量为 1 053.1 万吨，干污泥处置量为 951.4 万吨，各省城市干污泥处置率分布在 34.4%～100.0%，平均值为 89.6%，其中天津、浙江、湖北、湖南四省份干污泥处置率均为 100%，居于榜首，辽宁（34.4%）、安徽（50.3%）、西藏（77.7%）、新疆（78.6%）、上海（84.8%）等地低于全国平均水平（89.6%），如图 7-7 所示。

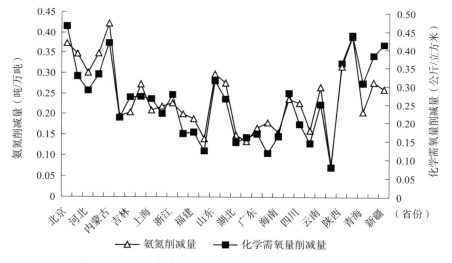

图 7-6　2017 年全国各省份污水处理厂污染物削减情况

　　根据《水污染防治行动计划》和《"十三五"全国城镇污水处理及再生利用设施建设规划》要求，到 2020 年，缺水城市再生水利用率将达到 20% 以上，京津冀区域达到 30% 以上，其他城市和县城力争达到 15%。"十二五"以来，全国各地都在大力促进污水再生利用设施的建设，到 2017 年底，大部分城市和县城已经提前完成规划任务，有效缓解了用水矛盾。2017 年，全国城市再生水利用率分布在 10.0%～107.3%，平均值为 45.9%（上海、江西、广西、西藏由于没有提供数据，故不进行分析）。其中，广东省以 107.3% 的城市再生水利用率居于榜首，吉林省以 10.0% 的城市再生水利用率排名最后，其他城市再生水利用率均超过 20%，京津冀区域已超过 30%。如图 7-7 所示。

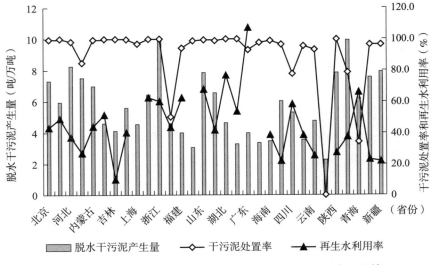

图 7-7　2017 年全国各省份污水处理厂污泥处置和再生水利用情况

7.1.4　36 个重点城市污水处理厂建设及运行情况

我国 36 个重点城市包括直辖市、各省省会和计划单列市。2017 年全国 36 个重点城市污水处理厂数量、处理规模及年污水处理量如图 7-8 所示。由图7-8 可知，36 个重点城市中污水处理厂数量最多的城市为成都市（63 座），其次为广州市（60 座），此外，北京（44 座）、天津（45 座）、上海（50 座）、广州（60 座）等一线城市污水处理厂数量均超过了 30 座，西宁、兰州、银川等欠发达城市污水处理厂数量较少，不足 10 座。36 个重点城市城镇污水处理厂处理规模差异较大，分布在 5.3～793.0 万吨/日，平均值为 188.0 万吨/日，其中上海（793.0 万吨/日）、广州（524.0 万吨/日）、深圳（520.0 万吨/日）、北京（469.0 万吨/日）、成都（304.0 万吨/日）排在前五位，海口（54.0 万吨/日）、呼和浩特（48.0 万吨/日）、银川（37.5 万吨/日）、西宁（31.0 万吨/日）、拉萨（5.3 万吨/日）排在后五位。36 个重点城市污水处理厂年污水处理量与处理规模基本保持一致。具体来看，在污水处理厂数量较多的城市中，上海年污水处理量最大（26.14 亿吨）；北京和天津污水处理厂数量基本相同，但天津年污水处理量仅为北京的 61.6%；广州和深圳年污水处理量相当，但广州污水处理厂数量几乎为深圳的 2 倍；上海污水处理厂数量小于成都，但年污水处理量几乎是成都的 3 倍，如图 7-8 所示。

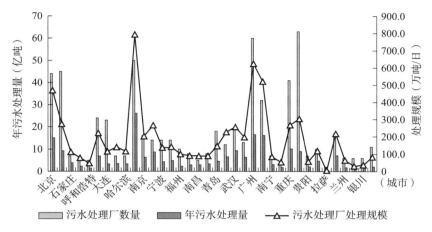

图 7-8 2017 年全国 36 个重点城市污水处理厂数量、处理规模及年污水处理量

2017 年，36 个重点城市城镇污水处理厂人均日污水处理量分布在 0.085 ~ 0.353 吨，平均值为 0.178 吨，高于全国平均水平（0.108 吨）。其中，深圳（0.353 吨）、广州（0.311 吨）、上海（0.296 吨）、乌鲁木齐（0.259 吨）、杭州（0.252 吨）排在前五位，福州城镇污水处理厂人均日污水处理量（0.085 吨）排名最后。此外，石家庄（0.099 吨）、哈尔滨（0.098 吨）、重庆（0.090 吨）也低于全国平均水平。2017 年，36 个重点城市城镇污水处理厂年均负荷率分布在 66.4% ~ 110.5%，平均值为 90.8%。其中，银川（110.5%）、昆明（109.6%）、拉萨（106.7%）、武汉（105.1%）、济南（104.3%）、南宁（101.8%）、合肥（101.0%）、贵阳（100.5%）实现满负荷运行，乌鲁木齐（69.9%）、长春（69.0%）、福州（66.4%）等地城镇污水处理厂年负荷率不足 70.0%，运行负荷率较低，在一定程度上浪费了污水处理设施等资源，没有实现现有污水处理厂处理规模最大能力，具有一定的提升空间。具体分析，配套管网建设、污水处理厂管理落后可能是年负荷率较低的重要原因之一，此外，污水处理厂设计规模不合理，有些地方过分追求污水处理厂建设规模而忽略后期运营也是主要原因之一。污水处理厂后期的良好运营离不开高水平的管理人员与优秀的技术操作员。随着近几年我国污水处理厂数量迅猛增加，对相应管理人才与技术员的需求也越来越大，然而具有污水处理相关专业知识的管理人才满足不了巨大的需求，造成较多的污水处理厂后期运营不理想，无法充分发挥污水处理厂的污水处理能力。2017 年，36 个重点城市再生水利用率分布在 15.6% ~ 99.8%（上海、沈阳、南昌、广州、南宁、海口、贵阳、拉萨及港澳台地区由于没有提供数据，故

不进行分析），平均值为 47.1%。其中除太原（17.4%）、长春（15.6%）、武汉（16.9%）、西安（16.9%）、乌鲁木齐（16.9%）外，其他城市均超过20%，如图 7-9 所示。

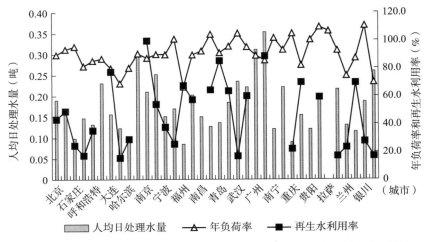

图 7-9　2017 年 36 个重点城市人均日处理水量、年负荷率和再生水利用率

7.2　我国污水处理费政策发展进程

自 1949 年中华人民共和国成立以来，我国污水处理费政策经历了数次重大改革，其过程总体上可分为 6 个阶段：无偿使用阶段、排水设施有偿使用阶段、污水处理收费法律确认阶段、成本收费阶段、全面征收并逐步提高收费阶段、体现污染者付费原则阶段（见表 7-3）。

表 7-3　我国污水处理费政策发展进程

阶段名称	时间范围	相关条文及规定
无偿使用阶段	1949—1987 年	无相关法律条文，以法律义务等形式征收污水处理费，污水处理多采用就地取材等方式，被政府作为公共物品无偿提供
排水设施有偿使用阶段	1987—1996 年	1987 年，国务院印发《关于加强城市工作建设的通知》明确指出要加强建设城镇供排水等基础设施，制定排水设施有偿使用办法，以经济手段促进用水单位节约用水；1993 年国家物价局、财政部印发《关于征收城市污水排水设施使用费的通知》正式对污水处理费进行普遍征收，但征收标准很低，平均每吨仅有 0.10 元左右，最低只有 0.03 元

续表

阶段名称	时间范围	相关条文及规定
污水处理收费法律确认阶段	1996—1998 年	1996 年颁布《中华人民共和国水污染防治法》，征收污水处理费有法可依；1998 年颁布《中华人民共和国价格法》正式实施重建收费体系，不再使用相沿已久的"行政""事业"收费概念，为收费体系改革奠定了法律基础
成本收费阶段	1999—2003 年	1999 年，国家计委、建设部和原国家环保总局印发《关于加大污水处理费的征收力度，建立城市污水排放和集中处理良性运行机制的意见》指出"污水处理费是水价的重要组成部分，各城市要在供水价格上加收污水处理费，补偿城市排污和污水处理成本。污水处理费应按照补偿排污管网和污水处理设施的运行维护成本及合理盈利的原则核定。运行维护成本主要包括污水排放和集中处理过程中发生的动力费、材料费、输排费、维修费、折旧费、药剂费、工资及福利费和税金"
全面征收并逐步提高收费阶段	2003—2013 年	国务院于 2007 年颁布的《关于印发节能减排综合性工作方案的通知》中提出"污水处理费吨水原则上不低于 0.8 元"。同时，《市政公用事业特许经营管理办法》《关于推进水价改革促进节约用水保护水资源的通知》《行政事业性收费标准管理暂行办法》等，对污水处理收费也做出了相关规定
体现污染者付费原则阶段	2013 年至今	2013 年，国务院颁布《城镇排水与污水处理条例》对污水处理费的缴纳、征收进行了规范。2014 年，财政部、发改委、住建部发布《污水处理费征收使用管理办法》明确提出"污水处理费是按照污染者付费原则，由排水单位和个人缴纳并专项用于城镇污水处理设施建设、运行和污泥处理处置的资金"。2015 年之后，《关于制定和调整污水处理收费标准等有关问题的通知》《关于推进价格机制改革的若干意见》《关于创新和完善促进绿色发展价格机制的意见》《关于完善长江经济带污水处理收费机制有关政策的指导意见》等文件也都明确提出污水处理费体现污染者付费原则，实现生态环境成本内部化

从表 7-3 中可以看出，在我国污水处理费政策从无到有的发展阶段中，污水处理的全成本识别起到了关键性作用，污染者付费原则是这一过程的理论核心。这一点在第二阶段向第三阶段的过渡中已有所体现，污水处理费从政府的公益性补助转化成用水单位额外的水费支出，将污水处理这一过程产生的全部费用分摊给污水排放行为人以实现成本回收。在其后的制度完善阶段，政府制定了逐步提高收费标准和明确污染者付费原则，进而实现生态环境成本内部化。可以看出，我们已经明确污染者付费原则是污水处理费政策制定的基本原则，目的是要求污染者支付全部成本，以实现生态环境成本内部化，确保环境质量不退化。

7.3 我国城镇污水处理费政策问题分析

根据国家颁布的相关污水处理费政策，可以看出，我国污水处理费政策的制定要考虑经济社会承受能力以及体现污染者付费原则。目前，我国污水处理费的收费标准执行居民用水与非居民用水双重标准（部分城市特种行业污水处理费标准与非居民用水标准一致），其中非居民用水包括工业、商业和行政事业共3种行业用水，而工业用水在其中所占比例较大，故以工业用水代表非居民用水，其余两部分不做单独分析。本书从污水处理费占自来水单价、人均可支配收入、工业成本等的比重角度对经济社会承受能力进行分析。同时根据《中国城镇排水统计年鉴》提供的污水处理厂各类成本信息进行统计，并与各地价格部门提供污水处理费对比，判断污染者付费原则的履行情况。

7.3.1 缺乏明确的政策目标

污水处理费政策的目标是遵循污染者付费原则，覆盖全成本，确保水环境质量不退化。虽然《关于制定和调整污水处理收费标准等有关问题的通知》《关于推进价格机制改革的若干意见》《关于创新和完善促进绿色发展价格机制的意见》《关于完善长江经济带污水处理收费机制有关政策的指导意见》等多个文件已经明确提出污水处理费要体现污染者付费原则，实现生态环境成本内部化。但无论是《环境保护法》（2014）还是《水污染防治法》（2017）均没有对"污染者付费原则"进行明确界定，也没有明确"水环境质量不退化"的目标。《环境保护法》（2014）第一条将改善环境和促进经济可持续发展与保护并列为立法目标；《水污染防治法》（2017）规定国家污染物排放标准的制定需要依据环境质量标准和经济、技术条件，但并没有明确指出排放标准为确保水环境质量不退化。排放标准决定治理成本，如果城镇污水处理厂污染物排放标准与质量标准脱节，全成本就会支付不足，最终由社会和环境承担。由此可见，我国污水处理费政策缺乏明确的政策目标，法律法规尚没有明确要求污水处理费遵循污染者付费原则，部门规章、规范性文件也没有对污染者付费原则进行明确界定，导致现有政策无法实现生态环境成本内部化。

7.3.2 经济社会承受能力问题分析

（1）污水处理费单价及调整情况

以中国水网公布的36个重点城市的自来水单价（第一阶梯）与污水处理费为基准，分别计算居民与工业污水处理费所占自来水单价比重，整理得出表7-4。从表7-4中可以看出，居民用水方面，居民自来水价格分布在2.38～5.00元，平均值为3.30元，其中北京最高，为5.00元，南昌最低为，2.38元；居民污水处理费分布在0.50～1.70元/吨，平均值为0.97元/吨，其中上海最高，为1.70元/吨，太原和乌鲁木齐最低，为0.50元/吨；居民污水处理费占自来水单价比重分布在17.86%～46.96%，平均值为30.08%，其中占比低于25.00%的城市分别是太原（17.86%）、天津（19.19%）、乌鲁木齐（20.00%）、长春（20.88%）、郑州（21.59%）、呼和浩特（21.67%）、济南（23.81%），比重高于40.00%的城市分别是南宁（42.38%）、武汉（44.53%）、南京（46.71%）、上海（46.96%）。工业用水方面，工业自来水价格分布在2.99～9.00元，平均值为4.74元，其中北京最高，为9.00元，南宁最低，为2.99元；工业污水处理费分布在0.50～3.00元/吨，平均值为1.37元/吨，其中北京最高，为3.00元/吨，乌鲁木齐和太原最低，为0.50元/吨；工业污水处理费占自来水单价比重分布在11.11%～51.05%，平均值为29.93%，其中比重低于25.00%的城市分别是太原（11.11%）、乌鲁木齐（13.89%）、济南（17.39%）、天津（17.72%）、长春（19.59%）、呼和浩特（21.35%）、深圳（21.78%）、郑州（23.53%）、青岛（23.81%）、石家庄（24.43%）、西安（24.48%）、哈尔滨（24.56%），比重高于40.00%的城市分别是厦门（40.54%）、合肥（41.18%）、南宁（46.82%）、上海（47.18%）、南京（51.05%）。根据2015年发改委、财政部、住建部联合下发的《关于制定和调整污水处理收费标准有关问题的通知》规定，"污水处理收费标准应按照污染付费、公平负担、补偿成本、合理盈利"的原则制定和调整，2016年底前，设市城市居民和非居民污水处理费不低于0.95元/吨和1.40元/吨。但数据显示，36个重点城市中仍有7个城市居民污水处理费低于0.95元/吨，13个城市工业污水处理费低于1.40元/吨，污水处理费调整较为滞后。

表 7-4　全国 36 个重点城市污水处理费占自来水单价比重

城市	自来水价格（元）/污水处理费（元/吨） 居民	自来水价格（元）/污水处理费（元/吨） 工业	占比（%） 居民	占比（%） 工业
北京	5.00 / 1.36	9.00 / 3.00	27.20	33.33
上海	3.62 / 1.70	4.96 / 2.34	46.96	47.18
天津	4.95 / 0.95	7.90 / 1.40	19.19	17.72
重庆	3.50 / 1.00	4.55 / 1.30	28.57	28.57
广州	2.93 / 0.95	4.86 / 1.40	32.42	28.81
深圳	3.57 / 0.90	4.82 / 1.05	25.21	21.78
杭州	2.90 / 1.00	4.40 / 1.75	34.48	39.77
宁波	3.40 / 1.00	6.12 / 1.80	29.41	29.41
福州	3.05 / 0.95	3.70 / 1.40	31.15	37.84
厦门	3.20 / 1.00	3.70 / 1.50	31.25	40.54
南京	3.04 / 1.42	3.82 / 1.95	46.71	51.05
武汉	2.47 / 1.10	3.49 / 1.37	44.53	39.26
石家庄	3.78 / 0.95	5.73 / 1.40	25.13	24.43
成都	3.03 / 0.95	4.43 / 1.40	31.35	31.60
昆明	3.45 / 1.00	4.85 / 1.25	28.36	25.77
长春	4.55 / 0.95	4.85 / 0.95	20.88	19.59
南昌	2.38 / 1.36	3.37 / 1.00	33.61	29.67
海口	2.55 / 0.80	3.50 / 1.10	31.37	31.43
郑州	4.40 / 0.95	5.95 / 1.40	21.59	23.53
西宁	2.65 / 0.82	3.43 / 1.09	30.94	31.78
西安	3.80 / 0.95	5.80 / 1.42	25.00	24.48
长沙	2.58 / 0.95	3.89 / 1.40	36.82	35.99
兰州	— / —	— / —	—	—
呼和浩特	3.00 / 0.65	4.45 / 0.95	21.67	21.35

续表

城市	自来水价格（元）/污水处理费（元/吨）		占比（%）	
	居民	工业	居民	工业
济南	4.20 / 1.00	5.75 / 1.00	23.81	17.39
青岛	3.50 / 1.00	5.25 / 1.25	28.57	23.81
沈阳	3.30 / 0.95	5.25 / 1.40	28.79	26.67
大连	3.25 / 0.95	4.28 / 1.40	29.23	32.71

城市	自来水价格（元）/污水处理费（元/吨）		占比（%）	
	居民	工业	居民	工业
哈尔滨	3.55 / 0.95	5.70 / 1.40	28.36	24.56
合肥	2.85 / 0.95	3.40 / 1.40	33.33	41.18
太原	2.80 / 0.50	4.50 / 0.50	17.86	11.11
贵阳	2.82 / 1.00	4.04 / 1.40	35.46	34.65

城市	自来水价格（元）/污水处理费（元/吨）		占比（%）	
	居民	工业	居民	工业
拉萨	— / —	— / —	—	—
乌鲁木齐	2.50 / 0.50	3.60 / 0.50	20.00	13.89
银川	3.10 / 0.95	4.70 / 1.40	30.65	29.79
南宁	3.26 / 1.14	4.66 / 1.40	42.38	46.82

（2）污水处理费占人均可支配收入、工业成本比重

在中国水网公布水价信息以及查阅各城市发改委官网和统计年鉴公布的市辖区常住居民、居民年用水量、城镇居民人均可支配收入、工业总产值、工业利润的基础上，对居民污水处理费支出占人均可支配收入和工业成本的比重进行估算，整理得出表7-5。从表7-5中可以看出，我国城镇居民人均年水费支出占人均可支配收入的比重较低，分布在0.13%~1.42%，平均值为0.39%，其中石家庄最低为，0.13%，天津最高，为1.42%，人均年水费支出占人均可支配收入的比重低于平均值的城市多达20个；人均年污水处理费支出占人均可支配收入的比重分布在0.03%~0.27%，平均值为0.11%，仍是石家庄最低，为0.03%，天津最高，为0.27%，人均年污水处理费支出占人均可支配收入的比重低于平均值的城市多达17个。建设部调研结果认为，只有当水费支出占人均可支配收入的2.5%以上才会对居民用水方式产生显著影响（高萍，2016）。较低的水价使得价格对用水方式的调节作用极其微弱，污水处理费作为水价的一部分仍有提升空间。

工业企业在治理污水过程中已经投入大量资金建设污染处理设施，这部分污染治理投资不在本书考虑范围内。通常情况下，经过处理后达标的工业废水有排入污水处理厂和直接排入天然水体两种方式，按照国家要求，排入天然水体的工业废水需要缴纳环境税。考虑到排入污水处理厂和直接排入天然水体的工业废水量缺乏数据支撑，在此用各地工业污水处理费乘以工业用水量对工业年污水处理支出做一个近似估算。从表7-5中可以看出，工业年污水处理支出占工业成本比重较低，分布在0.02%~1.03%，平均值为0.18%，其中昆明、深圳最低，为0.02%，贵阳最高，为1.03%。

表7-5　全国36个重点城市污水处理费占人均城镇居民可支配收入、工业成本比重

城市	A	B	C	D	E	F	G	H	I
北京	13.396	2 153.60	67 756	0.46	0.12	3.30	30 320	25 855.4	0.04
上海	19.950	2 418.34	69 442	0.43	0.20	4.04	36 451.84	27 756.89	0.03
天津	19.207	1 559.60	42 976	1.42	0.27	5.46	—	—	—
重庆	7.708	3 562.31	28 920	0.26	0.07	28.10	20 690	14 692.3	0.25
广州	11.710	1 865.20	65 052	0.28	0.09	32.78	22 859.35	17 237.62	0.27
深圳	18.222	1 252.83	62 522	0.83	0.21	4.79	34 603.80	25 349.80	0.02
杭州	4.012	1 204.34	59 261	0.16	0.06	18.74	14 016.40	9 856.40	0.33

续表

城市	A	B	C	D	E	F	G	H	I
宁波	3.780	1 026.90	56 982	0.22	0.06	8.68	17 015.25	12 061.55	0.13
济南	4.141	846.62	41 472	0.50	0.12	2.95	5 641.61	3 496.61	0.08
青岛	1.981	949.98	45 452	0.16	0.05	1.91	11 389.78	7 252.68	0.03
沈阳	2.691	827.70	41 396	0.26	0.07	3.33	4 539.11	3 661.31	0.13
大连	4.992	700.07	40 679	0.57	0.17	4.26	6 555.12	3 922.12	0.15
福州	—	821.22	38 719	—	—	3.36	9745.37	7 329.21	0.06
厦门	1.920	452.05	55 870	0.24	0.08	1.36	6 446.98	4 835.63	0.04
南京	6.277	880.67	57 630	0.38	0.18	—	12 820.40	8 765.26	—
武汉	6.242	1 140.65	46 010	0.29	0.13	15.77	14 847.29	9 771.08	0.22
石家庄	1.039	1 062.57	29 335	0.13	0.03	—	6 082.60	6 082.6	—
成都	6.695	1 872.33	39 503	0.27	0.09	6.14	15 342.77	9 679.02	0.09
昆明	3.568	782.00	37 958	0.41	0.12	0.67	5 206.90	3 939.96	0.02
长春	1.212	868.90	29 721	0.21	0.04	—	—	—	—
哈尔滨	—	1 068.39	32 104	—	—	—	6 300.50	5 219.50	—
合肥	2.966	818.90	38 806	0.27	0.09	—	2 862.49	2 515.99	—
太原	2.960	446.19	33 563	0.55	0.10	2.87	1 047.08	953	0.15
贵阳	2.200	497.14	33 258	0.38	0.13	3.98	1 413.67	538.71	1.03
南昌	1.752	604.66	36 993	0.19	0.06	9.09	5 274.67	4 907.58	0.19
海口	1.366	202.70	33 815	0.51	0.16	0.24	543.50	509.40	0.05
郑州	—	1 014.00	35 942	—	—	5.27	10 143.32	6 397.12	0.12
西宁	0.651	238.71	28 189	0.26	0.08	—	866.88		
西安	3.996	1 031.68	34 064	0.43	0.11	4.79	8 349.86	7 902.85	0.09
长沙	4.530	908.79	48 724	0.26	0.10	12.95	11 003.41	7 339.41	0.25
兰州	9.060	384.55	32 967	1.25	—	4.67	2 732.94	2 086.46	—
呼和浩特	0.723	306.30	38 306	0.18	0.04	1.27	1 901.70	1 695.70	0.07
拉萨	0.301	55.89	28 300	0.29	—	—	504.78	444.31	—

城市	A	B	C	D	E	F	G	H	I
乌鲁木齐	—	332.61	40 665	—	—	—	3 099.77	2 362.81	—
银川	0.362	229.31	32 776	0.15	0.05	—	1 901.48	1 758.06	—
南宁	—	886.87	28 929	—	—	9.02	2 503.11	2 377.70	0.53

注：为简便起见，用 A 表示市居民年用水量（亿立方米），B 表示市区常住人口（万人），C 表示年人均可支配收入（元），D 表示人均年水费支出占人均可支配收入比重（%），E 表示人均年污水处理费支出占人均可支配收入比重（%），F 表示年工业用水量（亿吨），G 表示工业总产值（亿元），H 表示工业成本（亿元），I 表示工业年污水处理支出占工业成本比重（%）。通过 A 和 B 可以求出人均年用水量，通过人均年用水量和居民污水处理费可以求出人均年污水处理费支出，通过工业用水总量和工业污水处理费可以求出工业年污水处理费支出，通过工业总产值和工业利润可以求出工业成本。

7.3.3 全成本识别存在偏差

污染者付费原则要求污染者支付全成本，以实现生态环境成本内部化。因此，全成本的识别至关重要，是制定污水处理费征收标准的根本依据。但目前我国对全成本的识别尚存在一定的偏差，污水处理费征收标准仍比较模糊。当污水处理费不能覆盖全成本时，必然会导致污水处理水平下降或需要财政补贴，影响政策效果。污染者不仅要承担所造成的污染治理成本，污染可能造成的实际外部成本也需要被考虑其中。只有保证了环境无退化，污染者付费原则才能真正地发挥作用。治理成本、机会成本、外部成本是污水处理全成本的重要组成部分。治理成本是指污水处理企业将污水处理到现状排放标准条件下的成本。

鉴于污水处理设施的边界和服务对象都十分明确，现状排放标准下的治理成本可以以此估算得出。机会成本是指因把一定的经济资源用于投资污水处理而被放弃的其他行业所可能带来的收益，目前我国部分地区运营污水处理厂或已考虑了在运行中会产生的额外利润，故本书不再考虑机会成本。如果处理后的污水排放仍然产生环境污染，就会产生外部成本，主要体现为生态修复成本和环境损害成本，不易具体测量，因此往往难以货币化。通过将现状排放标准提高到环境无退化的排放标准，生态修复成本和环境损害成本便会内部化，在此标准下即环境无退化排放标准的治理成本为全成本。污水处理全成本构成如图 7-10 所示。

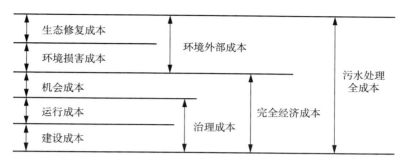

图 7-10　污水处理全成本构成

7.3.4　污水处理费相关政策不一致

截至目前，我国已经逐步确定了污水处理费的政策框架体系，包括法律、行政法规、部门规章、规范性文件和相关征收标准等，同时也建立了与污水处理费相关的征收管理体制和实施机制（见表 7-6）。《水污染防治法》（2017）将污水处理费纳入了法律范畴，明确了污水处理费的征收、管理和使用的法律依据。污水处理费的主体政策是 2013 年国务院颁布的《城镇排水与污水处理条例》，该条例规定了污水处理费的目标、标准、功能和职责。2014年财政部、国家发展改革委、住房和城乡建设部三部委联合印发了《污水处理费征收使用管理办法》，这是在国家层面上首次对污水处理收费和使用出台的管理办法。但污水处理费相关政策的条文规定并不一致，其中出现了污水处理设施和排污管网的建设成本、污水处理设施运行成本、污水处理和污泥处理处置运营成本、准许成本等多个概念，法律的不严谨和不准确导致地方污水处理费政策的执行并不统一。

表 7-6　我国污水处理费政策框架体系

政策级别	政策名称	颁发部门	核心内容
法律	水污染防治法（2017）	全国人大常委会	收取污水处理费，保证污水处理设施的正常运行；污水处理费应当用于城镇污水集中处理设施的建设运行和污泥处理处置
行政法规	城镇排水与污水处理条例（2013）	国务院	污水处理费集中用于污水处理设施的建设、运行和污泥处理处置，收费标准不应低于城镇污水处理设施正常运营的成本

政策级别	政策名称	颁发部门	核心内容
部门规章	污水处理费征收使用管理办法（2014）	财政部、国家发展改革委、住房和城乡建设部	污水处理费的征收标准按照覆盖污水处理设施正常运营和污泥处理处置成本并合理盈利的原则制定，污水处理费专项用于城镇污水处理设施建设、运行和污泥处理处置
	城市供水价格管理办法（1998）	计委、建设部	污水处理费的标准根据城市排水管网和污水处理厂的运行维护与建设费用核定
规范性文件	关于完善长江经济带污水处理收费机制有关政策的指导意见（2020）	国家发展改革委、财政部、住房和城乡建设部、生态环境部、水利部	加快完善污水处理收费机制，实现生态环境成本内部化；体现"污染付费、公平负担、补偿成本、合理盈利"的原则；污水处理成本包括污水处理设施建设运营和污泥无害化处置成本
	关于创新和完善促进绿色发展价格机制的意见（2018）	国家发展改革委	建立健全能够充分反映市场供求和资源稀缺程度、体现生态价值和环境损害成本的资源环境价格机制；体现社会承受能力和污染者付费原则，实现生态环境成本内部化，构建覆盖污水处理和污泥处置成本并合理盈利的价格机制
	关于全面深化价格机制改革的意见（2017）	国家发展改革委	基于建立以"准许成本+合理收益"为核心的定价制度，按照补偿成本并合理盈利的原则，推进环境损害成本内部化
	关于推进价格机制改革的若干意见（2015）	国务院	按照"污染付费、公平负担、补偿成本、合理盈利"的原则，合理提高污水处理收费标准，城镇污水处理收费标准不应低于污水处理和污泥处理处置成本
	关于制定和调整污水处理收费标准等有关问题的通知（2015）	国家发展改革委、财政部、住房和城乡建设部	按照"污染付费、公平负担、补偿成本、合理盈利"的原则，综合考虑本地区水污染防治形势和经济社会承受能力等因素的制定和调整。收费标准要补偿污水处理和污泥处置设施的运营成本并合理盈利
	关于推进水价改革促进节约用水保护水资源的通知（2004）	国务院办公厅	各地区人民政府应结合本地区污水处理设施运行成本制定污水处理费收费标准，确保污水处理设施正常运行

续表

政策级别	政策名称	颁发部门	核心内容
规范性文件	关于进一步推进城市供水价格改革工作的通知（2002）	计委、财政部、建设部、水利部、国家环保总局	已开征污水处理费的城市，要将污水处理费的征收标准尽快提高到保本微利的水平
	关于加大污水处理费的征收力度建立城市污水排放和集中处理良性运行机制的意见（1999）	计委、建设部、国家环保总局	按照补偿排污管网和污水处理设施的运行维护成本及合理盈利的原则核定。运行维护成本主要包括污水排放和集中处理过程中发生的动力费、材料费、输排费、维修费、折旧费、人工工资及福利费和税金等

本书根据我国污水处理费政策条文规定以及污水处理企业会计成本核算准则对污水处理费的成本核算内容进行了梳理，并对治理成本、运营成本、运行成本等各个成本概念进行了明确。治理成本是指污水处理企业将污水处理到现状排放标准条件下的成本，包括建设成本和运行成本，其中建设成本主要包括排污管网和污水处理设施的建设成本（以年折旧表示）；运行成本主要包括人工成本、原材料成本、水电费、污泥处理处置成本、维护费、监测化验成本以及管理成本和财务成本等。运营成本包括污水处理设施的建设成本和运行成本，不包括排污管网的建设成本。三者之间的逻辑关系为：治理成本>运营成本>运行成本。污水处理厂治理成本结构如图7-11所示。

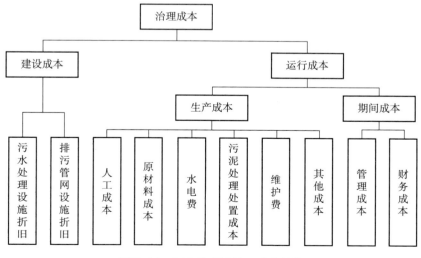

图7-11　污水处理厂治理成本结构

7.3.5 没有体现污染者付费原则

本书采用抽样调查的方法计算各类成本信息，样本总体为《2018年中国城镇排水统计年鉴》中所涉及的3 892座污水处理厂。根据我国区域经济发展水平、污水处理厂分布密度以及数据的完整性和有效性，从该年鉴中选取20个省份的262座污水处理厂作为案例样本，基于污水处理厂成本结构和会计成本核算准则对各案例样本的不同成本信息进行统计分析。① 其中，东部、中部和西部地区案例样本分别有177座、40座、45座；出水执行国标一级A的案例样本有168座，东、中、西部地区分别有128座、12座和28座；出水执行国标一级B的案例样本有94座，东、中、西部地区分别有49座、28座和17座，如图7-12所示。

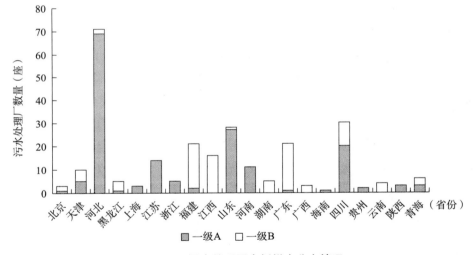

图7-12 污水处理厂案例样本分布情况

本书选取的污水处理厂的技术经济指标包括：出水执行标准（排放标准）、平均负荷率、污水年处理总量、固定资产总额、年直接运行费用、年更新改造费用、污泥处置费用、管网建设成本、BOD进出水浓度、化学需氧量进出水浓度、NH_3-N进出水浓度、TP进出水浓度、TN进出水浓度等，见表7-7。

---

① 详见附录2、附录3。

表7-7　数据指标的描述统计量

N		样本（个）	执行标准	平均负荷率	污水年处理量（万吨）	年直接运行费（万元）	年更新改造费（万元）	污泥处置费（万元）	年累计用电量（kW/h）	管网建设成本（万元）	固定资产总额（万元）
	有效	262	262	262	262	262	162	262	262	262	262
	缺失	0	0	0	0	0	103	0	0	0	0
最小值				20%	28	30	1.8	0.12	151.9	513	146
最大值				142%	20 223	19 734	11 142	2 500	99 313 434	438 839	125 382
均值				79%	1 723	1 353	485	160	5 431 036	35 125	10 035
标准差				0.21	2 714	2 160	1 491	334	10 001 204	56 955	16 272

N		BOD进水浓度（mg/L）	化学需氧量进水浓度（mg/L）	NH$_3$-N进水浓度（mg/L）	TP进水浓度（mg/L）	TN进水浓度（mg/L）	BOD出水浓度（mg/L）	化学需氧量出水浓度（mg/L）	NH$_3$-N出水浓度（mg/L）	TP出水浓度（mg/L）	TN出水浓度（mg/L）
	有效	260	262	262	259	254	261	262	262	259	252
	缺失	2	0	0	3	8	1	0	0	3	10
最小值		6	37	6.1	0.5	9.2	0.05	9	0.05	0.03	1.08
最大值		324	890	64.2	13.3	94.2	20	60	15	1.85	24.6
均值		98.8	234	24.5	3.3	33.2	5.8	23	1.36	0.4	9.5
标准差		54.1	107	9.8	1.6	13.5	3.1	7.5	1.22	0.22	3.3

（1）污水处理费并未覆盖现状排放标准下的全部治理成本

根据污染者付费原则，全成本是制定污水处理费征收标准的基本依据。污水处理费理应覆盖排放户排水的全成本，实现所有生态环境外部成本内部化，但现行污水处理费并未覆盖现状排放标准下污水处理的全部治理成本。除了治理成本结构以外，污水进出水浓度、污水处理运行负荷、污水处理工艺、污泥处置方式、管理水平等也对治理成本的大小产生影响。

不同省份案例样本的污水处理成本信息各不相同，即使同一省份、执行同一标准的案例样本各类成本之间也有差异，总体上国标一级 A 案例样本各类成本的平均值均高于一级 B。具体来看，168 座一级 A 案例样本的治理成本、运营成本、运行成本各自分布在 1.28~6.21 元、0.59~5.53 元、0.29~5.25 元，平均值分别为 2.13 元、1.46 元、1.16 元。94 座一级 B 案例样本的治理成本、运营成本、运行成本各自分布在 0.97~5.28 元、0.39~4.70 元、0.13~4.44 元，平均值分别为 1.75 元、1.16 元、0.91 元，如图 7-13、图 7-14所示。根据国家规定最新标准①（居民 0.95 元/吨、非居民 1.40 元/吨），可以看到，目前 0.95 元/吨的居民污水处理费仅能覆盖现状排放标准下

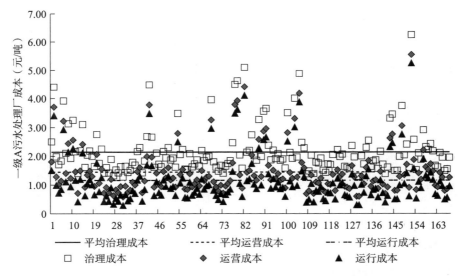

图 7-13　168 座国标一级 A 案例样本污水处理厂各类成本信息

---

① 《关于制定和调整污水处理收费标准有关问题的通知》明确规定"2016 年底前设市城市居民和非居民污水处理费不低于 0.95 元/吨和 1.40 元/吨"。

的运行成本（一级 B），1.40 元/吨的工业污水处理费仅能覆盖现状排放标准下的运行成本（一级 A）和运营成本（一级 B），但无法覆盖运营成本和治理成本，这说明国家财政对居民和工业排水提供补贴违背了污染者付费原则。基于基本生活需求的居民生活排水和营利性质的工业废水排放在污染者付费原则中应用不同，具有公共物品属性的基本生活排水属于公共服务提供范畴，而具有商业属性的工业废水排放理应基于全部治理成本支付。

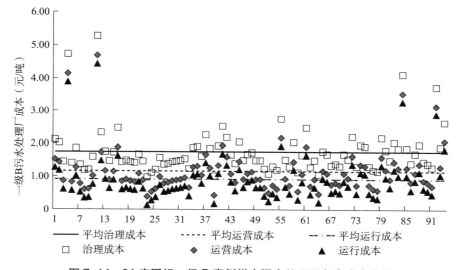

图 7-14　94 座国标一级 B 案例样本污水处理厂各类成本信息

基于案例样本污水处理厂所在地发改委价格部门提供的具体污水处理费数据，将案例样本污水处理费与各自成本信息进行对比。具体来看，168 座一级 A 案例样本的居民和工业污水处理费各自分布在 0.65~1.70 元、0.8~3.0元，平均值分别为 1.0 元、1.40 元，分别为一级 A 案例样本平均治理成本的46.95% 和 65.73%。94 座一级 B 案例样本的居民和工业污水处理费各自分布在 0.60~1.95 元、0.78~3.00 元，平均值分别为 0.93 元、1.32 元，分别为一级 B 案例样本平均治理成本的 53.14% 和 75.43%。一级 A 案例样本中居民和工业污水处理费低于自身运行成本、运营成本、治理成本的比例分别为44.64% 和 23.21%、70.83% 和 48.44%、99.40% 和 91.67%，一级 B 案例样本中居民和工业污水处理费低于自身运行成本、运营成本和治理成本的比例分别为 30.85% 和 17.02%、55.32% 和 26.60%、98.94% 和 76.60%，如图 7-15、图 7-16 所示。由此可见，绝大多数案例样本污水处理厂所在地污水处理费均低于当地现状排放标准条件下的治理成本，另外，有一半以上居民污水处理费低于当地现状排放标准条件下的运营成本，甚至有 20% 左右的工业污水处理费低于当地现状排放标准条件下的运行成本。即使与国家最新标准对比，一级 A 和一级 B 案例样本居民污水处理费中仍有 19.64% 和 32.99% 的比例小于0.95 元/吨，工业污水处理费中仍有 29.17% 和 34.04% 的比例低于 1.40 元/吨，部分地区污水处理费政策调整较为滞后。

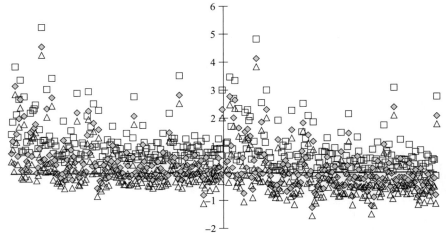

□ 治理成本与处理费差额   ◆ 运营成本与处理费差额   △ 运行成本与处理费差额

图 7-15　168 座国标一级 A 案例样本不同成本与污水处理费差额

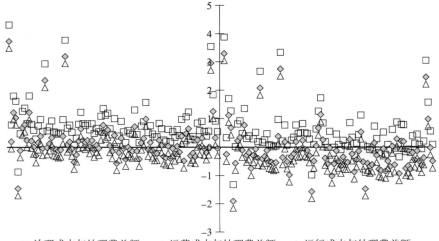

□ 治理成本与处理费差额   ◆ 运营成本与处理费差额   △ 运行成本与处理费差额

图 7-16　94 座国标一级 B 案例样本不同成本与污水处理费差额

（2）现行污泥处理处置费用无法实现无害化要求

污泥作为污水的副产物，含有重金属、病原体等多种有毒有害物质。根据污染者付费原则，污泥处置需要实现无害化要求。常见的污泥处置方式包括卫生填埋、土地利用、干化和焚烧（黄岚，2019），但现实中无论哪种处置方式都没有数据表明污泥处置达到了无害化要求，污泥信息不公开且现有污泥处置政策缺乏环境生态风险评价。《2018 年中国城镇排水统计年鉴》中公布了部分案例样本污水处理厂污泥处置的成本信息以及 100% 无害化处置，但污泥处置方式以及是否实现 100% 无害化处置不得而知。根据国内现有技术水平以及经验数据（於方，2011），每万吨污水产生 7 吨污泥，吨水运行成本与吨污泥处置费用之比为 1∶0.8（确保污泥实现无害化处理），对案例样本污水处理厂污泥实际产生量以及吨污泥处置费用进行估算，将污泥实际产生量与经验值进行对比并计算一级 A 和一级 B 污水处理厂理论吨污泥处置费用与实际处置费用差额，如图 7-17、图 7-18 所示。可以看出，157 座一级 A 案例样本有污泥处置成本相关信息，吨水运行成本分布在 0.20～3.71 元/吨，平均值为 1.03 元/吨；吨污泥处置成本分布在 0.001～0.78 元/吨，平均值为 0.026 元/吨；吨污泥处置成本/吨水运行成本分布在 0.07%～114%，平均值为 3.43%；万吨水污泥产生量分布在 0.03～89.72 吨，平均值为 7.03 吨；吨污泥实际处置费用和理论值之间的差额分布在-2.94～0.23 元，平均值为-0.8。81 座一级 B 案例样本有污泥处置成本相关信息，吨水运行成本分布在 0.13～4.43 元/吨，平均值为 0.85 元/吨；吨污泥处置成本分布在 0.001～3.03 元/吨，平均值为 0.08 元/吨；吨污泥处置成本/吨水运行成本分布在 0.06%～645%，平均值为 15%；万吨水污泥产生量分布在 0.01～32.03 吨，平均值为 7.03 吨；吨污泥实际处置费用和理论值之间的差额分布在-3.54～2.65 元，平均值为-0.6 元。由此可见，不同污水处理厂污泥产生量差异巨大，一级 A 案例样本和一级 B 案例样本中分别有 67.5% 和 82.7% 的污水处理厂污泥产生量小于 7 吨，部分案例样本万吨水污泥产生量甚至低于 1 吨。同时，根据现有技术水平、经验数据和年鉴数据，一级 A 案例样本和一级 B 案例样本的吨污泥处置成本应为 0.82 元/吨和 0.68 元/吨，但实际数据只有 0.026 元/吨和 0.08 元/吨，说明现有污泥处置水平不高，距离无害化处理要求还有一定的差距，存在少付费的情况，违背污染者付费原则，有造成二次污染的隐患。

（3）部分污水处理厂"达标合法"污染水环境

城镇污水处理厂污染物排放标准应当基于水环境质量确定，并确保水质达标。美国《清洁水法》明确规定，如果排放户基于技术的排放标准无法确

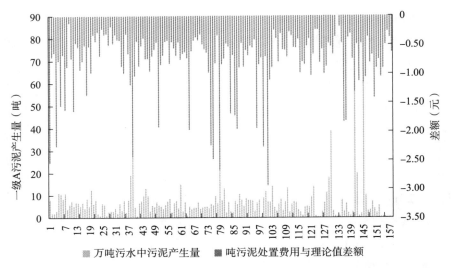

图 7-17　一级 A 案例样本万吨污水中污泥产生量、吨污泥处置费用与理论值差额

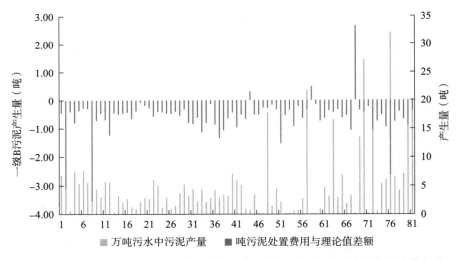

图 7-18　一级 B 案例样本万吨污水中污泥产生量、吨污泥处置费用与理论值差额

保水质达标，就要采取更加严格的基于水质的排放标准。基于水质的排放标准是根据水质目标、水文条件反推，考虑到各个排放户的具体条件，以保障人体健康和水生生物安全为目的制定的。我国现行的《城镇污水处理厂污染物排放标准》（GB 18918—2002）仍正被绝大多数省份使用，但这个标准是在2002 年依据当年的管理能力、治理成本和环境容量制定的，已经和现在的水环境状况严重不符，这不仅影响污水处理费政策的效果，而且可能进一步污染水环境。比如，海河流域华北地区由于地理位置和气候因素导致水资源非

常匮乏，不少河流面临断流或严重污染问题，河流的来水水源可能就是污水处理厂的排放水。这些流域基本上已经丧失环境容量，即使其污水处理厂执行目前最严格的污染物排放标准，也无法实现水质达标。部分地区污水处理厂污染物排放标准与特定水体水环境功能基本上没有实质上的连接，因此是不能保护水环境功能的。不同流域城镇污水处理厂污染物排放标准中分级标准与不同类别的水体看似有一些表面的连接，但对于部分流域来说仍然过高。《城镇污水处理厂污染物排放标准》的化学需氧量排放限值是排入水体水质标准限值的 2.5~3.0 倍，几种重金属排放限值是水质标准限值的 2~10 倍。

对案例样本污水处理厂总磷和总氮年均出水浓度进行统计分析可知，不同污水处理厂总磷和总氮出水浓度不同，262 个案例样本中总磷年均出水浓度分布在 0.03~1.86mg/L，平均值为 0.40mg/L，高于地表水环境质量标准三类水总磷浓度限值 0.20mg/L，其中案例样本中总磷出水浓度低于地表水三类度限值的比例仅为 13.4%；总氮年均出水浓度分布在 1.08~24.62mg/L，平均值为 9.48mg/L，远远超过三类水总氮浓度限值 1.00mg/L，没有样本的出水浓度低于三类水总氮浓度限值，如图 7-19 所示。

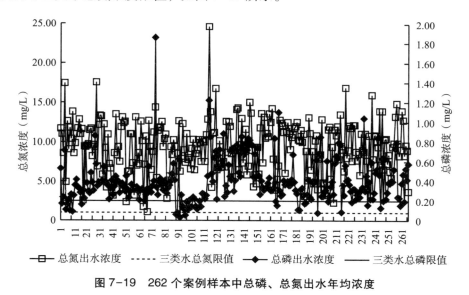

图 7-19　262 个案例样本中总磷、总氮出水年均浓度

同时，以笔者参与调研的华北地区某污水处理厂为例，该污水处理厂自运行以来始终满足一级 B 排放标准要求，但由于地理位置和气候因素导致水资源非常匮乏，不少河流面临断流或严重污染问题，污水处理厂的排放水可

能就是当地河流的补给水源。这些流域基本上已经丧失水环境容量，即使这些流域污水处理厂执行目前国内最严格的污水处理厂排放标准要求，仍然无法实现当地水质达标，如图 7-20 所示。当城镇污水处理厂的排放标准与水环境质量标准脱节，排入水体的水质并不能满足环境无退化要求实现水质达标（仍是"污染者"）时，即使达标排放实现了"管理意义上的无污染"，也会造成"实际上的污染"。这部分外部成本未能包含在污水处理费中，即使要求污染者支付现有排放标准下的全部治理成本，也并非基于全成本的支付。外部成本没有明确的承担者，当所征收上来的污水处理费不能实现水环境质量不退化的污水治理时，就无法满足城镇污水处理的需求，从而外溢为社会承担，违背了污染者付费原则。

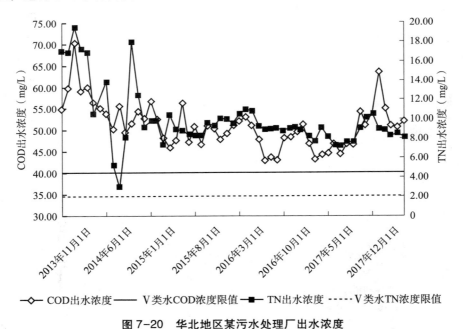

图 7-20　华北地区某污水处理厂出水浓度

7.4　我国城镇污水处理费政策改革

7.4.1　美国城市生活污水管理制度经验借鉴

美国环保署要求所有点源在排污时必须要具备 NPDES 排污许可证。排污许可证是特许某设施在特定条件下排放特定数量的污染物进入受纳水体的执照。城市生活污水处理厂作为主要的排放点源，其目标与其他的排放点源一致，更广为人知的说法是"可钓鱼、可游泳"的目标。美国对城市生活污水处理厂的排放控制目标包括以下4个重要原则：①不可随意向航行水域排放污染物；②排污许可证要求利用公共资源处理废物，并减少可能排入环境的污染物量；③废水必须按经济可行的最佳处理技术进行处理（无论其受纳水体的水质状态如何）；④排放标准应当基于污水处理技术来制定，但如果污水处理企业采用技术的排放标准无法达到受纳水体的水质标准，则应采用更严格的排放标准。

为达到NPDES排污许可证的要求，美国对城市生活污水的管理细致而严格，具体落实在城市生活污水排污许可证制度中。排污许可证中规定了排放标准以及包括监测和达标的明确执行依据，对于使用和处置污泥的要求也包含在城市生活污水处理厂的排污许可证中。美国城市生活污水排放管理的法律政策中除对点源的要求外，还明确了对市政污水的单独管理要求，主要分为对市政污水排放管理、对排放到城市生活污水处理厂工商业点源的预处理管理、对市政污水处理厂产生的污泥管理。

（1）市政污水排放管理：排放标准

美国城市生活污水处理厂的排放标准是一个系统全面的标准体系，也是守法者遵守标准的准绳和依据。排放标准中包括污水及污泥的排放标准、达标判据、监测点位、监测频次、采样方法、监测数据的上传和保存、历史数据的处理等。

①排放标准——基于技术的排放标准。

《清洁水法》第301条要求所有的市政污水处理厂在1977年7月1日之前达到"二级处理"的水平。具体来说，《清洁水法》要求美国环保署依照该法案第304条（d）（1）款的规定，制定市政污水处理厂二级处理标准。根据这一法律要求，美国环保署制定了联邦法规第40卷133节，即二级处理条例。这些基于技术的条例适用于所有市政污水处理厂，并限定了二级处理出水水质的最低水平，用BOD_5、TSS和pH等指标表征。

市政污水的一个显著特点就是适合使用生物方法处理。在市政污水处理厂中，生物处理工艺被称作二级处理工艺，处理流程在沉淀池（初级处理）之后。为了达到《清洁水法》的要求，美国环保署对具有二级处理工艺的市政污水处理厂的处理效果数据进行了评估，并在此基础上明确了二级处理要求。

根据联邦法规第 40 卷 122 章 45 节（f）款，在制定排放标准时，必须综合多个方面进行考虑，如污水二级处理要求以及污水处理厂设计流量等。此外，还可以应用基于浓度的排放标准确定 30 日平均限值和 7 日平均限值。

②排放标准——基于水质的排放标准。

根据美国经验，为了确保受纳水体达到水质标准，必须考虑到所有排入地表水的污水对受纳水体水质产生的影响。从某些方面来看，污水会对水质造成一定程度的影响，需要根据受纳水体情况制定满足其要求的排放标准。在此过程中，美国联邦政府所颁布的《清洁水法》以及各项法律条款对此做出了明文规定，并制定出了更加严谨的排放标准。

排污许可证中城市生活污水处理厂基于水质的排放标准除了用平均每周限值（Average Weekly Limits，AWL，在一个自然周内每日排放均值的最高允许值）和平均每月限值（Average Monthly Limits，AML，在一个自然月内每日排放均值的最高允许值）表示之外，其余与点源基于地表水质的排放标准确定方法基本相同。随着以上标准值的制定，水环境得到了有效保护，并产生了更科学的参考依据，与此同时，若是污水排放量高于以上指标，则判定为超标。

排污许可证会将计算出来的排放标准与如下 5 个方面进行对比：①基于技术的排放标准；②根据 TMDL 的计算值；③基于流域的要求进行对比（流域管理是综合全面的管理方法，可在一个地理区域内恢复和保护水生生态系统并保护人类健康）；④遵循反退化的政策；⑤排污许可证每 5 年更新一次，并保证排放标准越来越严格。对比后，选出最严格的一个，根据排污许可证的排放要求执行。

（2）预处理管理

预处理管理的最终目标是不影响城市生活污水处理厂的正常运行（美国《清洁水法》的表述是：防止本不该由城市生活污水处理厂处理的工业污染物进入厂内，避免对其操作造成干扰；提高循环利用和回收使用市区及工业废水、污泥的机会），环节目标是控制有毒污染物及非常规污染物的进入。

针对美国国家预处理制度要求，工业和商业排放者应在排水到市政污水处理厂前进行"预先处理"，以使其排放的污水符合生活污水的入水要求。该制度通常直接由接受间接排放的生活污水处理厂执行，由污水管理机构或特许经营者向纳管企业颁发预处理排污许可证。

预处理制度适用于工商业点源（将污染物排进市生活污水处理厂）。自 1983 年预处理制度颁发后，大大降低了有毒污染物向下水道系统和美国水域的排放。此类进步主要归功于各联邦、州、地方级工业代表（参与国家预处理制度制定和实施的此类代表人员）的努力。

随着美国环保署发布了工业技术型废水限制，《清洁水法》中也建立了水质策略。《清洁水法》中国家污染物排放消除制度的建立，旨在控制点源污染物的排放，并将城市生活污水处理厂预处理制度作为运载工具执行工业技术型标准（针对直接排放源）和行业预处理标准（针对工商业点源）。为了实施预处理标准，美国环保署于 1973 年下旬颁布了 40 CFR 第 128 部分内容，建立了针对处理厂干扰和穿透问题的一般性禁令，并制定了针对行业的预处理标准。污水处理厂标准制定流程如图 7-21 所示。

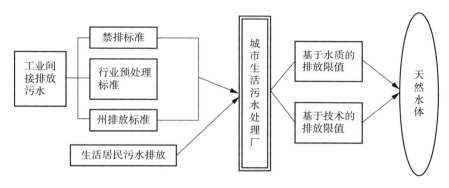

图 7-21　污水处理厂标准制定流程

（3）污泥管理

美国《清洁水法》对污水污泥的排放做出了规定，目的是减少潜在的环境风险和使污水污泥的效益最大化。《清洁水法》要求美国环保署制定技术标准，建立污泥管理实践与污泥中有毒污染物可接受的水准，以及遵守这些标准的严格的截止期限。美国环保署在《联邦法规汇编》（CFR）中颁布了实施上述要求的条例。这些条例对污水污泥的利用和处置提出了要求，主要分为土地利用、地表处置以及污泥焚烧。每项利用和处置方法包括一般要求、污染物限值、管理要求、操作标准以及监测记录报告要求。

7.4.2　总体改革思路

（1）城镇污水处理厂排放管理的最终目标

城镇污水处理厂有固定的污水排放口，而且这些排放口排放的污水量大，污染物的含量高、种类多。如果管理不当，这些污水就会迅速对水体以及人体和生态环境造成重大破坏。城镇污水处理厂的污染排放可视为一种负的环境外部性，只有外部性得到一定程度的内部化，才可以控制污染。城镇污水处理厂排放管理的最终目标是排放的污水满足排入地表水体的水质标准或满足地表水体的指定功能。

（2）城镇污水处理厂排放管理的其他目标

城镇污水处理厂排放管理的其他目标是实现其连续达标排放，也就是使各类污染物的排放得到控制，其产生的污泥得到安全处置，排放到城市生活污水处理厂的工商业点源得到控制，以保障城市生活污水处理厂的稳定运行。

根据前文分析，基于水环境质量不退化的排放标准是衡量污染者的唯一标尺。因此污水处理厂的排放标准应该分类指导、因地制宜，不能"一刀切"。对于本身水资源就十分匮乏并且水环境已经遭到破坏的地区，必须依法制定严格的排放标准甚至是基于水质的排放标准以保障该地区的水资源环境；对于本身水资源就十分丰富并且水体污染物含量不高的地区，可以在保障本地区水环境的情况下适当修改现有的排放标准。在排放标准实现环境无退化标准（污泥实现无害化）的基础上，估算污水处理设施的治理成本，包括建设成本、运行成本，此时的治理成本是全成本，以此为标准制定污水处理费的收费标准。此时的污水处理费已将污水处理厂的排水对环境造成的外部影响内部化，因此是基于全成本的城镇污水处理费政策。

在目前的环境税中引入城镇污水税可以作为解决城镇污水处理厂"达标排放仍污染"问题的另一种有效途径。如果不能改变现行污水处理厂污染物排放标准，也不能改变制定污水处理费收费标准的规定，那么为了改变"达标排放仍污染"的现象，可以对污水处理厂征收城镇污水税。城镇污水税税率应根据污染者付费原则制定。污水处理厂如果不污染环境就不征收城镇污水税，如果造成环境污染导致环境退化则征收城镇污水税；征收的城镇污水税必须能够覆盖污水处理厂处理到环境无退化标准时的全部治理成本。通过征收城镇污水税，使污染者承担达到环境无退化标准时所产生的全部治理成本。

城镇污水税税率制定的基本原理如下：第一，根据排入水体的环境质量标准（环境功能要求），确定基准排放标准 $S_{无退化}$，在此排放标准下，排入水体环境质量不会退化；第二，根据确定的排放标准，确定每污染当量需要的治理成本 $P_{无退化}$；第三，根据现状排放标准 $S_{现状}$ 确定基于现状排放标准条件下每污染当量需要的治理成本 $P_{现状}$。如果 $S_{现状}$ 不污染水环境，则不征收城镇污水税，但污水处理费的征收要基于现状排放标准条件下的全部治理成本，覆盖建设成本和运行成本；如果 $S_{现状}$ 污染水环境，那么此时征收城镇污水税，要考虑合理的利润率，确定城镇污水税税率标准，依法制定政策，公布城镇污水税税率标准。如果提高排放标准，那么税率标准和政策也要相应调整。当水环境质量标准（环境功能）变更时，排放标准、税率标准和政策细则也需要变更。

①现行排放标准不污染环境，即 $S_{现状} \leqslant S_{无退化}$。

在现行排放标准 $S_{现状}$ 不污染水环境（且污泥实现无害化处置）的条件下，不征收城镇污水税。污水处理厂的治理成本取决于建设成本和运行成本，在排放水量、技术水平给定的情况下，污水处理厂的治理成本由城镇污水处理厂污染物排放标准（二级标准、一级 B 标准、一级 A 标准、北京 B 标准、北京 A 标准）决定，即由将城镇污水处理到某个水平上要支付的全部治理成本决定。

污水处理费定价模型为：

$$W_w = P_{现状}(Q,\ T,\ \Delta q) + \beta P_{现状}$$

式中，W_w 表示污水处理费；$P_{现状}$ 表示现状排放标准条件下的城镇污水治理成本和污泥无害化处置成本；Q 表示污水处理量和污泥处置量；T 表示污水处理和污泥处置的技术水平；Δq 表示污水处理厂进水与现状排放标准水质指标的差值；β 表示合理利润率。

污水处理费要遵循公共与商业分置原则。企业、事业单位、居民奢侈用排水不属于基本公共服务的范畴，应当按照上述公式的定价模型全成本征收污水处理费。满足居民基本生活需求的排水是基本公共服务，因此针对居民基本生活征收的污水处理费应当低于全成本，可以按照现行费率征收，差额部分由公共财政予以补贴。

②现行排放标准污染环境，即 $S_{现状} > S_{无退化}$。

在现行排放标准 $S_{现状}$ 污染水环境的条件下，如果不改变现行污水处理厂排放标准，也不改变制定污水处理费收费标准的规定，那么为了改变"达标排放"仍污染环境的现象，可以对污水处理厂征收城镇污水税。

城镇污水税税率定价模型为：

$$t=P_{无退化}-P_{现状}+\beta\left(P_{无退化}-P_{现状}\right)$$

式中，t 表示城镇污水税税率；$P_{无退化}$ 表示基于环境无退化排放标准条件下每污染当量需要的治理成本；$P_{现状}$ 表示现状排放标准条件下城镇污水每污染当量的治理成本；β 表示合理利润率。

城镇污水税同样要遵循公共与商业分置原则。工业企业基于盈利行为的排放要基于其造成的全部外部成本付税，不应该有财政资金补贴；基于基本生活需求产生的排放造成的污染应当由公共财政支付。

7.4.3 现阶段改革方案

城镇污水处理厂排放管理的最终目标是排放的污水满足排入地表水体的水质标准或满足地表水体的指定功能。根据上述分析可以看出，城镇污水处理厂污染物排放标准应当基于污水处理技术来制定，如果污水处理厂采用基于技术的排放标准无法达到受纳水体的水质标准，则应采用更严格的排放标准，即基于水质的排放标准。但城镇污水处理厂排放标准的提高，既要考虑环境容量的要求，又要考虑经济性，即投入和产出效益。本书根据城镇污水处理厂行业主管部门统计的全国城镇污水处理管理信息系统数据，对全国规模以上城镇污水处理厂进行梳理，分析现有城镇污水处理厂排放现状并估算排放标准和管网提标改造两种方案的成本效益（陈玮，2018）。

（1）城镇污水处理厂排放标准提标改造潜力分析

根据全国统计数据，截至 2017 年底，全国规模以上城镇污水处理厂执行准Ⅳ类、一级 A、一级 B、二级、其他的规模分别为 671 万吨/日（占比 3.8%）、6 489 万吨/日（占比 36.3%）、7 500 万吨/日（占比 41.9%）、2 739 万吨/日（占比 15.3%）、481 万吨/日（占比 2.7%）。

根据现有城镇污水处理厂不同排放标准的规模分布情况，考虑化学需氧量、氨氮两项主要污染物指标，分析城镇污水处理厂排放标准提标改造到准Ⅳ类的新增削减能力。[①] 在不考虑征地、拆迁、土地、技术等工程可行性前提下，如果将现有城镇污水处理厂全部按照《城镇污水处理厂污染物排放标准》（GB 18918—2002）的要求将排放标准提标改造到准Ⅳ类，根据提标前后的差值可以推断出新增化学需氧量削减能力为 138.4 万吨/年、新增氨氮削减能力

---

① 提标改造新增削减能力理论值=（现行排放标准-改造后排放标准）×城镇污水处理厂处理规模。

为77.8万吨/年。但在实际运行管理过程中，城镇污水处理厂实际出水污染物排放浓度往往普遍严格于国家排放标准要求，大部分城镇污水处理厂化学需氧量和氨氮出水浓度已经达到甚至优于准Ⅳ类标准。为此，对各类别城镇污水处理厂出水进行加权平均，并对目前执行准Ⅳ类标准的城镇污水处理厂出水进行加权平均（化学需氧量和氨氮浓度分别为18.7mg/L和0.7mg/L），则根据实际运行情况得出的新增化学需氧量削减能力为33.0万吨/年、新增氨氮削减能力为6.4万吨/年。[①] 相对于理想状态下提标改造到准Ⅳ类标准所付出的工程代价，其主要污染物削减能力与改造潜力将十分有限，从技术经济角度来看已经不具备合理的投入产出效益（陈玮，2018），见表7-8。

表7-8 全国规模以上城镇污水处理厂提标改造潜力分析

	现行排放标准	规模（万吨/日）	化学需氧量			氨氮		
			现行标准（mg/L）	改造后标准（mg/L）	新增削减（万吨/年）	现行标准（mg/L）	改造后标准（mg/L）	新增削减（万吨/年）
提标改造到准Ⅳ类潜力	准Ⅳ类	671	40	40	0	2	2	0
	一级 A	6 489	50	40	23.7	8	2	14.2
	一级 B	7 500	60	40	54.8	15	2	35.6
	二级	2 739	100	40	60	30	2	28
	其他	481		40			2	
	合计	17 880			138.5			77.8
	现行排放标准	规模（万吨/日）	化学需氧量			氨氮		
			现行标准（mg/L）	改造后标准（mg/L）	新增削减（万吨/年）	现行标准（mg/L）	改造后标准（mg/L）	新增削减（万吨/年）
实际运行情况与改造潜力	准Ⅳ类	671	18.7	18.7	0	0.7	0.7	0
	一级 A	6 489	22.9	18.7	9.9	1	0.7	0.73
	一级 B	7 500	22.6	18.7	10.8	1.6	0.7	2.57
	二级	2 739	29	18.7	10.3	3.6	0.7	2.93
	其他	481	30.7	18.7	2	1.9	0.7	0.20
	合计	17 880			33			6.43

（2）城镇污水处理厂污水管网提标改造潜力分析

目前，我国城镇污水处理厂的另一个主要特点是不同地区进出水浓度差异

---

① 提标改造新增削减能力实际值＝（实际出水加权平均－目前执行准Ⅳ类标准尾水加权平均）×城镇污水处理厂处理规模。

较大。南方地区由于降雨量大、河网丰富、水量充足、地下水位高等特征，导致部分客水进入污水管网进而稀释污染物浓度。这在一定程度上反映了我国的污水管网收集效率还有较大的提升空间。从物质平衡的角度看，如果将一个城市看作一个封闭的系统，那么水污染物只会存在于管网、污水处理厂、水环境当中。这里我们关注的重点是污水管网能够收集多少污染物，同时能否实现应收尽收。根据全国污染源普查以及我国的气候、地理区位特征，并结合经济发展水平、生活方式、人口等因素将我国城市划分为不同类别，估算每一类城市的人均污水日排放量、化学需氧量和氨氮日产生量等数据信息，以此来核算每一类城市生活污水产生的化学需氧量和氨氮浓度。① 最后得到每一类城市所在地污水处理厂进水浓度理论值，按照城镇污水处理厂规模进行加权平均处理之后作为所在省份理论进水浓度，结合各省污水处理厂实际进水浓度估算完善污水管网带来的新增污染物削减能力。② 从表7-9 中可以看出，通过完善污水管网带来的污染物新增削减能力（新增化学需氧量削减能力为722.8 万吨/年、新增氨氮削减能力为213.4 万吨/年）较高，分别是城镇污水处理厂提标改造到准Ⅳ类可新增削减能力的21.9 倍和33.3 倍。由此可见，对于现阶段我国城镇污水处理厂运营管理来说，完善污水管网将比污水处理厂提标改造带来更多的环境效益。

表 7-9　全国规模以上城镇污水处理厂完善污水管网带来的新增削减能力

省份	规模（万吨/日）	进水化学需氧量浓度（mg/L）		新增化学需氧量削减（万吨/年）	进水氨氮浓度（mg/L）		新增氨氮削减（万吨/年）
		实际值	理论值		实际值	理论值	
北京	457	479	425	0	38	65.5	4.6
天津	272	354	425	7.1	36	65.5	2.9
河北	837	312	441	39.5	32	67.1	10.8
山西	375	357	435	10.7	37	66.6	4.1
内蒙古	335	451	440	0	45	67.1	2.7
辽宁	782	239	425	53	23	66	12.3
吉林	353	303	426	15.8	24	66.3	5.5
黑龙江	400	308	432	18	31	66.6	5.5
上海	791	290	342	15	24	52.4	8.1

① 这里考虑污水在管网输送过程中的污染物损耗和降解，按照化学需氧量降解20%、氨氮基本保持不变来进行测算。

② 各省新增污染物削减能力=（污染物进水浓度理论值-污染物进水浓度实际值）×各省城镇污水处理厂处理规模。

续表

省份	规模（万吨/日）	进水化学需氧量浓度（mg/L）		新增化学需氧量削减（万吨/年）	进水氨氮浓度（mg/L）		新增氨氮削减（万吨/年）
		实际值	理论值		实际值	理论值	
江苏	1407	249	333	43	23	51.6	14.6
浙江	1217	317	332	7.1	24	51.8	12.2
安徽	622	191	341	34.1	21	49.6	6.4
福建	465	192	331	23.5	20	51.4	5.3
江西	328	144	341	23.6	16	49.8	4
山东	1 360	342	438	47.9	31	66.9	17.8
河南	994	286	340	19.9	29	50.2	7.7
湖北	687	169	349	45	17	49.7	8.3
湖南	741	176	345	45.9	15	49.6	9.3
广东	2 444	188	339	134.4	18	52.1	30.5
广西	386	135	330	27.4	19	50.3	4.4
海南	108	189	331	5.6	17	49.9	1.3
重庆	292	302	430	13.6	25	63.9	4.2
四川	690	216	399	46.1	24	63.5	9.9
贵州	190	163	377	14.8	16	63.4	3.3
云南	316	271	382	12.8	28	63.4	4.1
西藏	13	86	454	1.7	9	74.1	0.3
陕西	446	387	475	14.3	33	70.6	6.1
甘肃	155	487	459	0	43	71.5	1.6
青海	51	359	459	1.9	23	71.4	0.9
宁夏	93	421	456	1.2	34	72.3	1.3
新疆	275	463	454	0	40	74.2	3.4
合计	17 882			722.9			213.2

（3）两种方案成本效益综合对比

城镇污水处理作为重要的水污染治理手段，有力地提高了我国城镇化发展质量和基本公共服务水平。随着城镇化进程的加快以及人民群众对水环境质量的要求不断提升，很多地区和流域在现行《城镇污水处理厂污染物排放标准》（GB 18918—2002）的基础上启动了排放标准修订计划，达到或逼近地表水质Ⅳ类或Ⅲ类趋势。但很多专家指出，我国幅员辽阔，各地区水文气象条件、受纳水体水环境质量、污水处理负荷率、管网条件、居民生活习惯等因素各不相同，城镇污水处理厂排放标准应当避免"整齐划一"，要因地制宜地进行规划与修订，综合污水处理厂排放标准提标改造和完善污水管网两种方案基于技术、经济、成本等因素全面考虑。

在水质改善方面，将城镇污水处理厂污染物排放标准简单、盲目地提高到地表水质Ⅳ类或Ⅲ类的做法对水环境质量的效益改善可能并不具备成本有效性，将工作重点都放在城镇污水处理厂排放标准提标改造上面可能是本末倒置的做法；如果通过完善污水处理管网系统，将之前偷排、漏排、溢流的污水应收尽收，也能在一定程度上起到改善水质的作用。在技术改造难度方面，将城镇污水处理厂排放标准提标改造为Ⅳ类或Ⅲ类需要对生产工艺进行较大程度的改造（部分区域甚至需要采用膜处理工艺）；但完善污水管网通常采用传统工程方法，技术上不会存在较大的难题。在资金投入方面，排放标准提标改造周期较短，但投资强度较大；完善污水管网一般分区域、分路段、分阶段进行，短期内投资强度不大但周期较长。在运营维护方面，排放标准提标改造后由于采用较新的生产工艺，管理人员要求、运营维护成本都相对较高；完善污水管网一般只需要保证较好的维护即可。

根据前文分析，对城镇污水处理厂污染物排放标准提标改造和完善污水管网两种方案的投资效益进行初步估算，由表 7-10 可知，对于城镇污水处理厂污染物排放标准提标改造这一方案，从一级 A、一级 B、二级及其他排放标准提标到准Ⅳ类的平均单位投入分别为 500 元/吨、1 000 元/吨、1 500 元/吨、1500 元/吨。对于完善污水管网这一方案，分别从合流制管网改造、老旧管网改造、质量提升的分流制管网改造等三个方面进行投资效益分析。根据《中国城市建设统计年鉴》和《"十三五"全国城镇污水处理及再生利用设施建设规划》确定合流制管网改造总长度（159 735 千米）和单位投入（175 万元/千米）；根据国家老旧管网改造任务量和投资计划确定老旧管网改造总长度（27 708 千米）和单位投入（180 万元/千米）；根据《中国城市统计年鉴》并针对现有管网进行查缺补漏，确定需要提质增效的分流制管网总长度（93 634千米）和单位投入（100 万元/千米）。根据初步估算结果，在不考虑工程可行性和实施期限前提下，城镇污水处理厂污染物排放标准提标改造方案的总投资约为 1 557.5 亿元，单位化学需氧量削减能力费效比为 47.2 亿元/（万吨·年），单位氨氮削减能力费效比为 242.2 亿元/（万吨·年）。完善污水管网方案的总投资约为 4 230 亿元，单位化学需氧量削减能力费效比为 5.85 亿元/（万吨·年），单位氨氮削减能力费效比为 19.8 亿元/（万吨·年）。

表7-10　两种方案投资效益分析

A	B	C	D	E	F	G	H	I	J	K
栏号	①	②	③	④	⑤	⑥=⑤×③	⑦	⑧=⑥/⑦	⑨	⑩=⑥/⑨
提标污水处理厂	准Ⅳ类	准Ⅳ类	671		0	0	0		0	
	一级A	准Ⅳ类	6 489		500	324.5	9.9		0.73	22.85
	一级B	准Ⅳ类	7 500		1 000	750	10.8		2.57	21.07
	二级	准Ⅳ类	2 739		1 500	410.9	10.3		2.93	14.67
	其他	准Ⅳ类	481		1 500	72.2	2		0.20	
	合计		17 880			1 557.5	33.0	47.2	6.43	242.2
污水管网	改造	合流制管网	基本消除混接、错接、渗漏、倒灌	159 735	175	2 795.4				
	建设	老旧管网		27 708	180	498.7				
		分流制管网		93 634	100	936.3				
		合计		281 077		4 230	722.8	5.85	213.4	19.8

注：为简便起见，用 A 表示城镇污水处理厂改造方式，B 表示现在情况，C 表示改造后情况，D 表示现在情况，E 表示污水处理规模（万吨/日），F 表示单位投入（提标污水处理厂单位投入为元/吨，改造建设污水管网单位投入为万元/千米），G 表示总投资（亿元），H 表示新增化学需氧量削减能力理论值（万吨/年），I 表示化学需氧量削减能力费效比，J 表示新增氨氮削减能力理论值（万吨/年），K 表示氨氮削减能力费效比。

根据外部性理论，环境外部性是造成环境问题的制度根源，环境外部性的内部化是环境政策分析与设计的主要目的。但外部性的内部化是减小外部性规模的过程，正确识别外部性的合理规模，是确定内部化政策范围和政策目标的重要依据。根据这一理论，一定规模的外部性可能是局限条件下资源配置的较优状态，内部化的程度受技术和经济发展水平的制约。因此，在负的环境效应相对安全的情形下，环境政策的收益应当大于成本。考虑我国现实情况，如果将全国城镇污水处理厂全部提标到准Ⅳ类，根据城镇处理厂排放标准提标改造潜力分析结果，可分别新增化学需氧量削减能力为 33.0 万吨/年、氨氮削减能力为 6.4 万吨/年。但如果对全国城镇污水处理管网进行修复完善，根据城镇污水处理厂污水管网提标改造潜力分析结果，可分别新增化学需氧量削减能力为 722.8 万吨/年、氨氮削减能力为 213.4 万吨/年。对污染物排放标准提标改造和完善污水管网两种方案的投资效益进行初步估算，排放标准提标改造方案单位化学需氧量削减能力费效比为 47.2 亿元/（万吨·年），单位氨氮削减能力费效比为 242.2 亿元/（万吨·年）；完善污水管网方案单位化学需氧量削减能力费效比为 5.85 亿元/（万吨·年），单位氨氮削减能力费效比为19.8 亿元/（万吨·年）。综合对比来看，现阶段我国城镇污水处理厂污水管网收集效果更显著且更具成本有效性。

考虑到政策的可操作性和成本有效性，不能盲目提高城镇污水处理厂污染物排放标准、全国"一刀切"，应当着重分析每个地区和流域的水环境管理的目标和需求，更加注重"分区分类指导、环境质量倒逼"的思路。首先，近期工作应当放在污水管网的"查缺补漏"上，将直排、偷排和溢流的污水全部都查清、堵住，充分意识到污水管网改造对污水收集和污水处理提质增效的重要意义；其次，在污水管网完善的条件下，结合各个地区和流域的技术和经济条件，确定环境无退化的达标进程时间表；最后，根据前文所述的总体改革思路制定当地的污水处理费和城镇污水税，因地制宜。通过这一过程，最终使城镇污水处理费和城镇污水税的税率完全覆盖达到环境无退化时所需的全部治理成本。

7.5 小结

本章对我国城镇污水处理厂建设及运行情况进行了分析，对城镇污水处理费政策的发展进程进行了梳理，并基于污染者付费原则构建了全成本分析框架，对我国城镇污水处理费政策进行了初步分析与评估。结果表明：法律法规对污染者付费原则和水环境质量不退化没有明确界定，无法实现生态环境成本内部化；污水处理费占人均可支配收入、工业成本比重较低，政策调整较为滞后；污水处理费相关政策说法不统一且征收标准模糊，导致全成本的识别存在偏差；污水处理费并未覆盖全部治理成本，其中工业污水处理费无法覆盖现状排放标准下的运营成本和治理成本；部分地区污水处理厂污染物排放标准与环境质量标准脱节，污水处理厂达标排放仍有可能存在污染水环境的状况。最后在借鉴美国城市生活污水管理制度经验的基础上，结合我国的现实情况，提出未来的总体改革思路以及现阶段的改革方案。

第8章

主要结论和政策建议

8.1 主要结论

8.1.1 我国水环境保护形势依然严峻

改革开放 40 多年来，我国经济建设取得了举世瞩目的成就，综合国力和人民生活水平不断提高。伴随着国民经济持续快速增长，我国的产业结构也发生了持续、全面、影响深远的变化。三次产业的比例关系有了明显改善，但第二产业仍在我国占据重要地位并长期保持刚性。我国水资源总量丰富，但人均水资源量不足世界人均水平的 1/3，各地区水资源总量和水资源量分布不均衡。

本书通过国家统计数据和水平衡模型估算数据对我国污水及污染物排放状况进行了评估。从生态环境部门统计数据来看，我国工业废水达标排放率、城镇生活污水集中处理率、工业用水重复利用率均呈增长态势，水污染排放理应得到有效控制。但我国工业用水量与排水量、生活用水量和排水量之间存在较大差距。基于水平衡模型估算，我国工业和生活无处理排放量分别达到 128.6 亿吨和 72.8 亿吨，生态环境部门官方统计数据与实际状况存在一定偏差。同时，我国主流媒体报道的工业企业废水偷排和超标排放事件普遍存在且日益严重，4 个流域案例分析也表明没有证据可以证明工业点源污染物排放数据的准确性和可靠性，工业企业真实排放情况难以核实。

本书对我国水环境保护政策进行了梳理，并使用生态环境部门、水利部门、自然资源部门、海洋部门等不同来源的数据对我国水环境质量进行了全面评估。结果表明：我国已经建立了比较完备的水环境保护政策框架体系，全国十大水系和七大重点流域水质改善明显；但我国现行水质标准存在根本性缺陷，水质评价方法无法全面、准确地反映我国真实的水环境状况；此外，在水质评价过程中时间尺度过大，未能充分利用数据，存在掩盖部分时间出现的水污染严重状况的问题，同时地下水水质并未得到改善，甚至有逐步恶化的趋势，并且污染形势非常严峻。总体而言，没有确切的证据表明我国水污染物排放得到有效控制，水环境质量得到明显改善。我国水环境保护形势依然严峻。

8.1.2 美国排污许可证制度对污染者付费原则的体现

美国的水污染防治政策接受了污染者付费原则，基本上是通过排污许可证的形式体现。通过分析美国 NPDES 排污许可证制度，为我国水环境管理提供了可借鉴的经验，包括美国水环境保护政策目标、水质标准体系、排放标准体系、排污许可证的执行等。

美国的水质标准是按照水质用途制定的。虽然水质标准是各州制定的，但是美国环保署规定了"渔业和游泳用途"是最低的水质标准要求。也就是说，州政府不得把水体指定为"处理废水"等低劣的水质用途。水质标准是美国水污染物排放控制的目标，水质标准指导着有关机构对点源和非点源的管理。美国环保署为美国水体制定的用途"保护鱼类、贝类和其他野生生物的生存和繁殖，满足居民休闲娱乐"实际上已经奠定了美国水污染控制体系的水准。可以说，美国环保署通过指定水质用途，使美国地表水水质维持在一个较高的水平上。

排放限值导则的本质是不断按照最先进的技术设定和更新排放限值，从而使企业总是采用最清洁的生产工艺和最有效的污染治理技术，使全社会的工业污染治理保持在能够达到的最先进水平。除了技术的先进性以外，美国环保署在制定排放标准时还会考虑到成本，使用合理的过渡期保护了企业的承受能力。美国环保署规定从实施 BPT 到实施 BAT 需要一个较长的过渡期（1972 年《清洁水法》中要求排放者 1977 年达到 BPT，1983 年达到 BAT，过渡期为 6 年），给企业筹集资金、安排技改的时间，在一定程度上减小了经济影响。此外，美国环保署每年审查已有的排放限值导则，据当前技术水平、技术创新情况和现有排放限值之间的匹配情况，决定是否对导则进行更新，在此基础上，每两年推出一个排放限值导则的修订计划。这种定期审查、修订制度决定了排放标准将持续更新，保持先进性。

排放标准体系包括基于技术的排放标准和基于水质的排放标准两种思路。

基于技术的排放标准是按照当前普遍采用或者是最先进的技术水平制定的，可以预见它并不一定能够保证污染物排入的水体满足水质标准。可以设想，在重污染产业集中的河段，即使全部达到最严格的基于技术的排放标准，还是很有可能导致水质超标。为了避免出现这种情况，美国 NPDES 采取了逐个污染源制定基于水质排放标准的程序。分别按照生物能够容忍的急性基准和慢性基准制定基于水质的排放标准。由急性基准和慢性基准制定出污染物排放量负荷，再将污染物排放量负荷转化为污染物长期浓度均值，进而转化为排放标准要求的最大日均值和最大月均值。可见，基于水质的排放标准是按照特定水体的生物种类，以保护生物生存和繁殖为目的制定的。基于水质的排放标准的制定思路和基于技术的排放标准是完全不同的，为保护水质上了一道保险。

在排污许可证执行情况的判断中，企业的自我监测与报告是主要的信息来源。企业自我监测是美国工业废水排放监测的主体，自我监测频率较高。企业的废水监测必须由有资质的实验室完成，实验室的资质应定期检查，这就保证了企业的自我监测能够较全面地反映企业排放状况，并且保障监测质量。政府的检查是企业监测的补充手段。政府的检查非常注重对记录的应用，通过对企业生产记录、原始排放记录和设备维修记录的检查，采用资料印证和逻辑推理的方式就可以判定企业监测报告的真实性。此外，违法行为按照违反最大日均值、违反最大月均值等分别判定。对违反排污许可证的行为是按照违法日处罚的，这意味着违法持续时间长则处罚高，持续时间短则处罚低，体现了公平性。在处罚方式和额度的裁量上，罚没违法收益是最基本的原则，在此基础上可以根据违法严重性、为守法所做的努力、违法收入、违法历史等因素对具体的处罚做出调整。因此，处罚总额是基于违法持续时间和违法程度考虑的慎重决定，较为公平。

8.1.3　我国水环境管理政策未能充分体现污染者付费原则

污染者付费原则已经成为世界各国环境政策的基本原则和政策基石。实施污染者付费原则的环境政策手段形式多样，无论是通过排放标准抑或是环境税（费）、城镇污水处理费等，其最终目标都是实现环境外部不经济性内部化。基于此，本书对我国水污染物排放标准、环境税（费）、城镇污水处理费制度进行分析和评估，识别这些制度在设计和执行过程中是否遵循了污染者付费原则以及在实施过程中存在的主要问题。

针对工业企业制定水污染物排放标准是环境保护的一项核心手段，是企业排污者将环境污染外部性内部化的标准。水污染物排放标准的制定和执行，是指以改善水环境质量为目标，在一定技术经济条件下约束工业点源水污染物排放浓度，并且通过不断严格的技术标准来刺激技术进步。但从我国实际情况来看，我们并没有明确水污染物排放标准的目标是保障地表水质达标，促进环境保护技术进步，最终实现"零排放"，也没有明确排放标准在点源排放控制政策中的核心地位以及排放标准审核修订的周期，没有规定排放标准实施的明确载体，全国统一的排放标准，未能考虑环境、点源差异，导致排放标准与保护地表水质的关联存在科学漏洞，违背污染者付费原则。达标判据没有反映水污染物排放规律，最终形成统一的缺乏科学依据的"一刀切"形式，无法有效约束排污量达到限值。监测方案与水污染物排放的统计规律之间关联性不明确，监测方案统一，虽然能够简单地指导监督性监测和企业自测，但不能照顾到所有的污染物。连续监测设施规模化安装造成环境成本不必要提高，且具体点源无监测方案的制定要求，导致排放标准的执行名存实亡。通过造纸工业水污染物排放标准案例可以看出，造纸工业水污染物排放标准的提高能够起到提升行业环保技术水平的作用，但排放标准的修订缺乏计划性，标准要求在相当长的时间内落后于先进技术水平，没有发挥刺激企业更新技术的作用。

环境税（费）是我国控制污染的一项重要的环境经济政策，其目的是运用经济手段要求污染者承担污染对社会损害的责任，促使环境外部成本内部化。但我国污水排污税（费）政策并未完全实现筹集污染治理资金、调节污染者行为、改善水环境质量的功能。污水排污税（费）政策没有明确水环境质量不退化的政策目标，没有体现行为激励的功能，没有实现全部外部成本的内部化，从而为低税（费）率的污水排污税（费）标准制定提供了"合法的"依据和条件。工业企业达标之后支付的污水排污税（费）远低于环境无退化的治理成本，过低的税（费）标准未能覆盖水污染造成的全部成本，且部分地区税（费）征收标准与本辖区的水环境质量状况存在明显的不匹配现象。污水处理厂"达标排放不收税（费）"的政策体系体现了我国现有环境税政策存在"即使有污染，也无须付费"的可能性，是污染者付费原则缺位的真实体现。"排放即收税（费）"的规定看似合理，但没有把收税（费）、水污染物排放量和环境损害联系起来，看似公允，实际上会打击企业治理污染的积极性。

城镇污水处理费也是我国实施多年的一项环境经济政策，国家相关法律条文也明确规定污染者付费原则是污水处理费政策制定的基本原则，目的是要求污染者支付全部成本，以实现生态环境成本内部化，确保环境质量不退化。但法律法规对"污染者付费原则"和"水环境质量不退化"均没有明确界定。根据污染者付费原则，全成本是制定污水处理费征收标准的根本依据，但目前我国对全成本的识别尚存在一定的偏差，污水处理费征收标准仍比较模糊。当污水处理费不能覆盖全成本时，必然会导致污水处理水平下降或需要财政补贴，影响政策效果。我国现行污水处理费并未覆盖现状排放标准下的全部治理成本，违背污染者付费原则。168 座一级 A 案例样本的居民和工业污水处理费平均值分别为 1.0 元、1.4 元，分别为一级 A 案例样本平均治理成本的 46.95% 和 65.73%。94 座一级 B 案例样本的居民和工业污水处理费平均值分别为 0.93 元、1.32 元，分别为一级 B 案例样本平均治理成本的 53.14% 和 75.43%。一级 A 案例样本中居民和工业污水处理费低于自身运行成本、运营成本、治理成本的比例分别为 44.64%、70.83%、99.40% 和 23.21%、48.44%、91.67%，一级 B 案例样本中居民和工业污水处理费低于自身运行成本、运营成本和治理成本的比例分别为 30.85%、55.32%、98.94% 和 17.02%、26.60%、76.60%。现行污泥处理处置费用也无法实现无害化要求，根据现有技术水平、经验数据和年鉴数据，一级 A 案例样本和一级 B 案例样本的吨污泥处置成本应为 0.82 元/吨和 0.68 元/吨，但实际数据只有 0.026 元/吨和 0.08 元/吨，说明现有污泥处置水平不高，离无害化处理要求还有一定的差距，存在少付费的情况，违背污染者付费原则，有造成二次污染的隐患。部分流域和地区存在污水处理厂"达标合法"污染水环境，城镇污水处理厂污染物排放标准与特定水体水环境功能基本上没有实质上的连接，未实现生态环境外部成本内部化。

8.2 政策建议

8.2.1 转变经济发展思路

在"重经济增长，轻环境保护"的思想指导下，我国水污染物排放标准和税（费）标准长期过低，监管不严，大量污染物被低水平处理排放、超标排放和偷排，污染者在破坏环境的同时获得巨额收益，亦即环境红利。全体社会成员都是环境红利的受益者，形成了"先污染后治理、先发展后保护"的共识。环境红利支撑的经济增长成本低、速度快、收益大。但环境红利不是正红利，而是基于环境损害产生的负红利。短期内通过降低污染治理成本或者不治理获得巨额收益，实现快速经济增长。然而，环境承载力的有限性和环境损害的反作用性导致环境红利难以长期存在。

环境红利的存在掩盖了经济增长的低效率，企业技术、管理落后的高成本会被环境红利所抵消，造成了企业的短期虚假盈利能力。在低排放标准和税（费）标准下，企业也没有动力采用先进的生产工艺和治理技术，这阻碍了企业技术进步、生产工艺改善和管理效率的提高。因此，为了治理污染和保护环境，就必须从根本上转变"先污染后治理"的发展思路，水环境管理政策应该立足于保证水环境质量不退化，不能为经济增长让路，更不能沦为污染的保护伞。

8.2.2　明确水环境保护目标

水环境保护目标是水环境保护相关政策体系的价值和指向，代表着国家期望社会生活做出什么样的改变。承载着这一核心作用，水环境保护目标的确定影响着政策体系的方向和效果，同时也是其他政策手段、管理措施的设计依据，处于政策体系的最顶层。水环境保护的最终目标是保障人体健康和水生态安全（借鉴美国《清洁水法》的规定：恢复和保持国家水体化学、物理和生物的完整性），直接目标是使所有水体水质达标，任何活动都不能破坏国家水体的完整性。因此，我国现有法律法规应明确这一目标，保证这一目标的法律地位。

在《水污染防治法》中明确了我国水环境保护的最终目标。《水污染防治法》是我国水环境保护和水污染防治的总纲领，在法律层面肯定了水质达标对人体健康和水生态安全的重要性，即确立了恢复和维持地表水环境质量在我国水环境保护政策中的指导地位，指明了我国水环境保护工作的方向。在具体表述上，改变现有《水污染防治法》"为了保护和改善环境，防治水污染，保护水生态，保障饮用水安全，维护公众健康，推进生态文明建设，促进经济社会可持续发展"的说法，明确提出"保障人体健康和水生态安全"，这意味着法律的实施不仅要改善水环境质量，而且要改善到能够保障人体健康和水生态安全的程度。

基于保障人体健康和水生态安全这一最终目标，建立适合我国国情和水情的水质标准体系。水质基准是水质标准的基石和核心，在制定水质标准，以及水质评价、预测和流域水环境管理等工作中被广泛采用，建议结合我国各流域特点、水体污染特征、水生态系统结构和功能开展我国的水生态毒理学研究和水质基准方面的科研工作，建立适合我国国情和水情的水质基准。同时在水质标准体系中增加反退化原则并制定具体的反退化政策实施细则，为我国水环境保护工作划定红线。

8.2.3　明确和坚持污染者付费原则

明确污染者付费原则是环境政策的基本原则和政策基石。无论是通过命令控制型手段（排放标准）还是通过经济刺激型手段（环境税、排污收费、污水处理费），只要令污染者付出确保环境处于可接受水平的成本都是可行的。

污染者付费的核心思想是应当由污染者承担确保环境处于可接受水平（或环境无退化）时的全部费用（全部成本）。污染者付费原则隐藏着两个含义：一是"污染者要基于全成本付费"；二是"不污染不付费"。判断是不是污染者的评判标尺就是排污主体排放的污染物是否超过了环境容量（自净能力），即污染物排放标准是否导致环境退化。如果排污主体的水污染物排放标准超过了环境无退化的排放标准，那么排放的污染物就会污染水环境，带来水质恶化、生态退化、人体健康损害等外部成本，此时污染者要承担治理污染和所造成环境损害的全部费用；如果排污主体的污染物排放标准达到环境无退化标准，排污主体就不是污染者，此时排污主体排放污染物的外部成本已经全部内部化，即不污染不付费。

污染者付费原则并不仅仅局限于字面上的"付费"，只要污染者承担其所造成污染的全部成本即可。污染的全成本是制定税（费）征收标准的基础，但征收税（费）只是手段，治理污染才是结果，目标是确保环境处于一种可接受的水平，即水环境质量不退化。因此，污染者付费原则的真正含义是"污染者治理"，在基于将废水排放处理到环境无退化标准时的全部治理成本条件下，污染者根据环境无退化标准条件下的治理成本、自身环保技术水平和治理能力等情况，对不同的行为做成本—效益分析和比较，从而选择自己治理或委托他人治理，最终确保环境质量不退化。如果污染者不基于全成本进行付费，不仅会产生外部成本，还会获得内部收益。

8.2.4　改革水污染物排放标准体系

改革我国现行水污染物排放标准体系，增加基于水质的排放标准，对所有工业点源制定基于技术的排放标准和基于水质的排放标准。借鉴美国经验，出台国家层面的水污染物排放标准制定导则并明确反降级原则，使排放标准随着经济的发展和科技的进步不断趋严，体现环保技术进步。基于水质的排放标准是为具体点源制定的水污染物最大允许排放水平。基于水质的排放标准是为了满足点源所在水体的水环境质量标准，按照污染源所在水体的污染背景值、水质标准、水文特点和水质基准制定的排放控制措施。此举的目的是，不仅按照技术水平制定点源的排放标准，还将其与特定水体的水质目标联系起来，在严格执行排放标准的条件下，确保点源污染排放不影响所在水体实现水质目标。

规范水污染物排放标准更新机制。水污染物排放标准承担着将行业内最新的先进技术逐步推广到所有工业企业的任务，排放标准中的污染物排放限值必须代表最先进技术能够达到的水平，一旦落后，排放标准就失去了意义。为此，排放标准必须与技术进步保持同步，持续而且及时地按照最先进的技术更新。为了实现这一点，建议完善和规范我国排放标准的更新机制。首先，生态环境部以两年为规划期，制定国家水污染物排放标准规划，向社会公布。规划明确未来两年内的排放标准制定、修订和颁布实施安排。生态环境部每年根据规划制定标准、制修订年度计划。其次，生态环境部跟踪审核已有排放标准的行业或潜在需要制定标准的行业污染物排放的公众健康与环境风险、环境保护技术进步情况，不断调整排放标准制修订优先级；在规划期结束前，根据优先级顺序，考虑行业规模、标准实施年限、替代管理措施、技术可行性等因素确定需要制定和修订水污染物排放标准的行业细分，发布审核报告并征求意见。作为国家水污染物排放标准规划制定依据，激励环保技术进步。

8.2.5　明确税（费）征收标准

设立污水排污税就是要控制水污染，保护水环境。保护水环境就需要实施污染者付费，就是要根据水环境质量要求，基于水环境质量不退化的水污染物排放标准对应的治理成本制定税率。如果排污者排放的废水达到了环境无退化排放标准，就不再对其征收污水排污税，即"不污染不付费"。如果排污者排放水平超过了环境无退化排放标准，造成了水环境污染，则应依据污染物排放的种类和数量，以污染当量数作为污水排污税的计税依据。基于环境无退化原则的水污染物排放标准和税率能够刺激污水处理厂与企业改进工艺，纠正企业环境成本和社会环境成本之间的扭曲，达到保护水环境的目的。考虑到政策的可操作性，污水排污税可以循序渐进，分阶段逐步提高税率水平。

污水处理费政策的目标是遵循污染者付费原则，覆盖全成本，确保水环境质量不退化。在城镇污水处理厂水污染物排放标准实现环境无退化标准（污泥实现无害化）的基础上，估算污水处理设施的治理成本，包括建设成本、运行成本，此时的治理成本是全成本，以此为标准制定污水处理费的收费标准。此时的污水处理费已将污水处理厂的排水对环境造成的外部影响内部化，是基于全成本的城镇污水处理费政策。如果城镇污水处理厂"达标排放仍污染"，那么可以对污水处理厂征收城镇污水税，将污染者少付费或不付费扭转为污染者付费，纠正污染者污染行为。应根据污染者付费原则制定城镇污水税税率，征收的城镇污水税必须能够覆盖污水处理厂将污水处理到环境无退化标准时的全部治理成本。通过征收城镇污水税，使污染者承担达到环境无退化标准时所产生的全部治理成本。考虑到政策可操作性和成本有效性，城镇污水处理厂污染物排放标准不能盲目提高、全国"一刀切"，应当着重分析每个地区和流域的水环境管理目标及需求，更加注重"分区分类指导、环境质量倒逼"的理念。近期工作重点应当首先放在污水管网的"查缺补漏"上，其次在污水管网完善的条件下，结合各个地区和流域的技术和经济条件，确定环境无退化的达标进程时间表，最后制定当地的污水处理费和城镇污水税，因地制宜。通过这一过程，最终使城镇污水处理费和城镇污水税的税率完全覆盖达到环境无退化时所需的全部治理成本。

制定税（费）率的唯一标准是全成本。不论污染者自行治理还是交给管理方治理，污染者都是不仅要承担污染防治成本，还要承担包括相关环境污染损失、污染事故损失在内的所有污染相关成本。污染的全成本应该是制定税（费）率的唯一标准，只有从污染者处征收到污染水环境的全成本，才能实现环境外部成本的完全内部化，使得资源配置最优。不得再有其他标准，如经济技术条件、企业承受能力。制定水污染物排放标准，要能够满足水环境质量标准，经济、技术条件不应成为排放标准的制定依据；制定税（费）标准，要基于能够满足水环境质量标准、确保环境质量不退化的治理成本，应该要求污染者承担污染物排放产生的全部成本，排污者承受能力不应成为征税标准的依据。

8.2.6 继续完善并实施更加规范的排污许可证制度

从美国等发达国家的经验来看，排污许可证制度是水环境保护的基本制度，是落实水污染物排放标准的政策手段，在环境规制过程中发挥着不可或缺的作用。规范的排污许可证不是一个简单的"凭证"，而是一系列配套管理措施的结合，汇总了几乎所有法律对于点源排放控制的规定和要求，包含了排污申报、具体的排放限值、设计合理且有针对性的监测方案、达标证据、限期治理、监测报告和记录、执法者核查和处罚等一系列措施，并将以上内容明确化、细致化，具体到每个排污者。虽然我国已经明确将排污许可证制度作为点源排放管理的核心制度，但目前来看并没有明确排放标准是排污许可证制度的核心，也没有通过排污许可证制度实现对现有点源排放控制政策的良好衔接和协调，政策执行成本仍然较高。

建议继续完善并实施更加规范的排污许可证制度，以水污染物排放标准为核心内容，以单个污染源为管理单位，以监测、记录和报告方案为实施关键，确保点源连续稳定达标排放。规范的排污许可证制度能够将基于技术的排放标准、基于水质的排放标准等排放控制手段，按照点源排放规律、所属行业和所在水体特点，转换为点源可以直接执行的规定，是一种具有法律效力的文件，不仅是企业管理和企业守法证明的证据，也是政府执法的依据，更是公众参与环境管理的重要信息来源和监督依据。为了解决目前监管规定过于笼统的问题，排污许可证将为每个点源制定单独的监测方案、排污口规范管理要求和环保设施监管要求，根据排放规律设计点源的达标判定方案，并对处罚条件和额度做出解释。实施规范的排污许可证目的在于，单独制定的监管方案允许根据点源的情况灵活调整，监管更加精确，减少了企业逃避处罚的可能。此外，将排放标准、淘汰落后、基于水质的排放标准等排放控制手段明确为点源应当履行的具体责任，避免了企业以不懂法为名推卸责任，更加有力地落实排放控制手段，体现污染者付费原则。

参 考 文 献

[1] 白雪洁，宋莹. 环境规制、技术创新与中国火电行业的效率提升[J]. 中国工业经济，2009（8）：68-77.

[2] 常蛟. 淮河水环境信息机制分析[D]. 北京：中国人民大学，2012.

[3] 陈帆，郑雯，祝秀莲. 我国小微企业健康发展的障碍及对策分析[J]. 环境保护，2014，42（4）：43-45.

[4] 陈玮，徐慧纬，高伟，等. 基于产污系数法测算城镇污水处理系统的主要污染物削减效能提升潜力[J]. 给水排水，2018，44（7）：24-29.

[5] 戴文标. 公共经济学[M]. 杭州：浙江大学出版社，2012.

[6] 付饶. 城市生活污水排放管理制度研究[D]. 北京：中国人民大学，2018.

[7] 高鸿业. 西方经济学（微观部分）：第4版[M]. 北京：中国人民大学出版社，2007.

[8] 高萍，殷昌凡. 设立我国水资源税制度的探讨：基于水资源费征收实践的分析[J]. 中央财经大学学报，2016（1）：23-31.

[9] 葛察忠，龙凤，任雅娟，等. 基于绿色发展理念的《环境保护税法》解析[J]. 环境保护，2017，45（2）：15-18.

[10] 葛察忠，王新，费越，等. 中国水污染控制的经济政策[M]. 北京：中国环境科学出版社，2015.

[11] 葛勇. 基于污染治理成本开展污水排污费征收标准的研究[D]. 南京：南京理工大学，2012.

[12] 耿润哲，王晓燕，赵雪松，等. 基于模型的农业非点源污染最佳管理措施效率评估研究进展[J]. 生态学报，2014，32（22）：6397-6408.

[13] 国家环保总局科技标准司标准处. 建立适应新世纪初期环境标准体系的初步设想[J]. 环境保护，1999（1）：7-8.

[14] 韩冬梅，宋国君. 基于水排污许可证制度的违法经济处罚机制设计

［J］．环境污染与防治，2012，34（11）：86-92.

［15］韩冬梅，宋国君．中国工业点源水排污许可证制度框架设计［J］．环境污染与防治，2014，9（9）：85-92.

［16］韩冬梅．中国水排污许可证制度设计研究［D］．北京：中国人民大学，2012.

［17］韩洪云，夏胜．农业非点源污染治理政策变革：美国经验及其启示［J］．农业经济问题，2016，37（6）：93-103.

［18］贾丽虹．外部性理论研究：中国环境规制与知识产权保护制度的分析［M］．北京：人民出版社，2007.

［19］蒋展鹏．环境工程学［M］．北京：高等教育出版社，2005.

［20］开根森．美国水环境污染的依法治理（篇一）——水环境治理法令的建立（非出版物）．2010.

［21］开根森．水污染防治战略需要根本改革（非出版物）．2012.

［22］开根森．完善标准体系，保障人体健康和水生态（非出版物）．2011.

［23］克尼斯，艾瑞斯，德阿芝．经济学与环境—物质平衡方法［M］．马中，译．北京：生活·读书·新知三联书店，1991.

［24］李玲，陶锋．中国制造业最优环境规制强度的选择：基于绿色全要素生产率的视角［J］．中国工业经济，2012（5）：70-82.

［25］李涛，翟秋敏，陈志凡，等．中国水环境保护规划实施效果研究［J］．干旱区资源与环境，2016，30（9）：25-31.

［26］李涛，石磊，马中．环境税开征背景下我国污水排污费政策分析与评估［J］．中央财经大学学报，2016，32（9）：20-30.

［27］李涛，石磊，马中．中国点源水污染物排放控制政策初步评估研究［J］．干旱区资源与环境，2020，34（5）：1-8.

［28］李涛，王洋洋．我国流域水质达标规划制度评估与设计［M］．北京：中国经济出版社，2020.

［29］李涛，王洋洋．中国水环境质量达标规划制度评估研究［J］．青海社会科学，2020（5）：64-72.

［30］李涛，杨喆，周大为，等．我国水污染物排放总量控制政策评估［J］．干旱区资源与环境，2019，33（8）：94-101.

［31］李涛，杨喆．美国流域水环境保护规划制度分析与启示［J］．青海社会科学，2018，10（3）：66-72.

［32］李涛．中国水环境保护规划评估研究［D］．北京：中国人民大学，2015．

［33］李阳，党兴华，韩先锋，等．环境规制对技术创新长短期影响异质性效应：基于价值链视角的两阶段分析［J］．科学学研究，2014（6）：937-949．

［34］梁忠，汪劲．我国排污许可制度的产生、发展与形成：对制定排污许可管理条例的法律思考［J］．环境影响评价，2018，40（1）：6-9．

［35］林思宇，陈佳斌，石磊，等．环境税征收对小微企业的影响：基于湖南省小微工业企业实证数据分析［J］．中国环境科学，2016，36（7）：2212-2218．

［36］林思宇，石磊，马中，等．环境税对高污染行业的影响研究：以湖南邵阳高化学需氧量排放行业为例［J］．长江流域资源与环境，2018，27（3）：632-637．

［37］刘伟，童健，薛景，等．环境规制政策与经济可持续发展研究［M］．北京：经济科学出版社，2017．

［38］刘征涛，孟伟．水环境质量基准方法与应用［M］．北京：科学出版社，2012．

［39］马克．"看不见的手"与"看得见的手"之博弈：市场经济体制的市场化与法制化思辨［J］．人民论坛，2010（17）：27-29．

［40］马中，周芳．改革水环境保护政策，告别环境红利时代［J］．环境保护，2014，4（41）：22-25．

［41］马中，周芳．基于环境质量要求的污水排放标准和水价标准亟待建立［J］．环境保护，2013，6（41）：42-44．

［42］马中，周芳．水平衡模型及其在水价政策中的应用［J］．中国环境科学，2012，32（9）：1722-1728．

［43］马中，周芳．水污染治理需严控污水排放量［J］．环境保护，2013，16（41）：41-43．

［44］马中，周芳．我国水价政策现状及完善对策［J］．环境保护，2012（19）：54-57．

［45］马中，周芳．中国经济增长的环境红利之殇［J］．财经年刊，2014．

［46］马中．发挥市场配置工业用水资源的决定性作用［J］．中国国情国力，2014，7（1）：42-44．

［47］马中．环境与自然资源经济学概论：第3版［M］．北京：高等教

育出版社，2019.

［48］买亚宗．环境税及其微观经济效应研究［D］．北京：中国人民大学，2016.

［49］孟伟，张远．水环境质量基准、标准与流域水污染物总量控制策略［J］．环境科学研究，2006，19（3）：1-6.

［50］苗成．中美贸易摩擦再升级对中国造纸工业的影响［J］．中华纸业，2019，40（17）：58-64.

［51］钱文涛．中国大气固定源排污许可证制度设计研究［D］．北京：中国人民大学，2014.

［52］秦延文，刘琰，刘录三，等．流域水环境质量评价技术研究［M］．北京：科学出版社，2014.

［53］萨缪尔森，诺德豪斯．经济学（第十九版）［M］．北京：商务印书馆，2012.

［54］宋国君，金书秦，傅毅明．基于外部性理论的中国环境管理体制设计［J］．中国人口·资源与环境，2008，18（2）：154-159.

［55］宋国君，金书秦．淮河流域水环境保护政策评估［J］．环境污染与防治，2008（4）：78-82.

［56］宋国君，马本，王军霞．城市区域水污染物排放核查办法与案例研究［J］．中国环境监测，2012，28（2）：7-10.

［57］宋国君，王小艳．论中国环境影响评价中公众参与制度的建设［J］．上海环境科学，2003（4）：84-85.

［58］宋国君，徐莎．论环境政策分析的一般模式［J］．环境污染与防治，2010，32（6）：81-85.

［59］宋国君，张震，韩冬梅．美国水排污许可证制度对我国污染源监测管理的启示［J］．环境保护，2013（17）：23-26.

［60］宋国君，张震．美国工业点源水污染物排放标准体系及启示［J］．环境污染与防治，2014，1（1）：97-101.

［61］宋国君．环境政策分析（第二版）［M］．北京：化学工业出版社，2020.

［62］宋国君．环境规划与管理［M］．武汉：华中科技大学出版社，2015.

［63］宋国君．环境政策分析［M］．北京：化学工业出版社，2008.

［64］宋国君．中国"达标排放"政策的实证分析和理论探讨［J］．上海

环境科学, 2001 (12): 574-576.

[65] 宋国君. 中国流域综合水管理目标模式研究 [J]. 上海环境科学, 2003, 22 (12): 1022-1026.

[66] 孙佑海. 实现排污许可全覆盖: 控制污染物排放许可制实施方案的思考 [J]. 环境保护, 2016, 44 (23): 9-12.

[67] 谭雪. 工业企业环境成本估算及其制度根源分析: 以水资源环境为例 [D]. 北京: 中国人民大学, 2016.

[68] 王斌. 正视废纸造纸, 中国造纸业才能行稳致远 [J]. 纸和纸板, 2019, 38 (3): 45-46.

[69] 王东, 赵越, 王玉秋, 等. 美国 TMDL 计划与典型实施案例 [M]. 北京: 中国环境科学出版社, 2012.

[70] 吴健, 陈青. 从排污费到环境保护税的制度红利思考 [J]. 环境保护, 2015, 43 (16): 21-25.

[71] 吴健, 马中. 我国地下排放的监管缺失与政策建议 [J]. 环境保护, 2013, 7 (41): 41-43.

[72] 吴伟. 公共物品有效提供的经济学分析 [M]. 北京: 经济科学出版社, 2008.

[73] 席北斗, 霍守亮. 美国水质标准体系及其对我国水环境保护的启示 [J]. 环境科学与技术, 2011, 5 (5): 100-103.

[74] 项继权. 基本公共服务均等化: 政策目标与制度保障 [J]. 华中师范大学学报 (人文社会科学版), 2008, 47 (1): 2-9.

[75] 薛元. "十二五" 期间促进基本公共服务均等化的政策研究 [J]. 中国经贸导刊, 2010, 43 (20): 17-19.

[76] 亚里士多德. 政治学 [M]. 吴寿彭, 译. 北京: 商务印书馆, 1983.

[77] 杨华. 城市公用事业公共定价与绩效管理 [J]. 中央财经大学学报, 2007 (4): 21-25.

[78] 杨喆, 石磊, 马中. 污染者付费原则的再审视及对我国环境税费政策的启示 [J]. 中央财经大学学报, 2015, 21 (11): 14-20.

[79] 杨喆. 环境税的制度设计及其宏观经济效应 [D]. 北京: 中国人民大学, 2016.

[80] 张世秋. 环境税: 箭在弦上、尚需有的放矢: 环境税若干问题讨论 [J]. 环境保护, 2015, 48 (16): 31-35.

［81］张震，宋国君，刘刚，等．工业点源化学需氧量超标排放预警的估计方法［J］．统计与决策，2018，14（15）：68-71.

［82］张震．我国工业点源水污染物排放标准管理制度研究［D］．北京：中国人民大学，2015.

［83］赵红．环境规制对企业技术创新影响的实证研究：以中国30个省份大中型工业企业为例［J］．软科学，2008（6）：121-125.

［84］郑丙辉，刘琰．饮用水源地水环境质量标准问题与建议［J］．环境保护，2007（1）：26-29.

［85］周启星，罗义．环境基准值的科学研究与我国环境标准的修订［J］．农业环境科学学报，2007（26）：1-5.

［86］周羽化，武雪芳．中国水污染物排放标准40余年发展与思考［J］．环境污染与防治，2016，38（9）：99-104.

［87］朱璇，宋国君．美国工业点源排放控制经验对中国的借鉴研究［J］．环境科学与管理，2015，40（1）：21-24.

［88］朱璇．中国工业水污染物排放控制政策评估［D］．北京：中国人民大学，2013.

［89］朱源．美国环境政策与管理［M］．北京：科学技术文献出版社，2014.

［90］PIGOU A C. The economics of welfare［M］. London：Macmillan Company Inc，1920：111，194.

［91］Antonio de Viti de Marco. First principles of public finance［M］. Translated from the Italian by Edith Pavlo Marget. New York：Harcourt，Brace&Co，1936.

［92］AYRES R U，KNEESE A V. Production，consumption，and externalities［J］. American Economic Review，1969，59（3）：282-297.

［93］BOULDING K E. The economics of the coming spaceship earth［C］// Environmental Quality in a Growing Economy［M］. Baltimore，1966，3-14.

［94］BRANNLUND R，FARE R，GROSSKOPF S. Environmental regulation and profitability：An application to Swedish pulp and paper mills［J］. Environmental and Resource Economics，1995，6（1）：23-36.

［95］CROPPER M L，OATES W E. Environmental economics：A survey［J］. Journal of Economics Literature，1992，30（2）：675-740.

［96］ GREAKER M. Strategic environmental policy：Eco-dumping or a green strategy ［J］. Journal of Environmental Ecomomics and Management，2003，45 （3）：692-707.

［97］ HENRY SIDGWICK. The principles of political economy ［M］. Cambridge University Press，1883.

［98］ HOWARTH W. Cost recovery for water services and the polluter pays principle ［J］. ERA Forum，2009，10 （4）：565-587.

［99］ JAFFE A B，PETERSON S R，PORTNEY R，STAVINS N. Environmental regulation and the competitiveness of US manufacturing：What does the evidence tell us ［J］. Journal of Economics Literature，1995，33 （1）：132-143.

［100］ LANJOUW J O，MODY A. Innovation and the international diffusion of environmentally responsive technology ［J］. Research Policy，1996，25 （4）：549-571.

［101］ MANKIW G N. Principles of economics ［M］. New Jersey：Addison-Wesley，2007.

［102］ Marshall A. Principles of economics ［M］. London：Macmillan，1890：226.

［103］ NORTH D C. Institutions，institutional change and ecomomic performance ［M］. New York：Cambridge University Press，1990.

［104］ OECD. Recommendation of the council on the implementation of the polluter-pays principle，C （74） 223 （final），1974.

［105］ OECD. The polluter pays principle ［M］. Paris：OECD，1975.

［106］ POTER M E，VANDER LINDE C. Toward a new conception of the environment competitiveness relationship ［J］. The Journal of Economic Perspectives，1995，9 （4）：97-118.

［107］ PULLER L. The strategic use of innovation to influence regulatory standards ［J］. Journal of Environmental Ecomomics and Management，2006，52 （3）：690-706.

［108］ SMITH F. The economic theory of industrial waste production and disposal ［D］. Draft of a Doctoral Dissertation，Northwestern Univ. 1967.

［109］ UK Environmental Standards ［S/OL］. ［2009-12-15］. http：// www. wfduk. org/ UK_ Environmental_ Standards/.

［110］ US EPA. Water quality criteria and standards plan-priorities for the future ［R］. Washington D C: US Environmental Protection Agency, 1998a.

［111］ US EPA. A benefits assessment of water pollution control programs since 1972: Part 1, The benefits of point source controls for conventional pollutants in rivers and streams ［R］. Washington D C: US Environmental Protection Agency, 2000.

［112］ US EPA. A retrospective assessment of the costs of the clean water act: 1972 to 1997 ［R］. Washington D C: US Environmental Protection Agency, 2000.

［113］ US EPA. A framework for reviewing EPA's state administrative cost estimates: A case study ［R］. Washington D C: US Environmental Protection Agency, 2007.

［114］ US EPA. National recommended water quality criteria ［R］. Washington DC: Office of Water, Office of Science and Technology, ［2010-05-31］. http: // www. epa. gov/ost/criteria/wqctable/.

［115］ WAGNER M. On the relationship between environmental management, environmental innovation and patenting: Evidence from German manufacturing firms ［J］. Research Policy, 2007, 36 (10): 1587-1602.

［116］ WALLEY N, WHITEHEAD B. It's not easy being green ［J］. Harvard Business Review, 1994, 72 (3): 46-51.

附录1 部门水平衡模型

根据经济系统的部门划分，我们可以分别建立工业、居民和废水处理部门的水平衡模型。

（1）工业部门水平衡模型

对于工业部门来说，假设生产、循环、储存水平不变，经过足够长的时间，工业部门的用水量必然大致等于排水量。工业部门用水来自两方面：天然水体和自来水厂；排入环境的水包括耗水、损水、处理后排水和无处理排水4种形式（见附图1）。

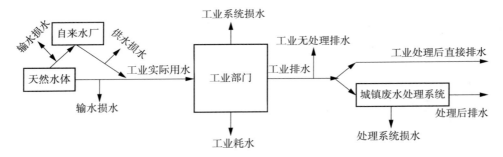

附图1 工业部门水平衡模型

工业部门水平衡模型如下：

$$Q_{s-i} = Q_{3-i} + Q_{4-i} = Q_{o-i} = Q_{h-i} + Q_{l-i} + Q_{d-i} + Q_{u-i}$$

式中，Q_{s-i} 为工业用水量；Q_{3-i} 为取自天然水体的工业用水量；Q_{4-i} 为自来水厂提供的工业用水量；Q_{o-i} 为工业排水量；Q_{h-i} 为工业耗水量；Q_{l-i} 为工业损水量；Q_{d-i} 为工业处理后排水量，包括经过工业处理后直接排水量和城镇废水处理系统处理后排水量；Q_{u-i} 为工业无处理排水量，指未经处理直接排入环境的工业废水量。

根据工业部门水平衡模型，可以得到如下推论：

①在生产、储存水平不变的情况下提高循环水平，既可以减少工业对新水的需求量（节水），又可以减少工业部门的废水排放量（减排）。

②在生产、循环、储存水平不变的情况下，提高用水效率或降低损耗率，可以减少工业对新水的需求量，达到节水和减排的效果。

③合理的环境税（费）具有节水和减排的双重正向激励。当环境税（费）高于循环利用和废水治理成本时，可以激励工业企业循环用水，减少新水取用量；还可以激励企业治理污染，减少废水排放量。

④严格监管可以减少工业无处理排水量，增加处理后排水量，有利于水环境的改善。否则，环境税（费）非但无法起到正向激励作用，还会形成负向激励，刺激企业增加无处理排水。

（2）居民部门水平衡模型

对于居民部门来说，假设消费、循环、储存水平不变，经过足够长的时间，居民的用水量必然大致等于排水量。居民用水由两部分构成：天然水体和自来水厂；居民部门排入环境的水包括耗水、损水、处理后排水和无处理排水（见附图2）。

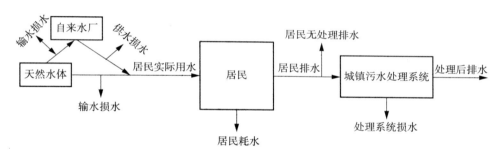

附图2　居民部门水平衡模型

居民部门水平衡模型如下：

$$Q_{s-c} = Q_{3-c} + Q_{4-c} = Q_{o-c} = Q_{h-c} + Q_{l-c} + Q_{d-c} + Q_{u-c}$$

式中，Q_{s-c} 为居民用水量；Q_{3-c} 为取自天然水体的居民用水量；Q_{4-c} 为自来水厂提供的居民用水量；Q_{o-c} 为居民排水量；Q_{h-c} 为居民耗水量；Q_{l-c} 为居民损水量，是指在输水、供水及排水过程中，由于管网跑水、冒水、漏水、滴水、渗水等造成的水量流失；Q_{d-c} 为居民处理后排水量，指经过城镇污水处理系统处理后排水量；Q_{u-c} 为居民无处理排水量，指未经处理排入环境的居民生活污水量。

根据居民部门水平衡模型，可以得到如下推论：

①在消费、储存水平不变的情况下，提高循环水平，一方面，可以激励

居民增加再生水的使用量，减少水资源浪费和新水使用量，达到节水效果；另一方面，居民新水使用量减少以及污水的循环利用共同推动污水排放量减少，达到减排效果。

②在消费、循环、储存水平不变的情况下，提高用水效率或降低损耗率，可以减少新水使用量，同时达到节水和减排的效果。

③合理的居民污水处理费具有节水和减排的正向激励。但与工业不同，居民基本生活排水具有需求刚性，不会随着污水处理费发生明显的变动。通过合理制定污水处理费，能够减少居民奢侈性用水和将居民用水用于工商业的行为。

④加强监管能够减少居民无处理排水量，增加处理后排水量，有利于水环境改善。

（3）废水处理部门水平衡模型

在一段时间内，废水处理部门的进水量必然大致等于排水量。其中，废水处理部门的进水包括两部分：工业有组织排水和居民有组织排水，排水包括处理系统损水、再生水、处理后排水和无处理排水4种形式（见附图3）。

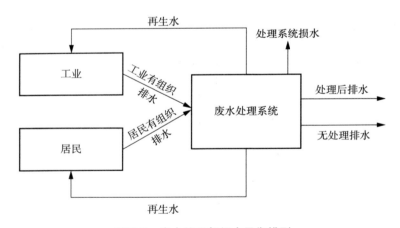

附图3　废水处理部门水平衡模型

废水处理部门水平衡模型如下：

$$Q_{s-t} = Q_{5-i} + Q_{5-c} = Q_{o-t} = Q_{r-i} + Q_{r-c} + Q_{l-t} + Q_{d-t} + Q_{u-t}$$

式中，Q_{s-t}为废水处理系统进水量；Q_{5-i}为工业有组织排水量，即进入工业或城镇废水处理系统的工业废水；Q_{5-c}为居民有组织排水量，指进入城镇污水处理系统的居民生活污水；Q_{o-t}为废水处理系统排水量；Q_r为废水处理系统再生水量，包括供给工业的再生水（Q_{r-i}）和供给居民的再生水（Q_{r-c}）；Q_{l-t} 为废水处理系统损水量，处理系统管损造成的水量损失；Q_{d-t} 为废水处理系统处理后排水量；Q_{u-t} 为废水处理系统无处理排水量。

根据废水处理系统部门水平衡模型，可以得到如下推论：

①提高废水处理系统排水的再利用水平，可以同时减少经济系统从环境的取水量和向环境的排水量。

②降低处理系统管损率，可以有效减少废水处理系统的排水量，降低对环境的影响。

③对废水处理部门的排放收税（费），不仅能激励污水处理厂达标排放，而且能够促使其对上游排放者即工业和居民的来水水质进行控制，或者通过价格传导机制将税费转嫁给企业或居民，提高其排放成本，实现节水和减排。

④加强监管既能降低废水处理系统的无处理排水量，又能激励污水处理部门达标排放。

附录2　2018年一级A标准污水处理厂各类成本及污水处理费

序号	地区	污水处理厂	出水标准	年处理水量（万吨）	治理成本（元/吨）*	运营成本（元/吨）**	运行成本（元/吨）***	污水处理费（元/吨）	
								居民	非居民
1	北京	海淀永丰污水处理厂	一级A	637	2.50	1.80	1.51	1.36	3.00
2	天津	经济技术开发区西区污水处理厂	一级A	1095	4.40	3.71	3.41	0.95	1.40
3	天津	宝坻区第一污水处理厂	一级A	1124	1.98	1.29	0.99	0.95	1.40
4	天津	津沽污水处理厂	一级A	20223	1.71	1.02	0.72	0.95	1.40
5	天津	西部新城污水处理厂	一级A	396	1.84	1.14	0.84	0.95	1.40
6	天津	静海新城西城污水处理厂	一级A	207	3.92	3.22	2.93	0.95	1.40
7	石家庄	石家庄市桥东污水治理工程	一级A	19991	2.10	1.41	1.11	0.95	1.40
8	石家庄	石家庄市桥西污水处理厂	一级A	5279	3.13	2.44	2.14	0.95	1.40
9	石家庄	石家庄市滹沱河污水处理厂	一级A	1406	1.93	1.24	0.94	0.95	1.40
10	石家庄	高新技术产业开发区污水处理厂	一级A	2714	3.25	2.56	2.26	0.95	1.40
11	石家庄	井陉县污水处理及改排工程	一级A	445	2.16	1.46	1.16	0.95	1.40
12	石家庄	无极县综合污水处理厂	一级A	1894	1.41	0.71	0.41	0.95	1.40
13	石家庄	平山县污水处理厂	一级A	606	2.19	1.49	1.20	0.95	1.40

续表

序号	地区	污水处理厂	出水标准	年处理水量（万吨）	治理成本（元/吨）*	运营成本（元/吨）**	运行成本（元/吨）***	污水处理费（元/吨）	
								居民	非居民
14	石家庄	赵县污水处理工程	一级A	991	3.10	2.41	2.11	0.95	1.40
15	石家庄	新乐市升美水净化有限公司	一级A	1016	1.61	0.92	0.62	0.95	1.40
16	唐山	唐山市东郊污水处理厂	一级A	3736	2.04	1.35	1.05	1.50	2.20
17	唐山	唐山迁西污水处理厂	一级A	482	2.18	1.49	1.19	0.85	1.20
18	唐山	乐亭县污水处理厂及城市管网工程	一级A	1278	2.00	1.30	1.00	1.50	2.20
19	唐山	遵化市污水处理厂	一级A	2164	1.65	0.95	0.65	1.50	2.20
20	秦皇岛	秦皇岛第一污水处理厂	一级A	1231	2.76	2.06	1.76	1.00	1.45
21	秦皇岛	青龙县污水处理厂	一级A	440	1.76	1.06	0.76	1.00	1.45
22	邯郸	邯郸市东污水处理厂	一级A	1674	2.25	1.55	1.26	1.00	1.45
23	邯郸	邯郸市西污水处理厂	一级A	4129	1.41	0.72	0.42	1.00	1.45
24	邯郸	邯郸通用污水处理有限责任公司	一级A	3159	1.61	0.91	0.62	1.00	1.45
25	邯郸	临漳县污水处理厂	一级A	817	1.42	0.73	0.43	1.00	1.45
26	邯郸	涉县清漳污水处理厂	一级A	707	1.89	1.20	0.90	1.00	1.45
27	邯郸	肥乡县污水处理厂	一级A	906	1.32	0.63	0.33	0.80	1.50
28	邯郸	邱县污水处理厂	一级A	944	1.53	0.83	0.53	0.80	1.00
29	邯郸	鸡泽县蓝天污水处理有限公司	一级A	613	1.43	0.73	0.43	0.85	1.20
30	邯郸	广平县城污水处理工程	一级A	675	1.64	0.95	0.65	1.00	1.45

序号	地区	污水处理厂	出水标准	年处理水量（万吨）	治理成本（元/吨）*	运营成本（元/吨）**	运行成本（元/吨）***	污水处理费（元/吨）	
								居民	非居民
31	邯郸	馆陶县永清污水处理厂	一级A	693	1.28	0.59	0.29	0.85	1.20
32	邯郸	魏县污水处理厂	一级A	926	1.66	0.96	0.66	0.80	1.20
33	邯郸	曲周县污水处理工程	一级A	677	1.44	0.75	0.45	0.80	1.20
34	邯郸	武安市水处理有限公司	一级A	1931	1.52	0.82	0.52	0.80	1.00
35	邢台	邢台市污水处理厂	一级A	2782	1.79	1.10	0.80	0.95	1.40
36	邢台	临城县泜河污水处理厂	一级A	266	1.70	1.00	0.70	0.85	1.20
37	邢台	内丘县城镇污水处理厂	一级A	447	2.16	1.47	1.17	0.85	1.20
38	邢台	柏乡县污水处理厂	一级A	198	2.30	1.61	1.31	0.85	1.20
39	邢台	隆尧县城镇污水处理项目	一级A	445	1.43	0.73	0.43	0.85	1.20
40	邢台	任县县城污水处理工程	一级A	282	1.84	1.14	0.84	0.95	1.40
41	保定	保定市银定庄污水处理厂	一级A	2260	2.68	1.99	1.69	0.95	1.40
42	保定	保定市鲁岗污水处理厂	一级A	1024	4.47	3.78	3.48	0.95	1.40
43	保定	满城县污水处理厂及截流干管工程	一级A	1061	2.66	1.97	1.67	0.95	1.40
44	保定	清苑污水处理厂	一级A	1089	1.62	0.93	0.63	0.95	1.40
45	保定	阜平县恒和污水处理厂	一级A	289	2.11	1.41	1.11	0.95	1.40
46	保定	徐水县污水处理工程	一级A	1170	1.72	1.03	0.73	0.95	1.40
47	保定	定兴县污水处理厂	一级A	684	1.64	0.94	0.64	0.95	1.40
48	保定	唐县县城污水处理工程	一级A	464	2.16	1.47	1.17	0.95	1.40

续表

序号	地区	污水处理厂	出水标准	年处理水量（万吨）	治理成本（元/吨）*	运营成本（元/吨）**	运行成本（元/吨）***	污水处理费（元/吨）	
								居民	非居民
49	保定	高阳县污水处理工程	一级A	6306	1.94	1.25	0.95	0.95	1.40
50	保定	涞源县污水处理厂	一级A	439	2.30	1.60	1.31	0.95	1.40
51	保定	望都县污水处理项目	一级A	528	1.87	1.18	0.88	0.95	1.40
52	保定	曲阳县污水处理厂	一级A	735	1.94	1.24	0.94	0.95	1.40
53	保定	蠡县污水处理工程	一级A	867	1.62	0.93	0.63	0.95	1.40
54	保定	顺平县清源污水处理有限公司一期	一级A	269	3.48	2.79	2.49	0.95	1.40
55	保定	顺平县清源污水处理有限公司二期	一级A	725	2.06	1.36	1.07	0.95	1.40
56	保定	博野县污水处理厂	一级A	383	2.23	1.54	1.24	0.95	1.40
57	保定	涿州市城市污水处理厂（东厂）	一级A	1260	1.56	0.86	0.56	0.95	1.40
58	保定	涿州市城市污水处理厂（西厂）	一级A	1172	1.54	0.84	0.54	0.95	1.40
59	保定	高碑店市污水处理厂建设项目	一级A	2002	2.09	1.39	1.09	0.95	1.40
60	沧州	东光县城东污水处理站	一级A	986	1.63	0.94	0.64	0.95	1.40
61	沧州	海兴县污水处理厂	一级A	462	1.73	1.04	0.74	0.95	1.40
62	沧州	献县清源污水处理中心	一级A	927	1.87	1.18	0.88	0.95	1.40
63	沧州	任丘市城东污水处理厂工程	一级A	1247	1.66	0.97	0.67	0.95	1.40
64	廊坊	廊坊凯发新泉水务有限公司	一级A	2654	2.19	1.50	1.20	0.9	1.40

序号	地区	污水处理厂	出水标准	年处理水量（万吨）	治理成本（元/吨）*	运营成本（元/吨）**	运行成本（元/吨）***	污水处理费（元/吨）	
								居民	非居民
65	廊坊	永清县城污水处理工程	一级A	504	1.85	1.15	0.85	0.85	1.20
66	廊坊	大城县污水处理厂及配套管网工程	一级A	563	1.96	1.27	0.97	0.80	1.00
67	廊坊	文安县城区污水处理厂	一级A	616	2.00	1.30	1.00	0.85	1.20
68	廊坊	大厂回族自治县县城污水处理厂	一级A	103	3.95	3.26	2.96	0.90	1.40
69	廊坊	霸州市污水处理厂	一级A	939	1.80	1.11	0.81	0.85	1.20
70	衡水	枣强县污水处理厂	一级A	513	1.62	0.93	0.63	0.85	1.20
71	衡水	武强县污水处理厂工程	一级A	621	1.48	0.79	0.49	0.95	1.40
72	衡水	饶阳县污水处理厂	一级A	486	1.68	0.99	0.69	0.95	1.40
73	衡水	景县污水处理厂	一级A	1185	1.41	0.71	0.42	0.95	1.40
74	衡水	阜城县城污水处理厂工程	一级A	450	1.65	0.96	0.66	0.95	1.40
75	衡水	深州市污水处理厂	一级A	847	1.74	1.05	0.75	0.95	1.80
76	大庆	大庆市东城区污水处理厂	一级A	4173	1.84	1.15	0.85	0.95	1.40
77	上海	上海枫亭水质净化有限公司	一级A	1459	2.46	1.77	1.47	1.70	2.34
78	上海	上海金山枫泾水质净化有限公司	一级A	835	4.48	3.79	3.49	1.70	2.34
79	上海	商榻污水处理厂	一级A	122	4.61	3.92	3.62	1.70	2.34
80	徐州	徐州经济开发区污水处理厂	一级A	1215	2.04	1.35	1.05	1.05	1.29

续表

序号	地区	污水处理厂	出水标准	年处理水量（万吨）	治理成本（元/吨）*	运营成本（元/吨）**	运行成本（元/吨）***	污水处理费（元/吨）	
								居民	非居民
81	常州	常州市深水城北污水处理有限公司	一级A	5696	1.58	0.89	0.59	1.70	1.75
82	常州	常州西源污水处理有限公司	一级A	520	5.09	4.40	4.10	1.70	1.75
83	常州	金坛市第一污水处理厂	一级A	1028	2.14	1.44	1.14	1.70	1.75
84	常州	金坛市第二污水处理厂	一级A	1869	2.20	1.50	1.21	1.70	1.75
85	苏州	苏州市吴中区城区污水处理厂	一级A	635	2.74	2.04	1.74	1.35	1.35
86	苏州	苏州市城东污水处理厂	一级A	1566	2.02	1.32	1.03	1.35	1.35
87	苏州	苏州市娄江污水处理厂	一级A	4503	1.86	1.17	0.87	1.35	1.35
88	苏州	司乐余片区污水处理厂	一级A	252	3.27	2.58	2.28	1.35	1.35
89	苏州	塘桥片区污水处理厂	一级A	595	1.99	1.29	0.99	1.35	1.35
90	苏州	常阴沙污水处理厂	一级A	70	3.56	2.86	2.57	1.35	1.35
91	苏州	金港片区污水处理厂	一级A	454	3.65	2.96	2.66	1.35	1.35
92	苏州	锦丰片区污水处理厂	一级A	700	2.37	1.68	1.38	1.35	1.35
93	南通	南通市污水处理中心	一级A	7134	1.87	1.18	0.88	1.02	1.17
94	金华	秋滨污水处理厂	一级A	6732	2.21	1.51	1.22	0.95	1.70
95	金华	义乌市水处理公司中心运营部	一级A	2404	1.92	1.22	0.92	0.95	1.70
96	金华	义乌市水处理公司后宅运营部	一级A	1322	2.09	1.39	1.10	0.95	1.70
97	金华	义乌市水处理公司江东运营部	一级A	2436	1.86	1.16	0.86	0.95	1.70

续表

序号	地区	污水处理厂	出水标准	年处理水量（万吨）	治理成本（元/吨）*	运营成本（元/吨）**	运行成本（元/吨）***	污水处理费（元/吨）	
								居民	非居民
98	金华	义乌市水处理公司稠江运营部	一级A	5281	1.90	1.21	0.91	0.95	1.70
99	泉州	晋江仙石污水处理厂	一级A	4134	1.59	0.90	0.60	0.95	1.40
100	龙岩	龙岩市南翼污水处理厂	一级A	123	3.51	2.81	2.51	0.80	0.80
101	济南	济南市西区污水处理厂	一级A	1093	2.13	1.43	1.13	1.00	1.00
102	济南	济南临港经济开发区污水处理厂	一级A	726	1.93	1.23	0.93	1.00	1.00
103	青岛	崂山区沙子口污水处理厂	一级A	477	4.00	3.31	3.01	1.00	1.25
104	青岛	崇杰环保平度污水处理有限公司	一级A	3156	1.97	1.28	0.98	1.00	1.25
105	青岛	崇杰环保胶州污水处理有限公司	一级A	185	4.87	4.17	3.88	1.00	1.40
106	青岛	崇杰环保莱西污水处理有限公司	一级A	2937	2.47	1.78	1.48	1.00	10
107	青岛	即墨市西部污水处理厂	一级A	1005	2.29	1.59	1.30	1.00	1.25
108	东营	东营市西城北污水处理厂	一级A	1263	1.39	0.69	0.40	0.95	1.40
109	东营	东营首创水务有限公司	一级A	1809	1.49	0.79	0.50	0.95	1.40
110	东营	东营市西城南污水处理厂	一级A	1618	2.04	1.34	1.05	0.95	1.40
111	东营	利津县环海污水处理有限公司	一级A	2111	1.40	0.70	0.40	0.80	0.90
112	济宁	嘉祥县第二污水处理厂	一级A	403	1.79	1.10	0.80	1.00	1.16
113	济宁	曲阜市污水处理厂	一级A	1583	1.76	1.07	0.77	1.00	1.16

续表

序号	地区	污水处理厂	出水标准	年处理水量（万吨）	治理成本（元/吨）*	运营成本（元/吨）**	运行成本（元/吨）***	污水处理费（元/吨）	
								居民	非居民
114	日照	莒县城北污水处理厂	一级A	1123	1.93	1.24	0.94	0.85	1.15
115	临沂	临沂首创水务有限公司	一级A	5608	1.51	0.81	0.51	0.95	1.40
116	临沂	沂南县第二污水处理厂	一级A	676	1.44	0.74	0.45	0.95	1.40
117	临沂	平邑县东城污水处理厂	一级A	1539	1.73	1.04	0.74	0.95	1.40
118	德州	国电银河水务（德州）有限公司	一级A	1166	1.71	1.02	0.72	1.00	1.40
119	德州	德州北源水务技术管理有限公司	一级A	411	2.06	1.36	1.06	1.00	1.40
120	德州	德州卓澳水质净化有限公司	一级A	696	1.50	0.80	0.50	1.00	1.40
121	德州	德州太阳岛污水处理有限公司	一级A	302	2.22	1.53	1.23	1.00	1.40
122	德州	德州尚德污水处理有限公司	一级A	506	1.99	1.29	0.99	1.00	1.40
123	德州	德州诺然污水处理有限公司	一级A	829	2.07	1.37	1.08	1.00	1.40
124	聊城	茌平县水质净化中心	一级A	1902	1.65	0.95	0.65	0.95	1.10
125	聊城	茌平县污水处理厂	一级A	1382	1.61	0.91	0.62	0.95	1.10
126	聊城	东阿县污水处理厂	一级A	1319	1.56	0.87	0.57	0.95	1.10
127	聊城	山东冠县嘉诚水质净化有限公司	一级A	1340	2.36	1.67	1.37	0.95	1.10
128	郑州	郑州市上街区第二污水处理厂工程	一级A	833	1.97	1.28	0.98	0.95	1.40
129	郑州	郑州市马头岗污水处理厂	一级A	8183	1.30	0.60	0.31	0.95	1.40

续表

序号	地区	污水处理厂	出水标准	年处理水量（万吨）	治理成本（元/吨）*	运营成本（元/吨）**	运行成本（元/吨）***	污水处理费（元/吨）	
								居民	非居民
130	郑州	郑州市马头岗污水处理厂二期工程	一级A	11644	1.30	0.60	0.30	0.95	1.40
131	郑州	港区第二污水处理厂	一级A	2508	2.01	1.31	1.02	0.95	1.40
132	洛阳	中原环保伊川水务有限公司	一级A	766	1.73	1.03	0.74	0.95	1.40
133	新乡	原阳县污水处理厂	一级A	583	2.30	1.61	1.31	0.95	1.40
134	许昌	许昌市东城区邓庄污水处理厂	一级A	243	2.54	1.85	1.55	0.65	1.40
135	许昌	长葛市清源水净化有限公司	一级A	589	1.64	0.95	0.65	0.65	1.40
136	漯河	临颍县第二污水处理厂	一级A	1250	1.83	1.13	0.84	0.95	1.40
137	三门峡	义马市第一污水处理厂	一级A	1068	1.87	1.17	0.88	0.95	1.40
138	南阳	南阳市白河南污水处理工程	一级A	3010	1.57	0.88	0.58	0.95	1.40
139	肇庆	肇庆市肇水污水处理有限公司	一级A	1045	2.16	1.47	1.17	0.90	0.95
140	三亚	三亚市红纱污水处理厂	一级A	3686	1.72	1.02	0.73	1.05	1.85
141	成都	青白江中科成污水净化有限公司	一级A	3802	1.39	0.70	0.40	0.95	1.40
142	成都	成都高新区西区污水处理厂	一级A	1551	1.62	0.92	0.63	0.95	1.40
143	成都	华阳污水处理厂二期	一级A	746	3.31	2.62	2.32	0.95	1.40
144	成都	华阳污水处理厂二期	一级A	746	3.45	2.76	2.46	0.95	1.40
145	成都	双流东升污水处理厂	一级A	1872	1.50	0.80	0.51	0.95	1.40

续表

序号	地区	污水处理厂	出水标准	年处理水量（万吨）	治理成本（元/吨）*	运营成本（元/吨）**	运行成本（元/吨）***	污水处理费（元/吨）居民	非居民
146	成都	大邑县晋原镇城市污水处理厂	一级A	618	1.50	0.81	0.51	0.95	1.40
147	成都	邛崃市城市生活污水处理厂	一级A	1461	1.99	1.29	1.00	0.95	1.40
148	攀枝花	攀枝花市清香坪污水处理厂	一级A	474	3.74	3.05	2.75	0.95	1.40
149	德阳	德阳市石亭江城市生活污水处理厂	一级A	209	2.04	1.35	1.05	0.95	1.40
150	德阳	中江县城市生活污水处理厂	一级A	785	2.41	1.71	1.42	0.95	1.40
151	绵阳	三台县城市生活污水处理厂	一级A	769	1.60	0.91	0.61	0.95	1.40
152	广元	广元市昭化区泉坝污水处理厂	一级A	100	6.22	5.53	5.23	0.95	1.40
153	广元	剑阁县普安镇城市生活污水处理厂	一级A	192	2.57	1.88	1.58	0.95	1.40
154	遂宁	遂宁市城南第一污水处理厂	一级A	1756	1.53	0.83	0.53	0.95	1.40
155	遂宁	大英县污水处理厂	一级A	388	2.11	1.41	1.11	0.95	1.40
156	内江	资中县城区污水处理厂	一级A	761	1.89	1.19	0.89	0.95	1.80
157	宜宾	兴文县污水处理厂	一级A	517	2.90	2.21	1.91	0.80	1.40
158	达州	达州市污水处理厂	一级A	2577	2.32	1.63	1.33	0.85	1.20
159	达州	渠县城市生活污水处理厂	一级A	1075	2.23	1.53	1.23	0.85	1.20
160	巴中	平昌县城市生活污水处理厂	一级A	471	2.43	1.73	1.43	0.85	1.26
161	贵阳	贵阳小河污水处理厂	一级A	2986	2.17	1.48	1.18	1.00	1.40

序号	地区	污水处理厂	出水标准	年处理水量（万吨）	治理成本（元/吨）*	运营成本（元/吨）**	运行成本（元/吨）***	污水处理费（元/吨）	
								居民	非居民
162	遵义	遵义市中心城区南部污水处理厂	一级A	5257	1.67	0.98	0.68	0.95	1.40
163	西安	西安市第三污水处理厂	一级A	6703	1.62	0.92	0.63	0.95	1.45
164	西安	西安市第五污水处理厂	一级A	6514	2.12	1.42	1.13	0.95	1.45
165	西安	西安市第四污水处理厂	一级A	17432	1.96	1.26	0.96	0.95	1.45
166	西宁	西宁市第一污水处理厂	一级A	3010	1.49	0.80	0.50	0.82	1.09
167	西宁	西宁市第三污水处理厂	一级A	3006	1.55	0.86	0.56	0.82	1.09
168	西宁	西宁市第四污水处理厂	一级A	957	1.95	1.26	0.96	0.82	1.09

注：*表示治理成本包括建设成本和运行成本，其中建设成本包括污水处理设施和污水管网的折旧。以污水处理设施固定资产的折旧年限为20年、固定资产净残值率4%计算得到污水处理设施的固定资产投资基本折旧率$\beta_{设施}$为4.8%；以污水管网的折旧年限为30年、预计净残值率4%计算得到污水管网的固定资产投资基本折旧率$\beta_{管网}$为3.2%。

**表示运营成本包括污水处理设施的建设成本和运行成本，不包括污水管网的建设成本。

***表示运行成本包括污水处理设施污水处理的年运行总费用和污泥处置的年运行总费用。

资料来源：《2018年城镇排水统计年鉴》；各地财政局、发改委网站及《污水处理费管理办法》。

附录 3　2018 年一级 B 标准污水处理厂各类成本及污水处理费

序号	地区	污水处理厂	出水标准	年处理水量（万吨）	治理成本（元/吨）*	运营成本（元/吨）**	运行成本（元/吨）***	居民污水处理费（元/吨）	
								居民	非居民
1	北京	北京市昌平区沙河再生水厂工程	一级 B	1176	2.11	1.53	1.28	1.36	3.00
2	北京	五里坨污水处理厂	一级 B	592	2.02	1.43	1.18	1.36	3.00
3	天津	咸阳路污水处理厂	一级 B	14273	1.45	0.86	0.61	0.95	1.40
4	天津	大港油田港东污水处理厂	一级 B	398	4.73	4.15	3.89	0.95	1.40
5	天津	天津市华博水务双林污水处理厂	一级 B	1052	1.41	0.82	0.57	0.95	1.40
6	天津	天津经济技术开发区污水处理厂	一级 B	3121	1.86	1.27	1.02	0.95	1.40
7	天津	津南区环兴污水处理厂	一级 B	1093	1.36	0.77	0.52	0.95	1.40
8	秦皇岛	秦皇岛市第四污水处理厂	一级 B	4250	1.19	0.60	0.35	1.00	1.45
9	保定	安国市污水处理厂	一级 B	1029	1.21	0.62	0.37	0.95	1.40
10	哈尔滨	木兰县污水处理厂	一级 B	306	1.60	1.01	0.76	0.95	1.40
11	鸡西	鸡西市滴道区污水治理工程	一级 B	148	5.28	4.69	4.44	0.95	1.40
12	双鸭山	双鸭山龙江环保水务有限责任公司	一级 B	187	2.33	1.74	1.49	0.95	1.40

序号	地区	污水处理厂	出水标准	年处理水量（万吨）	治理成本（元/吨）*	运营成本（元/吨）**	运行成本（元/吨）***	居民污水处理费（元/吨）	
								居民	非居民
13	佳木斯	桦川县污水处理厂	一级B	272	1.75	1.17	0.92	0.95	1.40
14	福州	福州市金山污水处理厂	一级B	1350	1.47	0.89	0.64	0.95	1.40
15	福州	福州开发区长安污水处理厂	一级B	325	1.73	1.15	0.90	0.95	1.40
16	福州	闽侯县县城污水处理厂	一级B	494	2.47	1.88	1.63	0.85	1.20
17	福州	罗源城区污水处理厂	一级B	946	1.44	0.85	0.60	0.85	1.20
18	福州	平潭县污水处理厂	一级B	717	1.49	0.91	0.65	0.95	1.40
19	三明	宁化县污理厂	一级B	530	1.45	0.86	0.61	0.95	1.40
20	三明	大田县污水处理厂	一级B	427	1.42	0.83	0.58	0.95	1.40
21	三明	沙县污水处理厂	一级B	871	1.67	1.09	0.84	0.85	1.20
22	三明	建宁县污水处理厂	一级B	416	1.47	0.88	0.63	0.95	1.40
23	泉州	泉州市北峰城市污水处理厂	一级B	1398	0.97	0.38	0.13	0.95	1.40
24	泉州	泉州市宝洲污水处理厂	一级B	4942	1.11	0.53	0.28	0.95	1.40
25	泉州	永春县污水处理厂	一级B	1175	1.21	0.62	0.37	0.95	1.40
26	漳州	漳州市西区污水处理厂	一级B	987	1.57	0.99	0.74	1.00	1.40
27	漳州	云霄县污水处理厂	一级B	843	1.37	0.78	0.53	1.00	1.40
28	漳州	华安县第二污水处理厂	一级B	156	1.40	0.81	0.56	1.00	1.40
29	漳州	龙海市污水处理厂	一级B	797	1.45	0.86	0.61	1.00	1.40
30	南平	政和县污水处理工程	一级B	363	1.47	0.88	0.63	0.85	0.85

续表

序号	地区	污水处理厂	出水标准	年处理水量（万吨）	治理成本（元/吨）*	运营成本（元/吨）**	运行成本（元/吨）***	居民污水处理费（元/吨）	
								居民	非居民
31	龙岩	长汀县污水处理厂	一级B	1033	1.49	0.90	0.65	0.95	1.40
32	龙岩	漳平恒发污水处理厂	一级B	661	1.54	0.95	0.70	0.80	1.40
33	南昌	南昌市红谷滩污水处理厂	一级B	4762	1.24	0.65	0.40	0.95	1.40
34	萍乡	上栗污水处理厂	一级B	386	1.87	1.29	1.03	0.95	1.40
35	九江	修水县污水处理厂	一级B	698	1.90	1.32	1.07	1.10	1.60
36	赣州	南康市污水处理设施建设	一级B	1072	1.62	1.03	0.78	0.95	1.40
37	赣州	安远县污水处理厂	一级B	320	2.26	1.67	1.42	0.95	1.40
38	赣州	定南县污水处理厂	一级B	331	1.84	1.26	1.01	0.95	1.40
39	赣州	全南县污水处理厂	一级B	270	1.01	0.42	0.17	0.95	1.40
40	赣州	瑞金市污水处理厂	一级B	963	1.92	1.34	1.08	0.95	1.40
41	吉安	峡江县污水处理厂	一级B	199	2.52	1.93	1.68	0.95	1.40
42	吉安	安福县污水处理厂	一级B	192	2.18	1.60	1.34	0.95	1.40
43	吉安	永新县污水处理厂	一级B	502	1.66	1.07	0.82	0.95	1.40
44	抚州	南城县污水处理厂	一级B	971	1.40	0.81	0.56	0.85	1.20
45	抚州	南丰县污水处理厂	一级B	611	2.05	1.46	1.21	0.85	1.20
46	抚州	广昌县污水处理厂	一级B	509	1.50	0.91	0.66	0.85	1.20
47	上饶	弋阳县污水处理厂	一级B	538	1.67	1.09	0.84	0.90	0.90
48	上饶	余干县污水处理厂	一级B	567	1.73	1.14	0.89	0.90	0.90

序号	地区	污水处理厂	出水标准	年处理水量（万吨）	治理成本（元/吨）*	运营成本（元/吨）**	运行成本（元/吨）***	居民污水处理费（元/吨）	
								居民	非居民
49	烟台	栖霞市污水处理厂	一级B	626	1.49	0.91	0.65	0.95	1.40
50	长沙	长沙市岳麓污水处理厂	一级B	12211	1.49	0.91	0.65	0.95	1.40
51	常德	常德市污水净化中心	一级B	3889	1.24	0.65	0.40	0.95	1.40
52	永州	江永县城市污水处理工程	一级B	333	1.08	0.49	0.24	1.95	2.40
53	湘西苗族自治州	古丈县城市生活污水处理厂	一级B	336	1.31	0.72	0.47	0.85	1.30
54	湘西苗族自治州	永顺县城市污水处理厂	一级B	725	1.20	0.61	0.36	0.85	1.30
55	广州	广州白云国际机场污水处理厂	一级B	626	2.76	2.17	1.92	0.95	1.40
56	韶关	韶关市第一污水处理厂	一级B	508	1.51	0.93	0.68	0.68	0.78
57	韶关	韶关市第二污水处理厂一期工程	一级B	3820	1.31	0.72	0.47	0.68	0.78
58	韶关	乳源县城生活污水处理厂	一级B	452	2.04	1.45	1.20	0.68	0.78
59	韶关	新丰县生活污水处理厂	一级B	481	1.13	0.54	0.29	0.68	0.78
60	韶关	乐昌市污水处理厂	一级B	924	1.66	1.07	0.82	0.68	0.78
61	韶关	乐昌市雅鲁污水处理有限公司	一级B	146	2.48	1.90	1.64	0.68	0.78
62	韶关	南雄市污水处理厂	一级B	996	1.29	0.70	0.45	0.68	0.78
63	江门	江门市丰乐污水处理厂	一级B	1196	1.50	0.91	0.66	0.95	1.40
64	江门	江门市文昌沙水质净化厂	一级B	7465	1.05	0.47	0.21	0.95	1.40
65	江门	台山市台城污水处理厂	一级B	3574	1.76	1.18	0.93	0.85	1.20

续表

序号	地区	污水处理厂	出水标准	年处理水量（万吨）	治理成本（元/吨）*	运营成本（元/吨）**	运行成本（元/吨）***	居民污水处理费（元/吨）	
								居民	非居民
66	江门	台山市王府洲污水处理厂	一级B	43	1.68	1.09	0.84	0.85	1.20
67	江门	恩平市污水处理厂	一级B	828	1.34	0.75	0.50	0.95	1.40
68	阳江	阳江市城北污水处理厂	一级B	306	1.39	0.80	0.55	0.95	1.40
69	阳江	阳江市城南污水处理厂	一级B	782	1.33	0.74	0.49	0.95	1.40
70	清远	清新区告星污水处理厂	一级B	1118	1.68	1.09	0.84	0.85	1.20
71	清远	清远市清新与旧城污水处理厂	一级B	1578	1.53	0.95	0.70	0.95	1.40
72	清远	清远市源潭污水处理厂	一级B	529	2.21	1.63	1.37	0.95	1.40
73	中山	中山市三乡污水处理厂	一级B	2360	1.31	0.73	0.47	0.95	1.40
74	中山	中山市南头镇污水处理厂	一级B	621	1.95	1.37	1.12	0.95	1.40
75	桂林	资源县合浦大桥污水处理分厂	一级B	28	1.91	1.32	1.07	1.15	1.40
76	桂林	资源县老山泉中心污水处理分厂	一级B	63	1.31	0.73	0.48	1.15	1.40
77	来宾	来宾市迁江水质净化有限责任公司	一级B	540	1.20	0.61	0.36	0.88	0.95
78	绵阳	塔子坝污水处理厂	一级B	6911	1.16	0.57	0.32	0.95	1.40
79	绵阳	平武县城市生活污水处理厂	一级B	218	2.18	1.59	1.34	0.95	1.40
80	遂宁	射洪县城市生活污水处理厂	一级B	2356	1.79	1.21	0.96	0.95	1.40
81	乐山	井研县城市生活污水处理厂	一级B	518	1.49	0.91	0.66	0.95	1.40
82	乐山	夹江县城市生活污水处理厂	一级B	600	2.04	1.45	1.20	0.95	1.40

序号	地区	污水处理厂	出水标准	年处理水量（万吨）	治理成本（元/吨）*	运营成本（元/吨）**	运行成本（元/吨）***	居民污水处理费（元/吨）	
								居民	非居民
83	南充	阆中市城市生活污水处理厂	一级B	909	1.85	1.26	1.01	0.95	1.40
84	宜宾	江安县城市生活污水处理厂	一级B	426	4.14	3.55	3.30	0.60	1.10
85	广安	武胜县城市生活污水处理厂	一级B	804	1.85	1.27	1.02	0.95	1.40
86	达州	大竹县益康生活污水处理厂	一级B	839	1.41	0.82	0.57	0.85	1.20
87	巴中	巴中市污水处理厂	一级B	1908	1.69	1.11	0.86	0.95	1.40
88	普洱	江城县城污水处理厂	一级B	106	1.97	1.38	1.13	1.00	1.00
89	临沧	镇康县恒稳市政供排水有限公司	一级B	194	1.46	0.87	0.62		1.40
90	楚雄彝族自治州	南华县污水处理厂	一级B	352	1.40	0.81	0.56	0.80	1.00
91	楚雄彝族自治州	大姚县水务产业投资有限公司	一级B	294	1.29	0.70	0.45		1.00
92	海南藏族自治州	同德县污水处理厂	一级B	61	3.76	3.17	2.92	0.82	1.09
93	海南藏族自治州	贵德县城污水处理厂工程	一级B	229	1.89	1.30	1.05	0.82	1.09
94	海南藏族自治州	兴海县污水处理厂	一级B	88	2.66	2.07	1.82	0.82	1.09

注：*表示治理成本包括建设成本和运行成本，其中建设成本包括污水处理设施和污水管网的折旧。以污水处理设施固定资产的折旧年限为20年、固定资产净残值率4%计算得到污水处理设施的固定资产投资基本折旧率 $\beta_{设施}$ 为4.8%；以污水管网的折旧年限为30年、预计净残值率4%计算得到污水管网的固定资产投资基本折旧率 $\beta_{管网}$ 为3.2%。

**表示运营成本包括污水处理设施的建设成本和运行成本，不包括污水管网的建设成本。

***表示运行成本包括污水处理设施污水处理的年运行总费用和污泥处置的年运行总费用。

资料来源：《2018年城镇排水统计年鉴》；各地财政局、发改委网站及《污水处理费管理办法》。

后 记

九年前，我刚刚踏入中国人民大学环境学院攻读人口、资源与环境经济学专业博士研究生。还未入学，便已开始跟随马中老师做水环境管理相关的研究。现如今，我在河南大学地理与环境学院环境科学专业从事环境经济学、环境规划与管理的教学与科研工作。九年时光见证了我从一个对学科一知半解的学生，成长为对环境管理领域有着较深认识和理解的青年研究者。

感谢我尊敬的导师马中老师。马中老师作为国家重点学科人口、资源与环境经济学学科特聘教授，您是指引我开始水环境管理研究领域的启明灯。感谢您给我提供了进入中国人民大学学习的机会，使我可以有三年的时间来理解、思考环境经济学和环境管理领域的相关问题。从研究课题的开展到现场调研、博士论文撰写都凝聚着您对学生的无私帮助和支持，同时您对学术研究的热情与灵感也深深地触发了学生的研究兴趣，并逐渐专注于该领域的研究与探索。师恩难忘！学生虽已毕业多年，但与您的每一次讨论和谈话学生基本上都有记录，这些面对面的交流素材和内容到现在拿出来仍是我的宝贵财富，学生受益匪浅。在此，学生向您致以崇高的敬意和衷心的感谢！

同时也要感谢宋国君老师。您严谨的治学精神、丰富的学术积累以及孜孜不倦的学术追求值得我们一辈子学习和尊敬。感谢您在学生三年的学习生活中帮助我扎实环境经济学和环境管理的理论基础、培养学术思维，并在课堂上给予我们很多丰富的案例教学。宋国君老师长期关注环境政策分析和环境政策评估等方面的研究，对美国水环境管理的研究与分析较为深入，与您的多次交流与讨论也体现在本书的观点、结构和建议中。此外本书借鉴了宋国君老师所著的《环境政策分析（第二版）》一书的框架和风格，在此表示感谢。

感谢所有中国人民大学环境学院的老师和同学们，一起完成课题研究、一起出差、一起讨论研究思路的日子将是我人生中最为难忘的回忆。感谢石磊、王学军、杨琳、李宁、丁蔓等老师在我博士学习期间的辛勤工作。感谢韩冬梅、郭清斌、朱璇、周芳、张震、买亚宗、杨喆、谭雪在我学习和书稿撰写过程中给予的支持和鼓励，同时还要感谢林思宇、许可、周楷等几位师弟师妹们，无论在课题研究还是在数据收集方面都给了我无私的帮助，本书也吸收、借鉴和采纳了大家的相关研究成果。

感谢河南大学地理与环境学院傅声雷、郑洪涛、乔家君、赵威、翟秋敏、潘少奇、邱永宽、周云凯、徐小军等领导对本书撰写工作的支持，各位领导的关心和支持是本书成稿的重要保障。感谢河南大学地理与环境学院、河南大别山森林生态系统国家野外科学观测研究站、河南大学环境与规划国家级实验教学示范中心、黄河中下游数字地理技术教育部重点实验室、河南省大气污染综合防治与生态安全重点实验室、河南省土壤重金属污染控制与修复工程研究中心等给予的资源支持，为本书的撰写提供了平台保障。感谢河南省科技厅重点研发与推广专项计划（202102310308）、河南省科学技术协会科技智库调研课题（HNKJZK-2021-60C）、河南大学地理学科（教学类）重点支持项目等提供的经费保障。感谢环境科学系各位老师给予的关心与支持。尤其感谢中国经济出版社丁楠编辑的辛苦工作！

由于作者水平有限，书中有些探索可能还不成熟，在此诚恳希望读者提出批评和改进建议！谢谢！

李　涛

2021 年 10 月于河南大学